图

片

物

语

在意识与潜意识之间来往

洞　悉　人　性

接近心灵的真实世界

图片物语

主题统觉测试（TAT）
心理案例分析

吉沅洪　著

华东师范大学出版社

图书在版编目(CIP)数据

图片物语:主题统觉测试(TAT)心理案例分析/吉沅洪著.—上海:华东师范大学出版社,2019

ISBN 978 - 7 - 5675 - 9899 - 7

Ⅰ.①图… Ⅱ.①吉… Ⅲ.①心理测验-案例-分析 Ⅳ.①B841.7

中国版本图书馆 CIP 数据核字(2020)第 003707 号

图片物语
主题统觉测试(TAT)心理案例分析

著 者 吉沅洪

责任编辑 刘 佳

责任校对 王 卫

装帧设计 卢晓红

出版发行 华东师范大学出版社

社 址 上海市中山北路 3663 号 邮编 200062

网 址 www.ecnupress.com.cn

电 话 021 - 60821666 行政传真 021 - 62572105

客服电话 021 - 62865537 门市(邮购)电话 021 - 62869887

地 址 上海市中山北路 3663 号华东师范大学校内先锋路口

网 店 http://hdsdcbs.tmall.com

印 刷 者 上海盛通时代印刷有限公司

开 本 787×1092 16 开

印 张 24

字 数 313 千字

版 次 2020 年 2 月第 1 版

印 次 2020 年 2 月第 1 次

印 数 5100

书 号 ISBN 978 - 7 - 5675 - 9899 - 7

定 价 98.00 元

出 版 人 王 焰

再版序

时隔十年，《图片物语：心理分析的世界》得到再版，我真心感到无比的喜悦。再版时，书名与旧版稍有不同，新的书名是《图片物语：主题统觉测试（TAT）心理案例分析》。随着心理学与临床心理学的飞速发展，投射测试在国内的接受度越来越高，适用面也越来越广阔。在这十年中，主题统觉测试在日本也出现了新的发展，主要体现在主题统觉测试和叙事疗法的贴近与融合上。

在投射测试的谱系中，绘画、沙游等方法相对而言并不依靠语言，而主题统觉测试需要通过语言叙述表达出浮现在内心的意象，在这一点上跟罗夏墨迹测试很相似。并且，主题统觉测试和罗夏墨迹测试往往被并称为投射测试的代表。但是，在心理临床实务中，一直以来主题统觉测试的使用频度远远不如罗夏墨迹测试。这是为什么呢？大概有以下四个原因：1. 至今缺乏建立分析和解释的常模；2. 分析和解释需要比较丰富的心理临床经验；3. 测试的实施需要花费比较多的时间和精力；4. 从测试中能够获得的结论相对比较不明确。

令人欣喜的是，在最近这十年中，有关主题统觉测试的研究正在逐年增加！主题统觉测试的"测试性·客观性"与"物语性·主观性"被重新探讨，并获得了新的发展。所谓主题统觉测试的"测试性"，是指在投射测试的文脉中，强调作为测试的"客观性"层面。在超越文化和社会的前提下，从各个图版的特点出发，基于各图版的"典型"故事这一常模，去理解来访者的故事。而所谓主题统觉测试的"物语性"，是指在心理咨询的文脉中，从叙事取向出发，强调测试的"主观性"层面。在测试者和来访者的关系背景下，来访者作为"讲述者"，由于咨询师作为"听者"所采取的态度，以及当时的情形、环境，因此认为来访者的物语（故事）是独一无二的、不可重复的，并且咨询师当时的反应也必然是主观的，基于直观感受、基于临床经验的。在近年的叙事治疗（narrative therapy）心理临床理论框架及实务工作中，来访者自身对物语的见解越来越得到重视。与传统的主题统觉测试分析解释系统不同，从叙事治疗角度的观点来认识,可以得到一个新的突破。那就是,来访者在人生重要决定场景中的选择模式,通过在 TAT 的看图说话中得以展现,特别是在这个物语中,当关于过去、现在、未来的叙述和来访者自身发生有意义的连接的时候,便会出现极具临床治疗效果的瞬间。

TAT 的指导语首先是这样说的:

> 这是一个看图说话的测试。测试并不难,但要你想象并描述一下画面表现了什么场景,场景中的人在思考着什么。并请你想象,到图画场景发生为止,过去发生了什么,将来会发生什么。

在指导语的后半部分,"并请你想象,到图画场景发生为止,过去发生了什么,将来会发生什么",TAT 对故事的时间结构化的形式,事实上和叙事治疗中把生命中的故事按照某种时间轴进行结构化相似。但是,主题统觉测试中的排列顺序基本以因果关系为中心,也就是说,以眼前的图版为现在,推测现在的原因为"过去",预想现在的结果为"未来"。所以说,主题统觉测试的叙事结构是以因果关系为基础的故事选择与排列。而熟知叙事治疗的读者知道,叙事治疗虽然非常重视把生命中的故事重新排列,但这个顺序并不一定是按线性的时间,也并不一定是按可以测量的时间,对叙述者而言,更重要的是在这个排列的过程中,"故事的发生事件之间都被赋予了有意义的关联"。也就是说,在需要某种时间结构的"故事"中,顺序是如何被重新排列的,又是按照什么样的意义连接去叙述的,才真正反映了来访者的内心世界。也有研究者发现,TAT 的故事与自我叙事之间,在情节以及主题上具有一致性,故事的发生顺序甚至可能遵循了来访者内心中的情节和主题。

还需明确的一点是,主题统觉测试是由测试者从 31 枚图片中选出多张(默里的手册中是 20 张,而现在的心理临床中基本控制在 10 张以内)来实施的。也就是说,来访者讲故事的图版是由咨询师(测试者)来选择决定的,再由来访者进行故事的创作。因此,所有的故事都是在两者关系中产生的,甚至可以说是由两者共同创造的。

主题统觉测试是作为投射测试使用,还是作为促进心理咨询的一个治疗媒介来使用,这并不矛盾,甚至可以在实施中并重"测试性·客观性"与"物语性·主观性"。当我们想要更大程度运用"测试性"时，需要依赖临床经验中，对"典型"故事的总结和对比。而当我们想更加重视"物语性"，创造和分享故事来增进咨询师和来访者的关系的时候，在这个过程中，我们可以有意识地从叙事的角度，去帮助来访者从时间轴的角度去重新理解故事的每一段连接，以达到重述生命故事的效果。

吉沅洪

2019 年 12 月于日本大阪

第三章　主题统觉测试(TAT)图版的详细解说 / 57

序 一

　　《图片物语：心理分析的世界》就要出版了，作者是我的师妹，现执教于日本广岛市立大学的吉沅洪博士。20 年前，我在日本筑波大学心理学系留学时，师从日本著名的咨询心理学家松原达哉教授。1993 年，中国心理卫生协会大学生心理咨询专业委员会在大连理工大学举办了第 3 届全国高校心理咨询学术交流会，松原教授带领日本大学生心理咨询学会专家代表团前来参加，介绍我认识了当时正在跟他攻读硕士学位的中国留学生吉沅洪，从此就开始有了这份浓浓的学友情。作为她的师姐、同道，出于我们俩对中国临床与咨询心理学事业发展的使命感和责任感，我欣然接受为她的新书作序的邀请。

　　吉沅洪是在名古屋大学心理学系获得博士学位的，是日本临床心理学大家田畑治先生最得意的弟子之一。十多年的交往让我感受到这个师妹在日本受到多位老前辈的悉心栽培，在临床心理方面的基本功全面扎实，尤其在心理学投射测验方面和跨文化研究方面以及艺术治疗方面取得的成果已经得到了日本心理学界的认可。最近几年，每年的日本心理临床学会的年会上都有她主持的主题研讨会，这对于一个漂居海外多年的中国学者是非常不容易的。

　　最让我感动的是，吉沅洪博士在日本担任副教授以来就开始致力于中日之间的学术交流，2004 年作为西南大学心理学院的客座教授主讲一门课程，同时开始频繁出现在国内的各种学术会议上。从那时开始，我们的交流增加了，随着时间的流逝，我们的友情也在增长。我越来越感觉到吉沅洪博士对推动中国心理学发展的热情和动力。在 2005 年的华人心理学家大会上，我主持了吉沅洪的工作坊，她把投射测试和绘画治疗巧妙地结合在一起，充分地展示了艺术治疗的魅力。2007 年首届表达性心理治疗大会、2008 年世界心理治疗大会（WCP）、2009 年第二届表达性心理治疗大会期间，吉沅洪博士都以自己良好的沟通能力和在日本临床心理学界的影响力，邀请到很多日本临床心理学界的资深教授来中国，报告了精彩的研究成果和举办了许多技术娴熟的工作坊,让中国大陆与会者开拓了视野,增长了见识,学到了有用的方法。

最值得一提的是,2008 年"5·12 汶川大地震"发生之后,吉沅洪博士在日本立即启动了她所具有的影响力,说动了日本心理临床学会的多位理事,以学会的名义将阪神大地震的心理援助专家派往四川灾区。2008 年 5 月 26 日,日本临床心理学家组成的心理援助小分队到达灾区开始举行志愿者的培训。吉沅洪既当专家,又当翻译,忙得不亦乐乎。该项援助得到了两国领导的重视,胡锦涛总书记在北海道召开的世界首脑会谈中向日本政府提出了对四川灾区提供心理援助的要求,日本外务省机构 JICA 启动了灾区心理援助骨干人才培养的项目,以 3 亿日元的项目经费,持续援助 5 年,并以第一批来灾区援助的日本临床心理学家灾区援助小分队为援助的领导力量。这两年他们与中国心理学学会、中国妇女联合会合作展开了多次活动,已经先后 7 次前往灾区开展工作,取得了丰硕成果,该项目还在进行中,有很多感人事迹在此不一一叙说了。

我曾经读过沅洪博士赠送给我的她于 2007 年出版的《树木-人格投射测试》,这本专著把她十多年的临床心理学的研究和实践经验结合起来,整合了大量的研究资料,极具可读性和操作性,为广大读者喜爱,出版社已经三次重印。这次《图片物语:心理分析的世界》一书继承了作者一贯的风格,对 TAT 投射技术做了周详的介绍,该书的操作性和指导性更强,有望成为心理咨询师使用 TAT 的工具书。我十分理解作者的心情,在国外发现有很好的心理咨询技术的时候非常迫切地想把它介绍到国内来,让更多中国的心理咨询师了解和掌握,这样有助于帮助国内的咨询师专业化成长。这种拳拳之心值得我们钦佩,也让我们有理由期待吉沅洪博士给我们带来更多的优秀著作。

樊富珉

清华大学心理学系副主任,博士生导师

中国心理学会临床与咨询心理学分会副理事长

2010 年 4 月于清华大学伟清楼

序　二

投射测试在中国

　　唐代有这样的诗句："鉴己每将天作镜，隐情常以海为杯。"（杜荀鹤《和朋友见题水居山阁八韵》）除却诗人的豪情，我还感受到这个诗句非常深刻地描述了了解人是多么的不容易，这是心理学面临的挑战。心理测试是用来了解人的方法，心理测试有两种，一种是问卷测试，另一种就是投射测试，而前者相对来说比较容易获得可验证的结果，但是该测试了解人的相关因素则是以近期的为主，而了解远期的、深层的心理因素则是投射测试所长，两者各有优劣，都应该得到使用者的重视。但是由于投射测试复杂难懂，不易掌握，现在使用者不多。

　　从网络文献检索系统查阅，中国二十年来关于投射测试的研究还是很少的，我共计搜索到了相关论文有十多篇，其中还包括没有发表的硕士论文，而其中对于 TAT[①]的研究则更少。

　　1991年，张延同等用 TAT‑RC 对衰退型精神分裂症和正常人33例做了投射测定，结果前者对各个图片的反应量低，联想能力差，只是看图说话且故事情节简单，其压力和欲求也较常人低下，在统计学上具有显著意义。这样的验证性研究是我们能够看到的较早的关于 TAT 研究的论文。到1993年，张延同等对主题统觉测试做了修订，改变成了中国版，主要是考虑到图片上人物的中外文化差异，将图片人物和测试方式都进行了修订：测试修订版全部将图片上的人物改成了中国人的形象，画面场景亦按当时的中国社会文化背景进行适当改绘，但性别、年龄、行为等尽量与原来的图片保持一致。修订版测试左侧为图片，右侧为描述短句，测试过程只要求来访者在联想的

---

① 主题统觉测试（Thematic Apperception Test）简称 TAT，在本书中多用简称。——作者注

基础上选择来访者认为比较符合心理投射内容的描述语句,在答案纸上做出标记,主试按计分键评定,采用联想选择法投射技术,简便易行;修订版采用了半结构化,又具备投射测试的基本要求,测试结果能够进行标准化处理,建构常模。① 这是一个勇敢的探索研究,遗憾的是这样的探索并没有引起大家对于主题统觉测试应有的兴趣,因此这次修订的成果没有得到足够的重视,实属遗憾。不过根据中国文化的特点将图片内容改变成更具中国人的特点,比较容易接受。而将测试方法变成联想选择进行测试,这样做基本失去了投射测试的本质特征,虽然操作简便易行,但是投射测试对人物的深度了解的优势却受到了很大的局限。

1998 年,马前锋等人对日本团体主题统觉测试作了研究,开发出中国版的团体主题统觉测试,来访者选择小学生、中学生、大学生共 2792 人,在此基础上产生了各年龄阶段的常模,研究表明该研究的信度效度都比较高,可以在各类学校推广使用②。遗憾的是这个研究同样没有得到各类学校推广应用团体主题统觉测试的热烈响应。

1999 年,陈祉妍对人格投射测试在中国的发展现状作出了评估,陈祉妍引述:"与美国 1982 年同类调查相比,我国投射测试少有人使用。罗夏墨迹测试、TAT 测试、Bender 格式塔测试等均排在 25 名以外。"陈祉妍指出,投射测试在我国的盛衰虽然受到社会风气的影响,更重要的是在我国还受到专业人员的水平和可使用的修订过的资源的限制。因此对于投射测试的推广需注重国外已有测试的修订和推广,还要注重对专业人员的系统培训。

进入 21 世纪,国内对于投射测试的应用逐渐地开始活跃,也许是国内的许多学者看到了投射测试在国内发展的薄弱环节,开始着力介绍推广投射测试,注意培养更多的人使用投射测试,主要表现在相继有一些著作出版,如苏州大学童辉杰 2003 年出版的《投射技术》对投射技术做了介绍,张延同的《揭开你人格的秘密-房、树、人绘图心理测验》③,比较详细地介绍了房、树、人的心理测试疗法,西南师范大学杨东和本书作者

---

① 张延同等,主题统觉测试的中国修订版(TAT-R,C)的编制与常模,心理学报,1993 年第 3 期,第 314—323 页。

② 马前锋等,学生团体主题统觉测试研究,心理科学,1998 年第 21 卷,第 126—130 页。

③ 张延同,揭开你人格的秘密——房、树、人绘图心理测验,中国文联出版社,2007 年版。

吉沉洪的《实用罗夏墨迹测验》[①]，陈侃的《绘画心理测验与心理分析》[②]等等，然而对于TAT测试研究则仍然没有发现有相关的论文论著发表，华南师范大学项锦晶的硕士论文《主题统觉测验潜在人格维度研究——边缘人格的潜在欲求与压力特点探索》，是一篇很有意义的研究论文，发现了边缘性人格中障碍者的内在的欲求—压力特点，和对边缘型人格障碍的参考判别指标。由上面这些情况，我们姑且乐观地估计说国内关于投射测试进入了一个推广学习的时期，现在是培养使用投射测试方法的咨询师的时代，大家都很有信心地相信投射测试一定能以其自身的魅力在中国得到广泛的应用。这个时期，华东师范大学出版社出版吉沉洪撰写的《图片物语：心理分析的世界》一书，不仅是填补了关于TAT测试的一项空白，更是满足了国内广大咨询师学习TAT心理测试方法的需求。

《图片物语：心理分析的世界》全面介绍了TAT测试，最为难能可贵的是将TAT的所有图片都做了介绍，包括相关的主题故事，常见的故事分析方法，特异现象，作者把不同学者的研究成果和结论进行罗列比较，这对于学习TAT测试技术具有极大的帮助，该书不仅是学习TAT投射测试的良好教材和参考资料，也可以成为咨询师进行TAT测试的重要工具书，帮助咨询师在使用TAT测试时更准确地解读来访者的故事。这既有利于推广TAT测试的应用，更能够推动中国关于TAT测试的研究。

然而，TAT投射测试使用者的培训往往是该测试法使用的瓶颈，TAT测试有很多的优势，而其优势发挥的关键在于使用者，培养TAT测试的使用者本身就是一个难题。该项工具的使用，就如同著者所说："把投射法心理测试比作X光线检查的是弗兰克（Frank，1939）。要做到熟练，需要看过很多很多X光片。甚至可以熟练到只是随便扫一眼，就能辨别种种差异。在积累经验的过程中，要熟练得能把外行怎么也看不出的差异看出来才行，怎么样才能熟练到这种程度呢？当然不仅需要了解各种疾病的影像特征，心里还要刻有一个健康器官的影像。这个健康器官的影像，不是具体的某个人的器官影像，而一定要是超越了独特性和差异性的具有一般性的器官影像。"这就

① 杨东，吉沉洪等，实用罗夏墨迹测验，重庆出版社，2008年版。
② 陈侃，绘画心理测验与心理分析，广东高教出版社，2008年版。

要求使用者具有丰富的实践经验和良好的训练。

TAT测试创始人亨利·默里在编制主题统觉测试的时候受到了荣格精神分析和罗夏墨迹测验的影响,因而TAT测试的理论基础是荣格精神分析的投射理论,荣格运用词意联想、梦的解析、主动想象等方法了解人的潜意识和集体潜意识。人的潜意识和集体潜意识是由一些不确定的情结或人格的片断构成,以一些原型的图像存在着,荣格认为"人生中有多少典型情境就有多少原型"。TAT测试就是用31张图片来激发人们心理投射反映,要求来访者"想象并描述一下画面表现了什么场景,场景中的人在思考着什么,并要你想象,到图画场景发生为止,过去发生了什么,将来将会发生什么"。这个测试打开了通向潜意识的大门,就是来访者在讲述的故事中投射出来访者的人格特征,这种投射分析法需要咨询师具有细腻、敏锐的洞察力,才能很好地把握来访者在故事中表述出来的相关信息,把握来访者的真实情况。

学习投射测试是一件不容易的事情,从国外培训研究生的经验来看,丰富的案例教学和督导是必不可少的方法,因而对于我们的学习者来说,在学习过程中经常施用TAT测试,积累丰富的个案经验是熟练掌握此项测试工具的有效途径。首先学习者自己要多体验,自己担任来访者接受测试和心理教育分析是十分重要的;其次,TAT测试运用之后要及时寻求督导,不断地积累测试个案的经验,有机会多观察专家的测试和分析过程,也是测试者成长必需的体验;再次,经常与同行进行讨论、分析,甚至如果可能与来访者进行验证性的讨论,都是很有帮助的学习方法。作为一名使用投射测试的咨询师还需要不断地提升自己的艺术素养,多接触艺术作品,经常品味绘画、雕塑和其他文学作品,这对于保持感知觉的敏锐性是很有帮助的。总之,投射测试分析是经验的积累,非常重要。

综上所述,当一个心理咨询师学习和掌握了TAT测试方法之后,具有比较广泛的用途,TAT的独特魅力将帮助咨询师在心理服务领域中自由地往来于人的意识与潜意识之间,洞悉人性,带人走出迷思和困惑,无限接近心灵的真实世界。TAT测试的用途主要表现在两个方面:一是作为诊断工具,帮助咨询师理解来访者的人格特质并确定咨询计划和方向;二是作为理论原理和媒介,进行心理治疗;我还从自己的临床实践中认为TAT还有第三方面的作用,就是作为鉴别工具,帮助进行人才选拔。

　　一是作为诊断的辅助工具，帮助咨询师理解来访者的人格特质。TAT测试具有一系列的图片作为刺激物来引发来访者的想象、联想，这比问卷测试更能够深入地理解来访者深层次的内心，咨询师在运用TAT测试的时候对于来访者更加容易暴露或描述自己的感觉和认知，打开自己潜意识的大门，咨询师则能从来访者叙述的故事中相对客观地把握潜意识里的一些重要信息，从而理解来访者的本质特征。

　　二是TAT可以作为心理治疗的理论原理和媒介，对来访者进行直接或间接地治疗。

　　TAT测试具有治疗效果给了很多心理咨询师以启示，从而开发出TAT心理疗法，就是用很多图片来让来访者进行自由选择，选出自己最感兴趣的图片，来述说自己的感受体会和由此产生的联想，这样不仅可以帮助咨询师理解来访者的内心特点，更重要的是来访者在选择图片的过程中自己对自己有新认识，对自己的问题会从不同角度进行认知整理和整合，这样的过程有利于来访者潜意识的意识化，从而产生良好的咨询与治疗效果。

　　本人2006年在接受瑞士荣格学院的教授训练的时候体验过教授运用TAT测试技术进行心理咨询的过程，罗伯塔·洛彻（Roberta Locher）教授将几百张收集来的各种各样的图片呈现在我面前，让我选择自己喜欢的图片和自己不喜欢的图片各两张，选出来之后，将图片放在自己的面前，开始对咨询师（教授）讲述自己选择这些图片的理由，讲述自己为什么喜欢和不喜欢这些图片，然后联系自己的生活，想象自己看到图片的感觉与自己生活的什么场景、经历或经验有关系、或有连接，或者有相似等，教授反复、细致地与我交谈自己的感觉和经验，慢慢地就进一步讨论我的家庭关系和亲子关系等等，很快就发现了需要改变的问题，使我受益匪浅。罗伯塔·洛彻教授那时非常成功地运用TAT测试的理论原理进行了一次咨询展示，现场所有参加学习的咨询师都觉得这样方法借助图片作为媒介，与来访者建立关系之后，能够比较快地进入来访者心理深处，进行深层次的探索，咨询的进程迅速，的确具有TAT测试打开通向潜意识大门的魅力。

　　三是作为鉴别的工具，帮助人才选拔。在人力资源领域，人才选拔是心理测试的广阔舞台，现在很多地方开始在人才选拔中运用心理测试，公务员考试，企业招聘，军队招兵等等,但是问卷测试的弱点越来越明显,主要是由于学习效果,如果一个人多次做过同一个问卷测试,其测试效果就比较容易偏离真实的状况。因而投射测试的需求越来越显现,投射测试比较容易突破阻抗,了解人的真正本质和特征。比如说第一张图版就是测试面对某个课题和困难,或陷入困境时,接受测试的人是如何面对和解决的。从我的经验来看,TAT测试在人才选拔中是十分实用的。

另外,有关心此书出版的同行专家询问伦理问题,即此书将所有的31张图片全部刊出,毫无保留,会不会对于测试的使用和推广带来不良影响,我与著者有所讨论,并征询其他专家的意见,他们都认为没有什么妨碍,在美国和日本的专业书籍中,TAT测试图片很早就全部公开发表,想必在国内的出版也不会存在什么问题,反而会有利于学习者学习和使用。

本人受邀为此书写序,诚惶诚恐,著者多年来活跃于国内外心理咨询领域,尤其对于投射测试和跨文化心理学有广泛和深入的研究,认真拜读本书的原始稿受益匪浅,我获得先学为快的机会,本着学习的精神写出了自己以上的一些体会和感受权代序言,希望不会贻笑大方,而对于读者有所启迪。

陶新华　博士　副教授
苏州大学苏南地区大学生心理健康教育研究中心
中国心理学会首批注册心理督导师
江苏省心理卫生协会常务理事
2010 年 3 月 25 日

第一部分

主题统觉测试(TAT)的
使用解说

引　论

投射测试和主题统觉测试(TAT)的
治疗意义

第一节　投射测试概论

一　何为投射测试

提到投射测试,一般来说总是从"投射测试是什么?"这一问题开始,按照它的历史、种类、基本假设等顺序来进行介绍,但是在这里我们并不打算介绍这些概论性知识,这些知识想必已经在其他的书中大量提及。我要强调非常重要的一点,必须在这里郑重说明,那就是在现在的临床心理治疗中,用到很多种投射测试,每一种投射测试都有各自的理论依据,像片口(1974)提到的那样,投射测试是在没有统一的理论依据的情况下建立起来的,正如投射测试在不同的场合被分别称作"检查"(test)、"方法"(method)、"技术"(technique)。在本书中,我将着重从投射测试的"科学性"和"关联性"这两个概念出发进行以下的论述。

在心理学和临床心理学的相关字典中,大体是把投射测试解释成性格或者人格测试的一种,然后再对它的特征进行说明。总之,从广义上来说投射测试被看作一种"检查"。真的就是这样吗?

田中(1992)论述投射测试为:"用专业术语说,projective technique,或者 projective method,也就是投射技术或投射方法。另外,很多时候,投射测试指的是和问卷测试法、作业测试法并列的一种人格测试形式。"这里笔者抱有疑问的是:把投射测试描述为"技术"(technique)和"方法"(method),这两个术语是同一个意思吗? 另外,投射测试是一种性格"测试",真的是这样吗? 换句话说,关于什么是投射测试,分别用了"技术"、"方法"、"测试"这样十分模糊的言语描述。笔者的意图不是对这种语意不详的术语进行指出和批判,而是强调,在临床心理学上因为没对这三个概念进行严格区分,造成了混淆。同时这一点也反映了临床心理学的一个很大的问题，那就是："临床心理学是科学吗?"关于这个问题，我们在这里不进行直接的论述，不过临床心理学家认为："临床心理学的历史，无疑是在不断探寻人类各种活动和'心'这个神秘的东西之间的联系过程中发展起来的。"为什么要用这么绕口的言语来论述呢？这是因为笔者想强调，临床心理学和心理学中假设了心理不可被观察，但有实实在在存在的实体的"心"这一概念，并试图通过具体的科学的方法论使这种假设成立。

那么让我们回到投射测试上来。对于它的技术、方法、检查这三个模糊概念的区分，田中也很重视，又做了如下论述："为了了解投射测试是什么，首先必须明确技术、方法和测试的区别。"（田中，1992）但是在这里，田中明确地指出了区分"技术、方法和检查"的重要性，但是没有涉及"技术"和"方法"的区别。首先让我们先来看一下田中对于技术、方法和检查的论述。

田中首先引用字典中的定义来说明了投射测试的特征。被大家普遍接受的投射测试的特征有如下三点：

（1）被施加的刺激具有非结构性或者模糊性；

（2）得到的反应的自由度很高；

（3）是推测和反映人类内部人格状态的程序。

这里田中（1992）直接引用了字典定义中的说法"被施加的刺激"。"被施加的刺激"得到"标准化"（standardization）的话，那么就可以称之为"投射测试"了。

正如田中叙述的那样，如果投射测试中被施加的刺激标准化的话，那么谁都可以以一定的形式实施，以一定的方式得到反应并以一定的程序进行分析。换句话说，能够被称作"检查"的方法一定要具有高度的客观性、可信赖性和妥当性，也就是所谓的科学性。另外，在论述的最后，田中以罗夏墨迹测试为例，做出了"这样的区分没有被严格地遵守"的总结。例如，对于罗夏墨迹测试，贝克（Beck. S. J.）称之为罗夏墨迹检查（test），而克勒普弗（Klopfer，B.）则称之为罗夏墨迹技术（technique），就是例证。

在心理治疗中使用的投射测试，基本上是在进入 20 世纪后，特别是 1920 年开始到 1950 年期间发展起来的。例如，1921 年被称作投射测试代名词的罗夏墨迹测试，

1952 年由科赫(Koch，C.)开发并在绘画测试中得到广泛使用的树木人格测试等纷纷出现。如果进一步追溯的话，荣格的"语言联想法"是在 1906 年开发出来的。另外，"投射测试"开始作为专业术语得到使用，是从 1939 年弗兰克(Frank，L. K.)的论文开始的。在论文中，把投射测试表述为 projective method，也就是投射方法。与此相对的，主题统觉测试和罗夏墨迹测试被称作 projective test，也就是投射测试。

二　投射测试和心理治疗

笔者认为，投射测试和心理治疗，从本质上来说是一样的。就同样的话题，河合隼雄[①]站在心理临床的实践角度上，对投射测试和心理治疗的关系做了如下论述：

> 说到投射测试这个技术，测试者和受测者的人际关系起着极其重要的作用，而且对结果的解释难免会掺有主观因素。反过来，可以说正因为这样才有意义。也许有人会说，如果这样的话，测试和心理咨询基本是一样的。的确是的，测试和咨询从本质上来说是一样的，不过，测试利用了图版和课题(图画等)等媒介，这一点是不一样的。(河合隼雄，1999)

笔者对此完全同意，这些论述在原理上没有任何错误。河合隼雄又继续说道："心理咨询的时候，尤其是以心理治疗为前提的受理面谈时，如果态度变得稍稍马虎一点，那么在治疗者可以把握的范围内建立来访者的人格形象的时候就可能出现忽略重要内容的情况。"他强调了在受理面谈中使用心理测试的重要性。换句话说，河合隼雄认为，虽然根据心理测试得到的结果带有主观性，但是如果把结果对象化之后，就会得到具有客观性的结果。

对于这样的论述，笔者表示部分的赞同。如果从训练咨询师的角度出发，还有若干不同观点。河合隼雄的论述，乍一看是以心理治疗为重点的论述。河合认为心理疗

---

① 由于河合隼雄在日本心理临床界的地位极其特殊，为了表示尊敬，有时用全名。——著者注

法和心理测试基本一样。笔者把这样的论述理解为在心理疗法和投射测试中，来访者和咨询师/测试者相对立的基本态度是一样的。从这个角度说，在受理面谈中，"态度变得稍稍马虎"这个才是问题吧。忽略这个问题以心理治疗为重点，在流程中导入投射测试，笔者是反对的。因为会导致使用投射测试时，测试者的态度也同样可能变得马虎的危险。河合隼雄的思考，乍一看是以心理治疗为重点，其实很值得怀疑的是，带有回避心理治疗风险的想法。一想到把投射测试的使用方法手册化和普遍化，这种担心就令人感到愈发沉重。实践中的心理治疗绝不是像理论那样开展的。更重要的是，从训练咨询师的角度出发，关键是锻炼咨询师的态度而不是技法——至少笔者是这么想的。

对于笔者这样的观点，可能有反驳：督导会不会对心理治疗中的来访者带来不利呢？对于这个问题，笔者想强调，正因为这样，督导是不可缺少的。在督导中，讨论咨询师的态度，讨论导入投射测试是有利还是有弊，笔者认为这些在现在的咨询师的训练中是必不可缺少的要素。

最后介绍一下河合隼雄关于投射测试和心理治疗的关系的一段论述，这段颇有指示性的观点，在某种意义上可以说也反映了本章的目的：

> 在心理治疗的过程中，由谁、何时进行心理测试，会产生什么样的结果，这些问题中会有各种各样的矛盾产生。目前为止，著作也好，论文也好，有过于把治疗和测试分开来探讨的倾向，因此为了论述它们之间微妙的关系，我想有必要提醒一下两者其实是紧密关联的。（河合隼雄，1999）

第二节　表达和关联性

通过投射测试的种种方法，来访者的各种思考层次的生命特征，在临床心理学家和来访者共同理解的体验世界中得以呈现出来。在这一过程中，每一次咨询中来访者的表达和对于这种表达能够产生共情的临床心理学家之间的"关联/关系"相互结合，共同促成了来访者内心世界的展露。本节将论述"表达"和"关联性/关系"这两个概念。

　　笔者从开始从事心理治疗到现在大约近 20 年了。这个过程中，作为咨询师的笔者体验过若干转折，这些转折都是在和来访者的交流过程中体验到的。现在，也确实感觉到自己正在迎来又一个转折点。同时，自己对于临床心理学和心理治疗的着眼处也发生了很大变化。在这里讨论的表达和关联的内容可能有些抽象，但对于笔者而言，却是有着很切实的和具体的体会。

一　表达

　　所谓表达，很容易被理解成在实施心理治疗过程中来访者表达的内容。例如，如果理解成罗夏墨迹测试中来访者所表达的视觉认知内容，就不会觉得有丝毫的不妥，这也可以说那些内容是以咨询关系为前提的表达。笔者通过心理治疗的实践深刻地体会到，把"表达"本身的重要性简单而明确地诠释出来并非易事。举例而言，以关系为前提，例如来访者的绘画作品是来访者在和咨询师的关系中的表达，咨询师则应结合两者的关系对作品进行解读。这样的思考和理解方法理应是正确的。但是笔者现在确实地感受到，以这个思考为出发点的测试和分析会产生某些不妥。其实达到这个思考水平的测试和分析的过程，对于心理治疗而言才是真正重要的。因此，笔者在这里想讨论的是纯粹的"表达"本身，这个"表达"既不以关联为前提，也不被表达和关系的关联所束缚。

　　当然，表达时刻和某个事物相关联着。即使是一个人写日记，那也是把自己那天看到的事物以及和周围人联系作为某种意象而表达出来的一种行为活动。对于这点笔者充分认同，但是在这里笔者仍然想要指出的是，对于"表达是什么?"不是从自己的角度而是采取从表达本身的角度进行分析的态度。也就是说，尝试着使自己自身成为表达，然后去观察表达的创造性结构。

在日常的生活中我们都会注意到各种各样不同层次的表达。笔者一直认为这样的洞察力对于心理治疗来说是不可缺少的。很遗憾的是我们却经常忽略它。例如处于青春期的来访者来咨询时，有时穿的是学校的校服，有时穿的是自己的衣服。这个时候，衣服着装本身就是一种表达。可是，这种变化在心理治疗中经常会被忽视。为什么会被忽视呢？这是由于治疗师们从心理临床治疗者的角度看问题而导致的。人作为一个主体，从根本上只能接受主体感兴趣的表达。对于来访者穿什么样的衣服来接受咨询不关心，即使注意到那样的变化也无法深入到来访者内心的表达世界中去。可是对于来访者，从表达的角度来看，校服和自己的衣服的差别是很大的。这也可以说是来访者每次都是以不同的存在形式来接受咨询的。这令人想起心理治疗的"一次性"特征，从本质上而言，人类的所有行为活动都是"一次性"的。咨询师把连续来接受咨询的来访者看作是每次都一样的来访者的话，这是十分奇怪的。即使是同一个来访者，每次来接受咨询时都是不一样的存在。只有站在不同存在的角度，从表达的角度和来访者接触的时候，才能够察觉到来访者的表达的创造力。

从表达的角度看，世间万物都可以说是表达。在这里想再次着重强调的是，不以咨询联系为前提，放下关系和表达的关联，纯粹考虑"表达"本身。流动的河川不是为了让人们看到它的流动而流动，它就是在那里那么流动着。山峦也不是为了让人看到它的雄伟而耸立，它就是那样在那里存在着。这就是表达。笔者深切感到在实施心理治疗中要以重视表达本身为前提的必要性。

例如，某个来访者走进咨询室，述说自己因为害怕见人怎么也不敢外出。咨询师听到这样的诉说，就可能想到"这是对人恐怖症"；或者来访者诉说为了洗手不得不花费很多时间的时候，咨询师就想到"这是洁净强迫症"。这种情况，可以说对人恐怖症和洁净强迫症也是一种来访者的表达。不一定直接判断为一定要消除的病症，可以把这样的症状看作是来访者的一种表现，这样的思考方式，在心理治疗的实践中并不少见。但是这样的思考方式是存在局限性的。因为会出现只看到和病症有关的表达，而不知不觉忽略了其他的事物的情况。总之，只重视症状很容易导致症状之外的东西都被忽略掉。确实，症状也被认为是和咨询师联系的一道窗口。但是，这只是一种理解病症的方法,只不过是从咨询师的角度理解来访者的方式。来访者不是为了和咨询师保持联系而产生并拥有症状的。

在这里可能会有人进一步问:"可能在意识范围内是这样的,但是来访者在无意识中是想通过症状而和咨询师拥有关系的吧?"但是,笔者觉得怎么也无法理解——怎么就能判断出这一点呢?这是所谓的经验主义吧?原本"无意识"和"心"一样,是不具体的而且是被假设出来的事物。为了不引起误解再补充说明一下,根据来访者表达的症状,维持着和咨询师的关系,这个对于心理治疗具有的重要性,笔者是一直了解和赞同的。笔者想要强调的是,咨询师不要急于把表达中体现的症状和咨询师联系起来,而是应该拥有把来访者当作活生生的人来接受和理解的态度。听到来访者叙述害怕见人,不是马上联想到"对人恐怖症",而是应该如同发生在自己身上那样,确实理解这一症状的存在和理解那种恐惧对来访者的日常生活带来的痛苦和烦恼。"理解"这样的表达,意味着自己也能体会来访者的日常生活的意象。也就是说,意象是"确实存在"的。换句话说,意象对于咨询师来说是"存在"的鲜活的体验。理解来访者的咨询师的态度,本质上是一种对人的谦虚。

笔者确实感到从咨询师的世界观中脱离出来,纯粹从表达的角度来理解来访者的言语是很有必要的。来访者前来咨询是表达,来访者的言语也是表达。进一步说,这里放着的书柜和桌子、植物以及窗外的景色,都是在那里存在着的。同时,书柜也好桌子也好,植物和窗外的风景,都是一种表达。从表达的角度看,是不是有生命的物体并没有关系,所有的一切都是表达。这样的话,也就没有了赋予特定称谓的必要了。人类事物就是那样存在着的世界。于是"我"也消失了,甚至没有必要称呼"我"了。

但是,人类是没有办法在那样的世界里生存的,也就是没有办法在"我"消失的世界中生存。这,才是人类。来访者来接受咨询,可以说就是为了告诉咨询师这一点。现在的"我"活着的烦恼,如果能够从这样的烦恼中解脱,这个现在的"我"就消失了吧,也因此从苦恼中解脱。不过,"我"的消失也意味着"死亡"。确实心理治疗就是通过体验"实际存在",使得"我"获得新生的过程。然而即便如此,笔者仍然感到在心理治疗中"死亡和再生"这样的词汇，有些咨询师太轻易地泛用了。

消失的"我"在等待新生。为了达到这个目的，一定会出现和周围的人类事物的"关系"。笔者认为，那中间会出现和创造性紧密关联的契机。例如，来访者会问："为什么您愿意当我的心理咨询师呢？""为什么我会遇到您呢？"这样的问题就是讯问关系的提问。这样的提问，反映了目前为止的来访者消失了，来访者通过在和咨询师的关系中，创造出并确实感受到新的"我"。

二　关系

说到"关系"这样的词汇，在心理治疗中很容易联想到来访者和咨询师的关系。但是，来访者不仅仅是和咨询师联系在一起的，还在和父亲、母亲、朋友等各种各样的人际关系中存在着。咨询师也一样，他们也拥有着各种各样的人际关系。总之，来访者也好咨询师也好，都和各种各样人的紧密联系而生存在世界上。甚至，发生联系的不仅仅是人类，还有与饲养的狗、大自然等等产生联系。再进一步，不仅是直接联系，间接的比如和图像、画面也会产生联系。比如说，通过电视中的新闻知道世界各地的事件。像这样，看到事件的新闻后，也会通过意象的作用让自己和那个事件产生联系。又比如，即使我和那个人没有任何联系，但有时还会在梦中见到那个人。

这样一想的话就能明白所谓关系是没有界限的。总之，世间万物可以说都有关系。如果从这个角度理解关系这个概念，笔者建议把这一概念称为"关系性"。"关系性"是什么，这个问题非常难解释清楚。因为用语言描述的话就会变得很片面。而如果一定要描述的话，那就是所有事物的关系的综合吧。因此本节的内容要更准确地表述的话，笔者想与大家探讨的是"心理治疗中的关系"。

三　表达和关系中呈现的意象

如前所述，所有的事物都是表达。读者在看本章的时候，首先要放下表达和关系的关联，重视表达本身。那样的话，就会理解所有的事物都是表达；而且明白所有的事物都是关联着的。那么,表达和关系在投射测试以及心理治疗中是怎样发挥作用的呢? 当然,前面的问题可能有点绕远了,但是笔者认为,应该从这两个方面出发来思考投射测试和心理治疗。

在这里一定要强调的是,在投射测试和心理治疗中,所有的表达和关系是在两者的关系结构中反映出来的。甚至可以说,都是在来访者和咨询师之间的关系中得到反映和表达的。在这样的关系中,来访者和咨询师是一一对应的。在投射测试和心理治疗的结构中,例如来访者为什么想要了解咨询师的私人事情,或者咨询师为什么想要知道来访者的人际关系,这样的两者之间各种各样的关系,都需要从心理治疗的实践角度,而不是教科书式的理论角度来理解和接受。投射测试和心理治疗,如果从表达和关系的角度来看的话,是把来访者的"关系"从物理和心理的角度剥离分化出来了。正因为剥离分化,来访者积极地与咨询师建立关系,并通过把意象具体化,把被剥离和分化的表达和关系在与咨询师建立的关系中再表述出来。在咨询实践中,绝对不能忘记投射测试和心理治疗是以来访者的行为和活动为基础而得以展开的。

在投射测试和心理治疗的两者关系中,通过意象的功能能呈现其他更多的表达和关系。比如说,来访者的母亲虽然不是以"实体"形式存在,而是以确实存在的母亲意象,存在于投射测试和心理治疗的两者关系之中。

例如,有这么一个因与母亲的关系有问题而来求询的来访者的案例。在这种情况下,来访者在叙述母亲的事情的时候,咨询师一边倾听一边形成母亲意象,这样有助于咨询师更好地理解来访者的内心世界和心理体验。如果咨询师不能很好地形成母亲意象的话,那么来访者的陈述就可能变得没有意义,这是很重要的一点。由于没有实际见过来访者的母亲,那就不能形成母亲的意象吧? 如果这样认为的话,这样的观点也很朴实。但是,这样的观点却低估了意象功能的作用。意象功能并不是实体和事实的传达。咨询师通过倾听来访者的描述来了解母亲——这不是把实体意象化的过程,而是通过来访者的言语,体会确实存在的母亲意象。

实际上,来访者和他/她母亲的关系,无论咨询师采取怎样的态度倾听,它都确实和来访者紧密相关。咨询师一定有必要预先知道来访者叙述的母亲是怎样的母亲。

笔者感到只有采取这样的态度，才能反映咨询师的谦虚。而且非常重要的一点是，咨询师不能忘记，在这里叙述的"现在"是"现在这里"，这样的言语叙述反映的是在来访者和咨询师的关系中的，是在心理治疗中建立起来的关系。倾听来访者的话语，来访者所叙述的母亲才能作为"确实"存在的母亲意象传达给咨询师。而且，有时候来访者和咨询师交谈传达的不仅是单独的母亲意象，也是普遍存在的母亲意象。

倾听表达和进行表达这样的行为，是意象实体化。通过限定构造，可以确认意象的大体方向和附有的含义。从表达的角度来看，它就是那样的存在的，但是它是带有特定方向并在关系中产生的。

第三节 叙述意象的技术

一 叙述意象的技术的特征

1 把意象言语化

"意象言语化的技术"指的是，来访者把内心浮现出来的意象，用言语的形式表达给测试者/咨询师。而测试者/咨询师则一边倾听，一边思考来访者内心的情况。

在绘画法和箱庭技术中，表达意象不一定需要语言这样的媒介。例如树木人格测试中，绘画出来的树木就是最有力量的意象。不过在"用语言表达意象的技术"中，来访者的内心世界浮现的意象，必须要通过语言这样的媒介来表达。测试者倾听来访者的言语叙述，间接地推测来访者内心的意象，而不能像沙盘和绘画那样的一目了然和直观地对意象进行整体宏观的把握。

由于表达意象的技术中不能缺少语言这样的媒介，所以不得不重视"意象被言语化，然后被传达"这样的程序。如果把这个程序用图表来描述的话：

来访者内心的意象 → 来访者的言语表达 → 测试者对言语的解读 →

形成测试者内心的意象

上述程序不是信息实际传递的过程,而是用来直观地显示意象表达技术中生成意象的逻辑顺序。另外,这个过程也不仅仅是单向的,也有来访者在叙述的过程中内心的意象发生变化或者意象更加明确化的情况发生,也有的是由于测试者帮助了来访者的表达,此时,就会发生箭头方向反过来的情况。甚至,来访者在表达意象的时候,也会有通过声调和动作等非言语的方式,将意象传达给测试者的情况出现。不过,这个图表可以作为基本假设反映通过言语表达和传递意象的技术的基本特征。

2　倾听意象表达

在叙述意象的技术中,除了语言是不可缺少的媒介这个特点外,还有一个特征是在现场存在倾听"意象表达"的人。换句话说,一定会有倾听来访者叙述的测试者存在。这个是和"语言表达意象的技术"的最本质的区别。在使用文章完成法和罗氏逆境图画反应测验(Rosenzweig Picture-Frustration Study,通常称为 PF study)等研究中,运用"语言表达意象的技术"时,来访者在回答测试时不一定有测试者在身边。甚至有来访者独自把答案填写进去,这样反而能够得到明确答案的情况。与此相对的,使用叙述"意象言语化的技术"时,身边一定会有测试者存在,倾听和体会来访者说出的意象,时不时地提问。参与这个叙述意象的过程是至关重要的。某种程度上,我们可以想象在实施文章完成法中,来访者在没有测试者的房间中一个人回答测试的情景,但是却很难想象在实施罗夏墨迹测试时,来访者一个人回答罗夏墨迹图版的情况,因为那是非常奇怪的。像这样在探讨叙述意象言语化的技术时,"有测试者倾听叙述意象的情境",这是这个技术中不可缺少的重要的本质部分。因此我们一定要考虑来访者的叙述以及测试过程之间的关系。

综上所述,思考"叙述意象的技术"时,一定要注意:①意象和语言的关系;②一定要有倾听者的存在,这是非常重要的。

3　倾听叙说

叙事治疗的根本是"叙说"，然而想要很明确的表达与理解，还是有很多难点的。比如说，当一个来访者告诉我们："我想成为一个坚强的人。"可以肯定地说在这个来访者心中的"坚强的人"和倾听叙说的人心中的"坚强的人"的概念一定是不同的。"坚强"意味着身体的坚强和精神意志的坚强等多方面，即使是精神意志的坚强，它的内容也是多样的。当我们更进一步地询问："你所谓的坚强是什么呢？"如果他/她告诉你："坚强就是，你能够把你心中的感觉，包括讨厌，都明确告诉对方。"那么我相信两个人对"坚强"的概念在这一瞬间得到了了解和统一。语言的难点不仅仅在内容的把握上，我在绘画治疗中也常常遇到同样的问题。比如说树木人格测试，我常常感觉到从来访者的语言中得到的印象和从其绘画中得到的印象往往会很不同。同样一句"我想成为一个坚强的人"，一个画着参天大树的人这样说，和在画纸的角落里画着一个萎缩的小树的人这样说，拥有的含义和给人的感觉是非常不同的。

我曾经在一个研讨会上听过这样一例个案。有个咨询师让两个四十多岁的白血病患者都做了一个树木人格测试。A 是第一次住院治疗，刚住院才一个多月。常常看着窗外发呆，和人说话也似乎心不在焉，周围的医护人员都很担心她。可是在树木人格测试中，我们看到了和她的语言表现以及行为外表很不同的一面。她的树木画着树冠，树干很挺直，树枝上还结着果实。而另一个人 B，她已经第三次住院治疗了，对医院的环境也很习惯，和人的交流完全没有问题，有时甚至还鼓励别的患者。可是在她的树木人格测试中，她的树干又细又长，树干的尽头是开放着的，树枝也秃秃的，树叶都快要掉光了似的。这两个人的树木人格测试的结果和语言、行为外观给人的感觉恰好是相反的。事实上，A 经过了骨髓移植治疗，顺利出院了；而 B 在 3 个月以后过世了。

如果我们没有看到 B 的测试结果，一般来说会很难觉察到 B 的真实状态。当我们看到了那个缺乏生命力的树木时，对 B 的治疗就会采用不同的方式。语言和行为外观告诉我们的信息和绘画告诉我们的信息不同的时候，我们可以把绘画作为另一个交流沟通的窗口打开，同时语言的交流也会变得慎重。从这个意义上来说，绘画可以是叙述的补充方法和手段。

4　从叙事看主题统觉测试(TAT)

在实施主题统觉测试(TAT)的 20 张图版时,会出现某种特定情节反复出现的情况。plot(剧情/情节)这样的特别用语,是近年来兴起的叙事研究中的用语。plot 和 story(故事)一定要区分开。后者是把事情按照发生的时间顺序进行客观的记叙。与此相对的,前者是从来访者的角度看到的,发生的事情之间的带有特定含义的一种联系。因此事情发生不一定要遵守时间顺序,以什么样的顺序和什么样的意义叙述出来,剧情反映的是来访者自身构成的意义世界。另外,在这个 plot 中,每个来访者会无意中反复使用个人特有的模式。

这种观点正和默里的人格学很接近。本来作为叙事研究的背景的建构主义,从系谱图上说,可以追溯到和默里的人格学同样的生态学式的心理学,所以其相似也就不足为奇了。

"叙事"(narrative)这样的概念的出现,为 TAT 的解释开创了新天地。根据《牛津英语大词典》第二版(*Oxford English Dictionary*),我们可以得知 narrative 这个词汇是由 narrate 这个动词派生出来的,并源自拉丁语中的 narrarre(叙说、叙述)的过去分词,而且和动词 gnarus(知道、了解)有关。说起"叙事",我们自然会想到故事,也就是 story。story 这个单词和拉丁语的 historia(叙说过去)相同,而且希腊语中的 historia 有着"通过调查了解"的意思。也就是说,这些词汇都包括着"述说事实以及过去的事情"、"了解事情"的含义。

例如,主人公想要自立,但是母亲直接或者间接的干涉使其无法实现——这样的故事情节反复出现了三四次。这种情况也不一定意味着现实中的母亲的干涉确实存在着,也可以解释成每当遇到人生中需要做出决定的重要情景时,这个来访者每次都是自己考虑最终作出选择。这样的话,TAT 不仅仅是一种投射测试,在临床上同样也可能成为一种有效的技术。这里所说的模式,不是指来访者内心具有的某种程序,而是那个人一次又一次地形成行为的过程中表现出来的模式。从默里的人格学角度来看的话,"此时此地"是和这个人的过去和未来具有有机联系的。在临床上使用主题统觉测试时,这一技法能够使来访者意识到自己反复使用的模式,并有助于咨询师在咨询和治疗中重新建构和叙述故事。

另外，关注来访者叙述的"语调"也很重要。来访者的语调，不仅仅是通过故事情节反映的。就像文章一定要注意文体，说话时选择的语调，对于判断来访者和叙述的物象之间拥有怎样的关系也会发生影响。例如说到"去游乐园"，说话的语调可以是快乐轻松的，也可以是疲倦厌烦的，同样还可以是平淡的，就好像只是叙述客观事实的，可以有这样那样的很多种情况。虽然叙述的是同一个事情，对不同的来访者完全有可能是根本不同的方向。像这样的情形中，使用主题统觉测试时，不仅要重视故事的内容和情节，也要好好把握说话的语气。整体上是怎样的语气，出现什么样的主题，会相应使用怎样的语气等等，注意这些内容，对理解来访者会很有帮助。

5 促进叙述的绘画

绘画不仅仅可以打开交流沟通的另一扇窗口，而且还可以促进叙述。我在受理面谈的时候，常常可以感受到这一点。我受理面谈的 50 分钟一般是这样使用的：在前 30—40 分钟，我先倾听来访者的叙述，有意识地收集关于来访者的家庭情况以及成长中的一些重要事件；在最后的 10—15 分钟，请来访者画一个树木人格测试。在面谈的前半部分来访者叙述的时候，他们在叙述中很容易带出各种各样的感情，比如非常寂寞悲伤的情绪，以及找不到合适的问题解决方式，就像走进了一个死胡同似的感到很无助。当这个时候，到了时间，我会打断他/她："对不起，我有个请求，能不能麻烦你画一棵树？"很神奇的，有些来访者愁眉苦脸的表情会一下子缓和下来，有的甚至会表现出好似放下了什么。当绘画这个课题突然加进来的时候，不少来访者虽然表现出惊讶，但在思考画一棵什么样的树的过程中，常常也会出现思维的转变。

有一位女性来访者，她在谈到家人的时候，经常会止不住地流泪。但是在绘画树木的时候，表情渐渐平静下来，以非常自然的语气说起："听说今年的苹果虽然丰收了，但是由于台风，有的地区损失很严重。那些掉下来的苹果，都会被收去做苹果汁。听新闻报道，制作苹果汁的机械都不够用了呢。"还有的来访者会述说："想起以前我家的院子里有这样一棵苹果树。在重建房子的时候，把那棵树砍了。在那以后，发生了很多事情，孩子摔跤受伤啊，家人遇到交通事故啊，我也状态不好啊……是不是不该砍掉那棵树啊？"也有的来访者，虽然在绘画树木的时候，并没有出现很多语言表现，但在接下来的咨询中慢慢地开始了叙述。

　　绘画,可以让人们和自己正在面对的问题之间拉开一些距离。在叙述中间,放进一个不同的元素——绘画,可以让这个距离出现,因此可以打开一个新的窗口,从一个新的角度,开始一段新的叙述。

　　当叙述和绘画相比的时候,有的人认为语言是更高层次的表现。可是在心理临床中,我们认为叙述和绘画各有其独特的价值。我们倾听叙述是有效的治疗,同时我们在治疗中使用绘画也极具治疗的效果。

　　有这样一例个案。一个30多岁的男性,他来咨询的问题是:不能和第一次见面的人很好地交流,非常容易紧张。他第一次来咨询的时候,首先迟到了10分钟,然后填表花了20分钟,结果进入咨询时已经比预定的时间晚了30分钟。这位来访者刚刚辞去一份工作,到了新单位还没有适应。不善于和人打交道,却偏偏被安排去了推销部门。这些信息也是在断断续续的叙述中得知的。当要求他画一棵树的时候,他在树干、树冠上画了许多细细的重叠线,然后又把好不容易画好的树木用橡皮擦擦去,再重新画。看上去他画得实在很艰难。

　　第二周他来咨询的时候,在问到父母以及家庭的情况时,他也是用极其简短的语言回答。但是这位来访者觉得自己这样下去的话,和人的交流会很困难,想凭自己的力量解决这些问题。在这次咨询中,我又请他画了一棵树。这次的树木比起第一棵树木来说,显得伸展了许多。树枝向上伸展着,还结着果实。

　　在接下来的咨询中,这位来访者花了四周时间完成了风景构成法。仔细画着一棵一棵的小树,让其成为森林。认真地画着一朵一朵小花,让它成为一片花的原野。在河边画上一粒一粒的小石子等等。他几乎把所有的咨询时间都用在绘画上了。在第一次咨询的三个月以后,我又请他画了一棵树,这棵树又花费了他两次咨询时间。这个时候他告诉我,他在单位里开始有朋友了,话也比以前多了。此后,他又花了五次咨询时间完成了第二幅风景构成。接下来他花了三次咨询时间完成了房、树、人测试。在完成房、树、人绘画期间,他由于工作繁忙,一周一次的咨询慢慢地变成了一个月一次,两个月一次。他的着装风格让人感觉越来越适合他了。当房、树、人测试完成的时候,他主动要求结束咨询。

　　笔者和这位来访者的咨询,几乎没有什么语言交流。他每次都是简单地问候一下，马上就沉浸于绘画中。当他埋头于绘画风景、树木、房、树、人的时候，咨询师只是在一旁默默地陪伴着。在他身上发生的变化，只能从他的服装、表情和有限的语言交流中得知，但是可以看出他工作还是顺利的。

虽然语言有可能是更高层次的交流，可是在一些咨询中我们几乎看不到语言的叙述。我们可以这样认为，绘画是一种和语言不同的交流，没有什么优劣之分。更重要的是，在心理治疗中，当来访者用语言叙述时，我们倾听；当来访者用绘画表达她/他的意象时，我们也尊重。这才是所谓心理治疗、心理咨询的根本。

二 主题统觉治疗的意义

1 伴随着危机的转机

日本的表演"能"中，在怨灵发狂时，总会有一个仔细倾听怨灵的角色。怨灵，也正是因为身边有一个倾听它的人存在，才发狂的。如果没有倾听的角色只有怨灵独自发狂，那样的情景是很难想象的。倾听者的存在，可以诱发倾诉者的叙述，同时也形成了叙述的结构。来访者在面对倾听者时，他/她会考虑表达的方式和思考故事的情节，并约束自己的言语。同时，正是因为有了那样的结构，来访者能够获得叙述的机会，在话题中表达自我。而 TAT 更附加了一个约束，那就是作为叙述者的来访者，他们叙述的不是自己，而是图版中的人物。这样的约束，比起只能叙述和自己有关的话题，更利于自由地表达。也就是说，可以脱离现实世界的约束，充分发挥自己的想象力来叙述故事。正是因为这样，构成来访者人格的行为模式能够得以更加明确地显现出来。

在 TAT 图版中，每一张都描绘有主人公这样的角色。围绕着这个主人公的种种人际关系，即朋友、恋人、父亲、母亲等周围的人们之间的关系为主题叙述故事。另外，也容易引出例如交友、竞争、突发、异性关系等主题。根据默里的定义，这些主题意味着人生中的种种危机的同时也意味着转机。当危机发生时，有机体因为环境变化，自己的行动也不得不变化。所谓危机，就是至今为止的行为模式已经不再适用。而超越危机的力量，也就是超越功能要开始超越人的意识范围开始发挥作用。

2　表达和可能性的拓展

当面对 TAT 图版叙述故事时,即使是自己想要隐藏一些东西,叙述故事时也会脱离这种意识的控制,而在故事中显现出来。也有些人一直努力想要得出某种结局,结果意想不到的结局出现了,明明是自己叙述出的故事,自己却感到非常惊讶,有很多人有过这样的体会吧。

这样的事情和梦很相似。夜里做的梦,明明是自己创作出来的,却有可能意外地把自己吓得跳起来,或者出现意想不到的展开。这是因为,意象通常带有自我控制的特征,而人类往往具有超越自我的力量,从而导致这种情况的发生。在 TAT 中,意象通过叙述故事的形式得到展开。以语言的形式传达给倾听者时,意象在时时刻刻地变化。罗夏墨迹测试,看到的意象和言语表达的关系具有明确的方向性。与此相对的,主题统觉测试中意象和言语是相互联系相互制约的。这个和心理咨询中"说着说着就觉得总结出来了"或者"觉得明白了自己原来是那样想的",是同样的体验。在故事中遇到各种危险时,来访者在叙述中体验了超越和克服。如果这时发生了陷入困境、走入死胡同的情况时,就需要测试者的帮助了。或者来访者沉浸于意象中而失去了方向的时候,这时测试者适当的提问,可以从来访者的叙述转变成"意向通过来访者在叙述"了。像这样,来访者克服危机的每一步都有测试者/咨询师的陪伴。TAT 在心理治疗中的这一意义是必须得到重视的。

首先,我们想就 TAT 图版的选择方法和对病人选择之后的分析和解释的研究方法进行论述。

第一章

主题统觉测试(TAT)的
使用方法

第一节　操作方法

一　操作方法的特征

一般来说 TAT 的测试操作方法是使用 20 张图版，并在一次咨询中测试完毕。以前有人忠实于默里（H. A. Murray）的操作方法，一次只使用 10 张左右图版。从这一点来说，使用大约 20 张图版是现在 TAT 测试的一个特点。

TAT 共有 31 张图版，从中选取最主要的 10 张图版可以组成基本的 TAT 成套图版。虽然以前有这样的研究方法，认为在一次测试中使用基本的成套图版即可，但在咨询中，我们一般选择 20 张左右。

这样做首先是因为，TAT 的各种图版反映的是来访者人格的不同方面。使用图版的数量较少的话，发现来访者的人格特征也会减少。

第二个理由，使用图版太少的话，相应获得的反馈数据也会很少，证明或者推翻我们的治疗假设的机会也会变少。虽说各个图版反映了人格的不同方面，但是同一个方面人格特征也有可能被不同的图版反映出来，这就好比光不仅聚集于焦点也会照射到周边。使用图版过少的话，既不可能反映人格的不同方面，也不能从多个角度反映同一个人格特征，这样验证假设的机会就少了，当然就无法准确地了解来访者的人格特征。

第三个理由，对于图版重要性的判定非常主观，专家学者之间也不一定会达成一致。另外，即使达成一致，也不能排除是由于有共通的先入为主的观点造成的。加之即使是很普通不太重要的图版，也有可能会成为了解来访者的关键钥匙。多次使用过 TAT 的人，都应该有过类似的经验。总之，不具体操作一下不会明白，还是不要一开始就笨拙地限定图版数量比较好。

大体根据以上的理由,我们使用大约 20 张图版。但是,也不是任何场合都一定要使用 20 张。

然后,仅仅一次咨询,对于约 20 张图版,全部取得相应的反馈信息,这个事情没有什么特别值得惊讶的。众所周知,默里是鼓励把 20 张图版分成各种各样的前十张和后十张系列,在两次咨询中把全部图版测试完。然而,在咨询中使用 TAT 表明,默里对图版的信息反馈量要求过大。默里提出,成年来访者对 TAT 图版的反应以 300 句语言量为标准长度。事实上,各国的语言有较大差异,把 300 句英语译成日语写下来,不过写满一张 B5 纸。实际使用中,对于日本人,这个反应量显得过于冗长了。正常的对于一幅图版的语言反应,只需达到默里标准量的 50% 即可,那样已经充分地包含了咨询的内容。对一张图版的反应时间只需 2 分钟左右,超过 3 分钟就觉得漫长了。所以完成一套 TAT 图版测试的全部时间总计为 40 到 60 分钟,测试时间不应该超过罗夏墨迹测试和韦氏智力量表(WAIS)所花的时间。

在测试中,测试者只要不带着不正当的过高要求,TAT 一般不会给来访者带来太大的负担。在临床操作中,来访者拒绝配合和中途放弃的情况非常少。当然也有人说"很累"、"还要继续吗",对图版作出反应感到厌倦,不过既然参与测试,就得有某种程度的自律,能否忍耐测试也是测试的重点目的之一。

另外,不仅要考虑来访者的负担,也必须同时考虑测试者的负担。在实施 TAT 测试的人中,测试者主要记录来访者的反应。不过,测试中的记录,以及之后逐句整理的工作,一旦使用很多图版的话,确实会耗费许多时间和精力。厌不厌烦其实是个人的问题,我们认为任何心理测试,其目的都是为了了解一个人的人格特征,付出多少时间和辛苦都是应该的。

最后说一下在一次咨询中就使用 20 张图版的优点。慢热的人即一开始很难把内心表达出来的人,到了 20 张图版的后半段大概也能慢慢叙述出来了。另一方面,自我防卫比较重的人,在测试中可能也会因为体力消耗而防御心减弱,而很容易地将自己的真实姿态表现出来吧。

通过以上的解释，我们已经理解了一次咨询中使用大约 20 张图版的理由和根据，下面就图版和测试前的事项具体介绍一下。

二 使用图版

对于男性来访者（中学生到老年人）：

图版 1

图版 2

图版 3BM

图版 4

图版 5

图版 6BM

图版 7BM

图版 8BM

图版 9BM

图版 9GF

图版 10

图版 11

图版 12M

图版 12BG

图版 13MF

图版 14

图版 15

图版 16　空白图版

图版 17BM

图版 18BM

图版 19

图版 20

对于女性来访者（中学生到老年人）：

图版 1

图版 2

图版 3BM

图版 4

图版 5

图版 6GF

图版 7GF

图版 8GF

图版 8BM

图版 9GF

图版 10

图版 11

图版 12F

图版 12BG

图版 13MF

图版 14

图版 15

图版 16

图版 17GF

图版 18GF

图版 19

图版 20

　　临床咨询中,基本遵照默里制订的系列来选择图版,不同之处是,图版 3BM、8BM、9GF 以及 12BG 不论男女都用,而图版 16 也就是空白图版在测试中很少使用,即使用也是放在后面。

　　对于女性,以前测试使用的是图版 3GF,现在改成 3BM,这种改变是因为虽然两张图版反映的内容很相似,但一定要在这两张中选一张的话,3BM 就对人物的性别年龄多种解读方法,加上绘有枪击样物品显得更意味深长,作为投射道具更合适。贝拉克(Bellak)和安香(1990),都不分性别地对来访者使用过这张图版。8BM 能反映出不论男女都很重要的同情心和攻击性等重要的方面,因此对于女性也适用。而 9GF 为了得到女性的世界对于男性来访者能亲近到何种程度，以及是不是能够被理解等方面的信息，而对男性也是适用的。12BG是描绘自然情景的照片，这点和其他图版有点不同，来访者的人格中，其他图版反映不出的特征或许可以通过这个图版反映出来。由于怀着这样的期待，对于成人也使用这个图版。加之，由于大部分的人看到这个图版都会松一口气，所以觉得把它放在系列的最后作为TAT测试结束时使用很合适。而把图版16放在最后的目的是可以让来访者自己决定TAT测试的结束方法。

当然，上面介绍的系列并不一定是最好的组合，今后还有很大的改良余地。除了图版3BM、8BM、9GF之外，把默里制定的男性用的图版给女性用，女性用的图版给男性用，少年用的13B和少女用的13G给成人用的话，说不定会得到意味深长的结果。

三　指导语

这是一个看图说话的测试。测试并不难，但要你想象并描述一下画面表现了什么场景，场景中的人在思考着什么。并要你想象，到图画场景发生为止，过去发生了什么，将来会发生什么。

这个测试是想让你充分自由地发挥自己的想象力，因此没有标准答案。所以请轻松地接受测试。

最后，开始咨询之前，能否允许我们录音呢？虽然我在记录着你说的话，但是毕竟嘴巴动得比手快，为了把漏记的部分补上，我们想录音，请问可以吗？那么，我们现在开始吧。

这个指导语没有什么要特别解释的。而默里对指导语曾提出要求：因要求"测试想象力"，所以指导语要"尽量说得具有戏剧性"；像安香也提出指导语要"尽量说得有趣"。我们只想让来访者把心里想的故事自然地说出来，所以具体要求来访者怎么说，只会给他们增加负担而没有什么太大的意义。

四　使用道具，操作中的记录等等

就像指导语中提到的一样，我们在实施测试时基本都是要设置录音装置的。但是，虽然有录音这样的保险装置，我们在测试中也尽量记笔记。这个不仅是为了之后听录音挖掘信息更加方便，而且也能使来访者更能集中注意力完成故事和测试，我们是出于这样的考虑而录音的。

和罗夏墨迹测试一样，从展示图版开始，我们用秒表记录来访者说话从开始到结束的时间。我们认为虽然不必计算各种反应时间的平均值，但是它可以成为让来访者解释反应过快和过慢时的依据。

第二节　反应分析和解释的方法

一　直观法

虽然直观法这样的词汇不太受欢迎，但我们的反应解释方法，如果一定要按照某种分类法做个划分的话，那么只能是属于直观法。为什么要这么分呢？因为我们对反应的分析没有符号和符号的数量汇总，而是直接从反应中推测含义。

学者对直观法评价不怎么高，甚至可以说它一直是被以客观性为宗旨的律己主义敌视。那么，为什么我们在 TAT 测试中要用直观法呢？因为我们相信 TAT 运用它最合适，而像统计符号那样的量化分析对 TAT 是不合适的。

有意思的是，目前为止研究出的 TAT 分析系统，没有哪一个在实际中被广泛使用。早在 50 年前，即 TAT 历史发展初期，对 TAT 有深刻认识的瓦亚特（Wyatt，1947）曾说过一段让我们深思的话：

"为什么在心理咨询临床操作中的人大多不愿意花时间在 TAT 的分析上面呢？

我认为原因之一就是，在日常心理临床治疗中，没有时间对 TAT 这样的诊断工具进行一个个细致的分析，不仅如此，大部分的心理临床专家，对于把和罗夏墨迹测试同样的时间花在 TAT 分析上有点莫名的抵触。虽然不清楚为什么，但是对于 TAT 反应那种没有具体结构又难以捉摸的东西，心理临床专家有一种特有的紧张，也许这也是原因之一。另一方面，有时虽然提供 TAT 资料，但是和原始的、具体丰富的罗夏墨迹测试得出的简洁的资料一比，测试者更愿意把时间花费在分析像罗夏墨迹那样容易解释和容易把握的材料上面，并汇总出自己的解释。而更系统的分析，比如说 TAT，除非有特别的科学研究的动机，不然是不会特意去做的"。

瓦亚特自己也提出过一定程度通用的分析系统，因此他也不是直观法的支持者，但由上述的他论文中的注脚可以看出，TAT 开始使用的时候，心理临床专家不喜欢对其反应结果进行系统的分析。基于这样的事实，我们要积极并彻底地认可。对于 TAT，含有符号化的系统分析是不适用的。

那么，什么具体的系统的分析办法都没有，难道这样就行了吗？绝不是这样的。那只不过是放任使用所谓的"直观法"罢了。确实，也碰到不少非常优秀的自由解释，但是批判直观法的随意主观也是可以理解的。

我们采取的办法应该可以说是一种精炼的直观法。本来，正确的直觉就是在对事物充分了解的基础上产生的。换句话说，对于某个领域，只有在充分了解时，才能在掌握知识的基础上产生正确的直觉。因此笔者认为，在精炼的直觉之下，要熟知每张 TAT 图版产生的反应。另外，熟知各个图版的反应，就是要达到看到反应就能够立刻把反应归类那样的程度。

二 各图版反应分类范围的划分

我们所说的反应分类，是把每个图版产生的反应汇总起来，再把汇总起来的那么多反应，归类到适合这个图版的范围中去。这样就获得了对于这个图版可能产生的全部反应的系统的全面的认识。利用这些认识发挥直觉，换句话说从反应直接推测它代表的含义，下面我们将对于这个程序进行详细的解说。

首先,通过反应分类,与其说获得了对于那个图版可能产生的反应的系统全面的认识,不如说了解了有联系的,或者说分开的可能产生的反应的全部。为什么呢?因为反应分类——各反应类型定位之后,便组成了井然有序的整体。

另外,把一个反应,或者它所属的一类反应在所有反应中定位,这可以说是让它本来的样子呈现出来。然后,虽然未必马上就能让它的含义,即人格诊断上的含义表现出来,但是它能成为推断人格构造时的重要线索。此外,含义定位也可以成为防止主观臆断的不可或缺的方法和手段。

总之,把各个图版的反应归类,可以使我们理解反应的正确含义,这是分类法的最大优点。如果我们对于各图版产生的反应类型已经能够大体有了预测,那么我们在分析解释反应时,就容易找准方向,做到心里有数。

或许有人认为按照反应分析的方法可以依序进行,这和直观法感觉不太一样。但我们期望的是读者能够不依赖反应分析程序,立刻就能够通过反应把握它的本质含义。换句话说,就是掌握分析系统,立马就能通过反应直接推测含义,这就是我们所说的直观法。

另外,了解我们反应分析方法的人,可能认为它没有条理,是混乱的方法。确实,对于 TAT 的各个图版,没有通用的分析系统,31 张图版每一张都会产生多种多样的反应,反应所有的含义必须全部记下来,的确很繁琐。但是我们认为,克服了最初的难关,对于各图版以及反应的大体含义才能铭记于心,这对于以后的分析解释将大有帮助,比起凭借分析系统机械地测试反应的方法要实用得多。我们的方法就是对于反应不是单个分析,而是站在整体把握的角度,分析其含义。当然具体操作时还是采取从细节入手来推测含义。

三　尊重各个图版的根本独立性

或许读者中还有不能释然的人吧。我们把自己的解释法称做直观法,却又说 TAT 不适用分析系统。其实应该对每张图版都推敲出一个统一的分析系统。那么有些读者一定会想,既然这样为什么还说不能设定一个通用的分析系统呢?这样的想法在很多地方都有深刻影响，比如说罗夏墨迹测试就是其中一个范例。目前为止研究得出的 TAT 分析系统，以默里的欲望-冲突系统为首，都是以适用全部图版为前提的系统。

但是笔者对这种思考和使用方法存有很大的疑问。笔者认为，这种方法对于各图版间本质的差异是考虑不足的。

与罗夏墨迹测试进行比较的话，罗夏墨迹测试的图版是墨水滴到白纸上，对半折再展开而"偶然"制作出来的，但是 TAT 却不是那样。虽然前者的 10 张墨迹图版是从很多图版中精选出来的，但墨迹图版的制作更侧重"偶然"而来。而 TAT 的任何图版和照片，都不能说是没有任何意图的，的确是"刻意"制作的。

如果说制作者是刻意的话，那么各种各样的图版必然都有着本质的不同。即使是偶然性很强、意识性很弱的罗夏墨迹测试，也不得不考虑各个图版的刺激的本质差异，那么不具有偶然性的 TAT 图版，就更应该重视它们之间的本质差异。

我们在无意识之间已经认识到了这一点，对于 TAT，大家都很自然的想从一个个反应之间探寻其中丰富的含义。

即使这样，人们仍在不停地探求对所有图版的通用分析系统。这是因为测试者很自然的想进行量的分析。但是，TAT 没有使用数量，展示顺序之类的统一的操作规定，因此对其进行量化分析是不可能的。

四　关于反应解释的正确性

我们如何来保证反应的解释或者反应的含义是正确的呢？首先看它是否符合合理的推理，以及和其他图版反应的契合程度，还有通过直接或间接观察得来的来访者的实际想法、感情和行为。

首先由反应推导出含义的过程一定要合乎逻辑。应该考虑诸如成为研究问题的反应在所有分类范围中的位置，以及有规律的心理活动这样由各种原因推论出含义，这也就是把 TAT 反应和来访者的人格特征联系起来的过程。或者是把 TAT 反应这样的特殊语言翻译成一般语言的工作。

由 TAT 反应来判断来访者的人格构造,这是怎么也做不到的事。但是记录下来的 TAT 故事与来访者还是有很多联系的。只要通过正确的途径,就能通过它了解来访者。因此,一定要十分注意推论的合理性。

其次,如果由一个反应可以推论出来访者的人格特征,由其他反应也同样可以推出。TAT 图版可以反映人格的特征方面,也能反映相近的其他方面。由若干的图版反应汇集成一个推论的焦点,可以说这个推论是正确的,推论也是事实。

再次,除了 TAT 以外的手段,不通过任何媒介而直接了解来访者的想法、感情和行为也可以作为验证解释和假设的方法。这是最简单易懂的方法,同时也是最复杂最模糊的方法。对于隐藏在日常所说的"猜中了"和"没猜中"之下的麻烦问题,别的地方也有人论述过,在这里就不再细述了。但是我们想强调的是把反应和肤浅的观察结果对照之后,如果没发现一致,就判断说假设不对或者是不成立,这种作法欠妥当。同样也不能利用事物的模糊性,使自己随意的空想继续扩展而不再去验证。我们大多数都拥有轻易把个人印象和观测结果作为基准用来验证假说的倾向,但是印象和观测法很多只是表面的,并不涉及本质。但是,对于任何观测而言,都不可避免的不得不怀疑它到底是不是真实的存在。我们处在严格的实践主义和独断的主观主义之间,因此必须时刻注意保持客观中立。

第二章

对主题统觉测试
(TAT)反应的理论考察

本章关于 TAT 反应是怎样产生，它有什么特殊性，对它应该采取什么样的态度进行分析解释等内容进行介绍。

第一节　主题统觉测试(TAT)反应是什么

一　主题统觉测试（TAT）反应的形成过程

不言自明，TAT 就是通过看图讲故事的方法来探查讲故事人的人格特征的测试。在文学上可以通过作品分析作者，那么我们怎样通过 TAT 反应分析来访者呢？

我们可以聚焦到故事中人物和来访者的关系上，默里（H. A. Murray, 1943）曾经就此提出过假说，他的假说适不适用稍后再说，首先我们先从简单的观点出发介绍一下反应成立的过程。

任何一个 TAT 图版，都由明确的部分和不明确的部分组成。换句话说，一个图版里，描绘的人物的性别、年龄、行为表情、人物周边的物体等等，对图版中这些信息的解读方式的限定性程度进行适当地调整，就产生了各种明确性程度不一样的 TAT 图版。

看了图版，首先产生一个大体的明确认识，讲故事的过程就由此开始了。来访者由这个大概认识，确定了联想的大体方向，然后人的心里会有一些符合图版描绘的场景留下来，不符合的部分则会被忽略。来访者会询问自己在这些可能的想法中到底倾向于哪一种情境呢？于是再次观察一下图版，对于不明确的部分就有了更深的认识，然后缩小范围。来访者重复以上过程，最终选择对自己来说最适合的情境。然后把心中认为的最适状况，通过言语表达出来。讲故事基本是瞬间无意识的过程。当然，人与人之间有差异。例如,有把认识和内心情境仔细参照后讲故事的人,也有大致对照一下就开始讲故事的人。同时也有没仔细对照好就开始讲故事,一边说一边修正的人。

　　虽然的确得承认讲故事时存在着个人差异,但是我们认为看图对照内心的情境,然后进行取舍,最后挑选出最符合图版的情境,这个对照挑选的过程是讲故事中最根本的东西。

　　所有的故事都是在这样挑选的过程中完成的,但是叙述出来的故事却各不相同。一张图版可以叙述出很多故事,因为图版唤起的认知给人很多不同的意象。如果试着分类的话,要对由一张图版叙述出来的所有故事分类,必须要先就故事内容分成基本的若干类。

　　要使 TAT 成为一种有效的心理测试手段,就得超越单纯地由一张图版联想到不同情境这种程度,要把来访者叙述的故事带有的心理学含义解释清楚。因此我们将在下面对看图版联想到的情境和当事人之间的关系进行探究。

二　联想到的情境和当事人的亲近性

　　TAT 图版能让人联想起不同的情境,但是一个人把所有的情境都联想到是几乎不可能的。在这中间,有符合要求的,可以叙述出很多故事的人;也有不符合要求的,看了很多图版却怎么也讲不出故事的迷茫的人。大多数人,一旦选择好了符合自己的情境,就不太容易去接受其他情境了。跟他介绍了其他人对某个图版的解读方式,即使他会大呼原来如此,但自己怎么也不会那样想。通过提示,他发现自己和别人想的不同,这个也是很重要的。

　　自己想出的情境是和自己心理距离很小很亲近的情境。这么一说可能很快有不同意见。实际上由某些图版联想到的可怕的场景,对本人是亲近的东西这种说法,笔者也觉得别扭。现在在这里讨论的"亲近性"或者说"亲和性",和所谓的"自我亲和"(ego-syntonic)不一样。我们可以说"亲近性"或者"亲和性"包含了"自我亲和",甚至应该说超越了它。

在 TAT 中，经常会提到"希望出现的情境"。这种场合下，"自我亲和"这样的用语是适用的。但是也会提到"不希望出现的，但是是可能的情境"，在这种情况下，讲故事的人，也就是来访者对那种情境是害怕的、厌恶的，应该说这种情况用"自我疏远"（ego alien）来形容更合适。但是来访者虽然恐惧但还是能够回想起来，从这点来说，这种情境在某种程度上还是和他/她接近的。

三　反应情境的由来

通过看图被唤起的，和来访者接近的情境是从哪里来的，又是如何形成的呢？

首先容易想到的，它从现实体验而来。对这个观点进行论证的材料很多，反驳这个观点的材料也很多。比如第一张图版，大部分的人都会叙述出画中少年为学小提琴而烦恼的主题故事，但实际上学过小提琴的人应该是极其有限的。所以，反驳观点认为故事从来访者的现实体验而来的说法不妥。还有看了图版 13MF，不少人都会叙述出男人杀了女人的故事，但肯定他们都没杀过人。

从这些例子可以看出，TAT 故事并不是现实体验的直接反应。

但是，另一方面，如果考虑小说电影之类的刺激很强的情境会铭刻在现实体验中的话，从这个角度讲，虽然现实体验不是直接的，但是说他/她通过 TAT 故事反应也是可以的。其实，以图版 1 为例，虽然学过小提琴的人很少，学过钢琴的人就多了，如果不限定某种乐器的话，有过学习某种课程经验的人可能就不是少数派了。那么即使没学过小提琴，只要是有过学习经验的人，从少年和小提琴的图版自然地联想到学习，这种情况就很多了。把学习小提琴的烦恼（拉不好，或被逼学）作为故事主题的人，有过被逼学习的体验，且在非常好的家庭教育环境下成长，这个推论可以成立。实际情况是，没有好的家庭教育，缺少爱的环境下成长的不良少年，他们不太会叙述出像学习小提琴烦恼那样的故事。

下面再看一下图版 13MF 的反应。画中的男性因为情感纠葛把女性杀了，说出这样故事的人，即使没有真的杀人体验，但是有过打人或者扔东西后惊慌失措和后悔的经历。这样的体验，就成为了上述故事形成的可能原因。

那么结论似乎是,从 TAT 联想到的情境,是由现实体验的残留和从书本或者电影电视中得到的知识结合而成的常识形成的。学习中的精神萎靡是非常熟悉时常发生的现象,对它的认识和自己的现实体验相结合之后,就叙述出了少年正在遇到挫折而烦恼的故事。另外,为情杀人的事情虽然身边很少看到,但是周刊杂志和电视上经常看到,这样的信息和上面说的现实体验结合之后,就叙述出了男人为情所困杀了恋人,后悔地流泪了这样的故事。

也就是说,小说、戏曲、电影、电视剧等,给人们提供了现实体验中容易掌握的情境框架,另一方面,人们的现实体验又验证了文学作品提供的种种情境,最后把情境定型下来。通过这两种相互作用,于是每个人心里都会联想到种种情境。

联想到很多的情境,并且能把各种各样不同的情境叙述出来,这是个人内心丰富的一个指标。这些情境,就是自己在处理各种问题时,以及理解处于各种状态下的其他人的参照。

虽然有点画蛇添足,下面想稍微论述一下小说、报纸报道、电影和电视剧对 TAT 故事的影响。

叙述故事的人,有很多是前几天看了各种电视剧,然后在测试中回想起来,于是叙述出故事。这种情况,好像给我们这样的印象:叙述出的 TAT 故事就是电视剧,和讲故事人的人格没有任何关系。

可是,有必要更深入地思考一下。看到某个电影而叙述出的故事,就好像昨天发生的事情今天梦见一样。就像不能说一般人到此为止的梦解析是真的梦解析那样,前者仅仅说了一个故事,这样叙述的故事完全不足以解开来访者的全部问题。

看到 TAT 图版,即使想起曾经看过的电影情节,但两者之间本来是没关系的,可以不把他们联系起来。如果发现了他们的相似点,那么一定是已经加入了来访者的主体因素。这个因素就是看了电影之后产生的强烈感动,进一步说,就是受到感动的内心。

另外,小说和电影,虽然不能说全部,但在某种意义上是为了让读者感动而写的作品。虽然它们还没有达到一定能让读者感动的程度,但让读者明白地说出感受可以说它们已经获得了成功。可以说如果某个情节一开始就被读者或者观众记在心里,那么那个小说和电影本身的全体究竟如何，已经不那么重要了。

可能这个观点稍微有点极端了。没有感动，只是凭借觉得很新鲜的理由，把小说和电影中的情节基本完整地复述出来，这种情况也不是没有。但这种情况属于例外，做出这种反应的人自我功能值得怀疑。

四　对 TAT 反应应该采取的态度

在这里先总结一下目前研究的结果。首先，TAT 故事是看了图版后联想到若干情境，并从中选取和图版接近的情境，然后在符合 TAT 课题的范围内，选择来访者自己想到的和与自己心理距离最小，也就是最亲近的情境，然后现实体验和虚构作品相互作用，就形成了最后叙述出来的结论（即 TAT 故事）。

这样的话，这些结论对于 TAT 反应的解释分析态度会造成什么影响呢？我想指出，对 TAT 反应应该采取的态度至少有以下两点。从第一张图版的反应到最后一张图版的反应，TAT 故事分成或大或小的几种类型。来访者的现实体验通过故事反映出来，并在这个过程中一直进行过滤、提取和修正。

像这样，如果站在理解 TAT 故事分类的立场上，第一，要把 TAT 故事当作一个模型总体把握；第二，应该自然而然地拥有不把基本的 TAT 故事当作典型模板（idiographic）的态度。首先举例子说明第一点。

看了图版 1，如果来访者叙述出：少年在父亲外出期间自己把小提琴拿出来，弄坏了，为此而烦恼。那么这个故事的主题简单地可以概括成：为弄坏了小提琴而不知道怎么办。也就是说，小提琴是父亲的东西，出于对别人东西的好奇而拿出来玩弄，其结果是给少年带来了受惩罚的不安和罪恶意识。因此把这所有要素包含进去而形成一个典型的故事模板，如果缺了某个要素，或者某个要素被别的取代时，就可以捕捉和分析这些变化了。拥有了这个观点的话，那么故事的细节就应该得到重视。比如说小提琴的主人不是父亲而是母亲，那是为什么呢？如果欠缺了这样的思考，不仅会忽略故事的细节，即使注意到了，也很有可能只会随意解释。

我们要学会如何把故事全部作为一个整体来掌握，或者至少看清楚故事大概的组成单位。就好比学外语时,不是单词水平,而是词组惯用语,甚至是段落程度的记忆一样。学外语用哪个方法好显而易见了。

下面让我们来说明一下第二种态度吧。

不要把 TAT 故事当成典型模板,我想只要接触一张图版的数十个反应就会自然得到认识。但是,还是会坚定地认为 TAT 故事就是一个优秀的个性记叙。TAT 的创始人默里就提倡主人公假设论,还有原本 TAT 故事的具体指向性就是希望能反映出来访者的内心。人们对这个假设论印象深刻,于是也导致了人们产生了那样的信任和依赖。

稍后我们还会再次论证不能无条件地接受默里的主人公假说论。

后面的印象只不过是印象,要清除这样的印象,就要追溯到 idiographic 这个词汇的原本含义。首先我们要思考一下心理测试本身有没有可能成为 idiographic。

Idiographic 这个词汇,不仅可以理解成发现某个人的异常特征,同时也可以理解成发现某个人拥有的无可替代的独一无二的人格特质。如果理解成前者的话,那么所有的心理测试都可以理解成 idiographic。如果理解成后者的话,那么我们要承认掌握人类是心理测试力所不能及的。心理测试只是测试,明确也好,模糊也好,只能检查出一些相对可能的人格特征,按照某种标准判断它的高低或者强弱,TAT 也不例外。

例如从 TAT 故事中研究来访者和父母亲的关系,从中得出了很多来访者对父母亲印象的好坏、关系特征等等,但是现实中来访者是怎么和父母交往的,这是不可能从 TAT 中得到答案的。

这是 TAT 的缺点吗？我们不这么认为。当面接触可以了解现实中和父母交往的情况,但是也有单凭面谈很难了解的部分和侧面。比如,来访者对父母的感情,时不时会发生剧烈变化,一会儿强烈地否定,一会儿又认可。这种情况下,我们想知道的是来访者对父母亲形象的一般理解。知道了这个之后,大致上我们可以有方向性地和来访者咨询。笔者认为在这方面 TAT 可以给我们提供很大程度的帮助。

那么,心理测试中通过什么样的手段才能知道来访者心中父母亲形象的好坏,获得这样的基本信息呢？

把投射法心理测试比作 X 光线检查的是弗兰克(Frank, 1939)。有人觉得这个比喻不合适，到底合不合适暂且不谈，首先我们就 X 光检查发现异常这件事思考一下。

要做到熟练，需要看过很多很多 X 光片。专家甚至可以熟练到只是随便扫一眼，就能辨别种种差异。在积累经验的过程中，要熟练得能把外行怎么也看不出的差异看出来才行。怎么样才能熟练到这种程度呢？当然不仅需要了解各种疾病的影像特征，心里还要刻有一个健康器官的影像。这个健康器官的影像，不是具体的某个人的器官影像，而一定要是超越了独特性和差异性的具有一般性的器官影像。

那么，投射法心理测试工作的性质和熟练掌握它的过程，和 X 光片检查确有其共通之处。

投射法心理测试不是以发现异常为唯一目的，但是也不能完全否认带有这个目的。通过测试结果，了解来访者对父母亲形象的基本认识，还有对自己的认识，测试者将这些信息和大脑中储存的健康人的平均水平相比较。这时的测试，可以为在以后的治疗咨询中使自己的测试水平能更熟练更充分发挥，让测试最有效地进行。

笔者认为，投影法心理测试和 X 光片检查两者都是普遍适用的诊断工具，把前者比喻成后者，这样的比喻有不可估量的意义，不仅没有任何不恰当，反而应该支持这种比喻解释。

第二节　主题统觉测试（TAT）反应的特殊性

对 TAT 反应（故事）的解释，必须基于"它蕴含的场景是来访者熟悉的，是来访者的现实体验和他/她从小说、电影中获得的知识相互作用的产物"这样的观点进行。TAT 的解释变得复杂化的原因是，一个来访者看到图版后自发想到的场景不是只有一种。

像以前说过的那样，有符合要求地叙述出很多不同故事的来访者，也有不符合要求的，甚至测试者提示了很多场景的解释，但他不知道选择和采用哪一个。基于这样的事实，我们必须承认即使来访者对于一幅图版只做出一种解释，也不一定就说明他只能叙述出这一个故事。这是 TAT 和罗夏墨迹测试的区别。罗夏墨迹测试中,虽然没有要求把见到的东西全部讲出来,但是暗地里鼓励来访者那样做。因此,虽然不能说没讲出来的故事就是讲不出来的故事,但是自己觉察不了的概率很高。TAT 的话,情况就不一样了。换句话说,虽然测试者没要求来访者只能叙述一个故事,但是双方都默认只叙述一个故事。

因此,即使来访者对一幅图版只叙述一个故事,也不能说他/她只能叙述出这一个故事,在这种情况下会产生对故事的解释不可信的问题。

原本 TAT 就是设定为根据对同一幅图版做出的不同解释来判断人格的不同,因此原则上不同的故事一定赋有不同的含义。如果同一个人对相同的图版叙述出了不同的故事,那么怎么办呢? 或许不同的故事蕴含的不同含义对同一个人都适用。但是如果故事包含的含义是相反的话,那怎么解释和处理呢?

不能否认,我们有时把投射测试想得太单纯了。一定要慎重考虑以下问题。

首先,虽说不同的故事,但到底如何判断相同不相同的问题。乍一看不同,但有时两者却属于同一范畴。进而,在小范围中两者虽然不同,但有可能在大范围内两者都被包括了。总之,两个故事是同类还是不同类,取决于它们在什么样的范围中比较。例如图版 5,母亲过来叫孩子吃饭和母亲过来告诉孩子朋友来了这两个故事,在母亲只是单纯的中介者这一点上是相同的。这些和母亲过来看孩子在不在用心学习比起来,从后面的故事中母亲是家庭的主人这点看来,是不同的。但是,从母亲到孩子所在的地方看看是相同的。

再举一个稍微复杂的例子。图版 2 中,前面的女性同情后面耕作的男性,而对后面让男性耕作的女性反感这样的故事;和前面的女性喜欢后面的男性,由于后面的女性妨碍而无法恋爱的故事;从年轻的男女搭配和年长的女性对立这一点上来说,这两个故事是同类的。后面的故事和下面的,前面的女性想出城继续读书,但是由于母亲反对而为此很烦恼这样的故事似乎不同,但是后面的女性妨碍前面女性的意志这一点来看,两者似乎又属于同一类。

也就是说,判断两个故事相不相同是很困难的。明显不同的两个故事,即从最大的范围来看都属于不同分类的,例如图版 13MF 中,叙述出为情所困杀了女友后悔流泪的故事，和恋人一起过夜后，男的睡眼蒙眬地去公司上班的故事，都有可能是同一个人叙述出来的，这点一定要牢记。

下面必须考虑的是 TAT 故事的含义。让我们再重复一遍，TAT 故事对于来访者，也就是来访者是很亲近的。因此，这种表达了亲近场景的故事的含义，也就隐含来访者的人格特征。这种说法是没错的。但是，这只说对了一半。只有考虑看到图版后所能想到的所有场景，才可以了解到更深刻的含义。

换句话说，我们可以根据图版的一般反应倾向，也就是叙述出某类故事的频率，对照着分析故事，由此可以从侧面了解故事对于来访者的亲近程度。下面具体举例说明。

图版 1 中，有位来访者叙述："少年看着父亲的小提琴，想象着自己也能像父亲那样拉得很出色，可以像他那样登台演奏小提琴。"由这个故事看来，对于故事的作者，儿子以父亲为榜样，想成为父亲那样的想法的确是亲近的。

这个图版中，叙述出的故事大多都是围绕着和小提琴有强烈羁绊的少年展开的。如果是这样的话，那么从上面的故事可以说少年对小提琴羁绊很浅，甚至可以说少年没有烦恼。就是因为羁绊浅，那么可以想象这个故事的积极含义就是，由于来访者缺乏现实体验，而希望实现理想。

再举一个例子。对于图版 7GF，某位女性叙述出了："母亲给女儿读书，女儿抱着娃娃倾听母亲的话，母女度过了下午的一小时。"从这个故事中，可以推想来访者觉得母女和睦的情境和自己很接近，但这也只能是推想到此而已。不过对这张图版，一般是认为图版中年长的女性（母亲、助手、家庭教师等等）对少女做的，少女是不接纳的（反抗、无视等）。为什么上面叙述的故事与一般倾向相反呢？换句话说，大部分人很自然地认为像母亲一样照顾少女的女性和少女之间是对立的，为什么讲故事的人不这样想呢？或许可以推断出来访者对否认这点有强烈的防卫心理，或者有深刻的母子间的纠葛，或者还有可能就是认知比较迟钝等等原因造成的。

综上所述，当把某个故事的含义和故事的一般倾向对照之后，才能更准确地理解它。不仅仅是普通反应，尤其是特殊反应更是如此。也就是说，很多人都是叙述这类故事，那么为什么这个来访者就会叙述出不同的故事呢？询问原因，推测出理由，就是这个故事的含义。

当然,同样也可以考察普通反应。为什么是这个普通反应,而不是别的普通反应呢?因为 TAT 图版一般包含两个普通反应。不过当然的,由于是普通反应,所以无法狭义地确定故事的含义。不过不管怎样,对于特定的图版叙述出特定的故事,从这个观点看来,任何一个故事的含义都可以做进一步的仔细分析和解释。

但是,在进一步仔细分析的同时,也可能使误判增高。这一点,不言自明。谁都知道,当处于怎么理解都可以的模糊状态时是不会误判的,有误判危险的是另外的情形。另外的情形指的就是,当忽视了来访者没说出,但有可能叙述出的故事的时候。

下面,我们回顾本章一开始就提出的疑问,会不会发生没说的但是有可能说出的故事含义和叙述出的故事的含义相矛盾的情况呢?如果发生矛盾了,到底哪个是正确的,哪个是不对的呢?或者换一种理解方法,这有可能是来访者自身的人格统合性的问题。

让我们举具体的例子来思考吧。测试者给酗酒住院的 30 多岁的男性实施了 TAT 测试,1 个月以后和他再次见面时,他对于前一次心理测试,甚至测试者的相貌都不记得了。于是测试者抱着验证 TAT 测试可信性的目的进一步了解来访者的想法,借机再次施行了 TAT 测试。比较两次测试结果,大部分的图版,21 张中 15 张的反应是一致或者说非常接近。剩下的 6 张中有两张不能说非常接近,但有其相似部分,最后 4 张被认定为不一样。1 个月内来访者的人格不可能发生变化,大部分图版一致证明了这一点。这边有 4 张图版产生了和上次不同的各种反应,认定为那是来访者在同一次检查中能提供的反应。因此,可以把这些反应作为考察的材料。

这个来访者对 3BM 图版,第一次叙述:"40 岁左右的女性,醉倒了,或者被注射了药物倒在那里。她对这种生活很讨厌很厌倦。"第二次叙述:"男孩子玩累了手枪游戏睡着了。"很明显两次故事迥然不同。前者的情况很悲惨。来访者觉得很害怕这种情况,但是现实中还是会发生。即使不知道来访者的具体生活情况,也可以推测出他非常绝望。后者则成了天真无邪的故事。这里可以把故事解读成对少年时期的固恋或者说人格发生了退行。

那么,这两个故事的含义矛盾吗?我们不认为两者有丝毫的排斥。反倒有可能互相关联。换句话说，因为稚气未脱无法适应成年人的生活，对现实无法忍受，选择了通过酒精和药物逃避。

接下来看看来访者对图版 8BM 的反应。来访者第一次叙述出"精神失常的医生和助手一起把正常人切腹"的故事，第二次叙述出了"身体不好的人梦见自己在做手术"的故事。他的注意力前一次放在切腹人上，后一次放在被切人上。不过前一次，来访者认为切腹的人是疯狂的坏人，他本人不站在他们的立场上。来访者还是把自己投射成被切人，所以前者和后者是接近的。两个故事给我们的共同印象是来访者对于身体的攻击很敏感，非常害怕。

接着再研究一下他对图版 6BM 的反应。第一次的故事是"儿子告诉了母亲对自己女朋友和对工作的烦恼，然后母亲给出建议"，第二次的故事是"父亲死了，葬礼现场中的母亲和儿子"。这两个都是普通反应，前者是儿子和母亲的对峙，对母亲说出了自己的内心烦恼，后面故事中的儿子和母亲与其说是对峙不如说是平行关系。但是另一方面，前者是儿子对母亲的依赖，后者是由于父亲的去世儿子和母亲的共生关系，因为儿子生来的对手就是父亲。那么如果这么理解也是合理的，这两个故事其实是相近的。

以上的一些个案表明，同一来访者在同一时间对同一图版叙述出的不同故事的含义，并不矛盾而且是一致的，不，有时甚至是一样的。这样一来也有可能引起别的问题，例如对于同一个来访者，可能会牵强地把叙述的故事理解成同一个意思，而忽视显而易见的故事内容的差异。但是首先，来访者给我们的人格分析解释工作提供了一个可以借鉴的基础。当然，也不能绝对地说同一来访者对一幅图版叙述出来的故事的含义都是一致的，对立的情况一个也没有。我们首先要再次询问自己什么是故事的含义，或者可以理解为来访者的人格统合性的问题。这个也是在实际的心理咨询中碰到的不得不解决的课题。不过如果真正遇到了，心里应该有一些基本的原则，也就是与其理解两个故事表现是完全对立的正反两方面，不如认为它是同一类问题的原则。下面还是结合具体例子论述一下。

某个青年对于图版 14，一开始是叙述"从监禁中释放的男性，决心以后洗心革面，对自己负责地生活下去"的故事，之后，又叙述了看上去好像男的想从高楼跳下自杀的意思。然后，他说这两个故事他实在不知选哪一个。这个例子中，一开始，是以和黑暗的过去告别和对于新生活的希望为主题的故事,然后是与此相反,表现悲观绝望的主题的故事。希望和绝望两者完全对立,乍一看好像是迥然不同的反应。但是如果理解自杀也是一种解脱或者是再生的话,两者就接近一些了。从这个反应中,可以说能看出来访者在希望与绝望间摇摆,但不能说他具有同一性混乱。

第三节 解释反应的基本态度

到目前为止的论述中,我们讨论了来访者由 TAT 图版联想到的场景对他/她来说是亲近的,并且指出这个所谓的亲近性不是自我亲和。那么下面,我们就进一步深入讨论关于默里的主人公假说和同一化概念的问题。

一 主人公假设和同一化概念

众所周知,默里提倡的欲望-冲突分析是从辨别主人公开始的。主人公就是和叙述故事的人同一化的人物。和某个人物同一化指的是什么呢?默里认为,指的就是关心那个人物,把那人的观点当作自己的观点,把那人的感情和动机当作自己的感情和动机。

默里认为,大部分的场合辨别主人公是容易的,也有稍微复杂一点的情况。例如随着故事的展开,有同一化对象变化了的情况,也有同时和两个人物同一化,不知道最终决定同化为哪个人物的情况。

上面说的辨别主人公复杂和困难的状况,主要是针对出现很多人物的图版而言。那么单个人物的图版,就一点问题没有吗?也不是这样的。我们认为,反而是面对单个图版时同一化的问题比较突出。

有的图版虽然只画了一个人物,但是来访者在叙述故事中导入了别的人物,并把这个人物作为同一化对象,那么就理应把导入的人物当作主人公。例如图版 8GF,叙述出画家成功与否的故事就属于这种情形。另外也有像图版 5 那样,和图版中没有出现的房屋主人发生同一化的情况。但这些都是少数，大多数 TAT 故事，都是以图版中的人物作为中心来叙述的。

这种情形，毫无疑问，很自然地会把图版中的人物当作主人公，但是其中有很大的问题。确实讲故事的人遵照指示，把图版中的人物作为中心，说出他/她的感受和情绪，不过即便如此，也不一定讲故事的人就是和人物发生了同一化。为什么呢？因为先前提到的，默里所说的同一化带有强烈的感情心理认同。

现在，回想一下图版 15，那里画着的人物老得骨瘦如柴快死的样子，谁都很难和他同一。然而要以他为主题叙述故事的话，假设他是盗墓者，也同样可以把他设定为主人公。

除图版 18BM 以外，只画有一个人物的图版总共有 11 张，不过画中的人物是各种各样的。对于一位来访者而言，可能有的容易同一化，有的却很难同一化。对于那样的图版，来访者没有什么选择的余地，只有把感情融入到图版中的人物里去。那么，一定要好好认识到，虽然有感情融入，但是那并没有发生默里所说的同一化。

那么，整理一下问题点，那就是同一化的概念被限定得很狭窄，狭义的同一化指的是把认同作为主人公的条件，这和其他场合的只要融入感情或者不得不融入感情就是主人公是不一致的。为了避免不一致，首先应该扩大同一化的概念。比如说叙述故事的人有意无意地把自己当作画中的人物，哪怕只是一瞬间，这就是同一化。像"想象画中的人物在思考些什么，请叙述一下"这样的语言，就是促进进行同一化的语言。按照这样的指导语，叙述出人物的思想和感情，就可以把这个情况认定为正在同一化。

但是对于个人，有容易同一化的人物，也有不容易同一化的人物，同一化的程度性质也有变化的幅度。

默里的欲望-冲突分析，是在决定了主人公之后进行，而且主人公对分析有很大影响。主人公是 A 还是 B，"欲望 X"变成"冲突 X"，"欲望 Y"变成"冲突 Y"，因此，主人公的概念不能否定。但是什么样的场合能说是主人公，什么样的场合不能，一定要有明确的界限。如果这种微妙的判断会左右一系列的分析，那么不得不说这是一种很危险的分析方法。

也有人不赞同采用欲望-冲突的分析方法，不过对欲望-冲突所代表的内容也不是完全不考虑的,否则反应解释就没法进行了。重要的是,判断叙述故事的人和故事中的人物同一化的强弱和性质。

上面提过的,看到图版 15 中那样老得骨瘦如柴快死的人物,假设他是盗墓者正在掘墓盗宝。这里同一化了什么呢? 从叙述人的故事中判断,那个人是坏人,那么叙述故事的人肯定不会和他站在同一立场上。因此不只是单纯地把图版中的人物解读成主人公,那种欲望就是获得欲望。虽然有获得欲望,因为是自己所不能接受的存在形式,所以要把它对外界投射出去,这样的理解我们认为更加合适和合理。

二　叙述故事的人和故事中人物的关系

默里的欲望-冲突分析,是在假设主人公的属性(欲望和感情)表现的是来访者的人格,以及冲突是为了了解来访者世界,在这个基础上发展而来。也可以说,这也就是把主人公和来访者划上等号,或者说认为来访者就是主人公那样的人物。

对这种分析也有批判的观点。皮欧托洛斯基(Piotrowski,1952)提出了 TAT 的任何一个人物都表现来访者人格的某个侧面的看法。我们认为,来访者强烈同一化的人物的特征,来访者自身也应该具有。从这个角度来思考的话,我们不仅同意默里的观点,而且赞同皮欧托洛斯基的论点,也就是即使讨厌也会发生同一化,所以所有的人物都能反应来访者的某个侧面。来访者融入故事中的人物,并赋予他们思考和感情,这只能从来访者拥有的思考和感情中提炼出来。

或许,不仅站在皮欧托洛斯基的侧面说的立场上,而且可以认为主人公特别鲜明地表现了来访者的特征,这样解释可能比较妥当吧。在本书中经常使用场景这个词,也就是说 TAT 故事,叙述的是来访者比较亲近的场景。

可以说场景就是在默里所说的欲望和冲突中产生的。这不需要再仔细说明了。场景,是人和环境相互作用而出现的。而默里是把场景有意识地分为主体和环境,我们认为这种分析是不全面的。下面稍微论述一下。

在前面已经提到,默里的欲望-冲突分析中,主人公是 A 还是 B,会产生"欲望 X"变成"冲突 X","欲望 Y"变成"冲突 Y"的状况。欲望是内在的而冲突是外在的,这意味着有些东西从属于来访者，而有的东西是排向外部的。我们认为，纯粹地分析故事中人物的欲望和冲突没有什么大问题，但如果能够对所有故事中的人物进行分析的话，情况将会更加明了。但是默里的欲望与冲突是关于主人公的，通过主人公来了解来访者内在的东西和外在的东西。也就是说欲望-冲突分析和主人公假设有着千丝万缕的联系。

下面我们要提出的是，想一下例如虐待狂和被虐狂，偷窥癖和暴露癖的关系就会明白，当认同一个故事中的某些人际关系时，叙述故事的人可能在现实生活中容易和某些人站在一边，但从原则上讲他/她是可以站在任何一边的。比起理解成他/她容易站在哪边，更应该理解成他/她本来就是站在特定立场上捕捉、解读世界，并生活着。这才是最重要的东西。

下面让我们举具体的例子来说明。

对于图版 9GF，来访者叙述出："左边的女性想着自己的恋人被抢跑了，正要去找情敌骂她，而右边的女性很谨慎地，悄悄地躲在树后面"这样的故事。对于这个故事，如果判断来访者站在右边女性的立场上，而对左边的女性带有强烈的抵抗情绪的话，那么主人公是谁？有什么欲求？进而来访者有什么欲求？比起这些，更重要的分析是捕捉到了叙述中的两个女性的敌对关系。

下面再引用一下本章第二节，某个男性来访者叙述的关于图版 8BM 的故事，也就是"精神异常的医生和助手一起给正常人切腹"的故事，虽说来访者站在被切腹的人的立场上，即使精神异常的医生的攻击冲动属于自我排斥，也必须认同那也是这个来访者所具有的东西。而且正因为是自我排斥，所以投射到外部。来访者从被害-加害的立场捕捉人际关系，可以说这才是我们要推论出来的重要解释。

前文从图版 15 的"掘墓夺宝"故事，可以看出来访者获得欲望的投射。而有一位叙述和这个差不多故事的某个女性，对于图版 17GF，则叙述出："桥上女性重要的戒指掉到河里了感到很茫然"的故事。这位来访者，对于图版中的人物，一会儿得到一会儿失去特别有兴趣。她喜欢站在得失的立场上解读，但是似乎可以推测出她的冲动是自我排斥的。

那么，从以上的例子大家都明白了。总之，我们一直不单独使用默里的欲望-冲突分析场景,而从整体把握的立场上解释。像本章第四部分所说的,采取把一个 TAT 故事当作一个一个模型完整地解读的做法,通过这个方法,把叙述人和故事中人物的关系的问题综合解决。然而如果进一步立足于具体实例看的话,会遇到许多新问题。

最直接的问题就是普通反应的含义判定问题,也就是说即使解读出包含在普通反应中的来访者的立场,其实有可能有价值的信息却什么也没有得到。下面举具体的例子来说明。

某个女性来访者对于图版 7GF 曾叙述出:"少女被新生的弟弟夺走了母爱,母亲让她读书,她不听"的故事。这个故事的场景,广义地说就是抚养孩子的场景,再详细地说就是围绕亲情的同胞斗争场景。但是从这个故事,可以解释来访者的什么呢? 可以说她容易从感情欲望的满足不满足的观点看问题? 还是动不动就像故事中的少女一样,期待感情的沟通与交流? 但是,这是极其普遍的普通反应。仅凭这个故事,很难指出来访者对于感情欲望的不满足有特别的敏感。某个故事会有普通反应,也就是那个场景是蕴含在图版中的。如果能够理解图版中蕴含的场景,那么说明那个场景对自己是亲近的,没有特别防卫的必要(或者即使防卫也防不住的情况也有,对这种情况我们能感到细微的差别)。对于感情欲望得不到满足的故事,并没有什么特别的。因此对她可以得出的分析是:她并不一定对感情欲求的不满足而敏感,她也许是那种认为对于任何孩子而言亲情都很重要的人。

先前举过对于图版 9GF 的敌对关系的两个女性的例子,那个故事也是普通反应。叙述故事的人对于敌对关系有可能毫不介意,说起来很有可能敌对关系对于那个来访者来说不是什么新鲜的事物了。

综上所述,至少对于普通反应,只能推断出故事中人物的思考和行动与来访者很接近,其他有价值的分析一样都可能没有得到。

为什么我们要特别指出这一点呢? 到现在为止进行的 TAT 解释,从欲望-冲突分析开始,对于 TAT 反馈的内容有些过于迷信了。这是由于"作品中心论",它和"作家中心论"的区别一直很模糊而导致的。对于一些特别的故事,这样的分析方法不一定无效,对出现频率很高的普通反应施行"作品中心论"的话,只能单纯地判断人的健康程度而已。

第三章

主题统觉测试
(TAT)图版的详细解说

第一节　对图版 1 的解说

图版 1　　这个图版，在所有 TAT 图版中是最重要
的。如果我只能使用一张图版的话，我会毫不犹豫地
使用这张图版。为什么呢？因为这个图版作为导入
图版，非常优秀。这张图版，无论是给成人看也好，青
年看也好，孩子看也好，他们在看了后心里都不会产
生防御和害怕，它能营造一种使人依次展开叙述自己
梦想的氛围。

——贝拉克(Bellak，1954)

在 TAT 测试中，使用什么样的图版合适呢？第一次接触 TAT 测试的来访者难
免会有如下疑问：

TAT 测试是不是特别难啊？

什么是图版啊?

我能行吗?

为了什么而测试啊?

在听完 TAT 指导语后,在看到图版之前,来访者的心里充斥着这样那样的疑问。那么默里立足于临床经验,在众多 TAT 原图版中最终选择了现在使用的 30 张。选择的标准如下所示:

1 暗示一些危险场景。

2 具有能产生联想的作用。

3 不管是谁,都一定能够对图版产生他/她的主要联想。

4 至少图版中有一个可以使来访者发生同一化的人物。

一 对图版的解释

1 导入图版

图版 1 上画着小提琴前沉思的少年。这张图版上的情景非常常见,谁都会在日常生活中的某时某地看到,使人感到亲切。

贝拉克(Bellak,1954)曾对图版 1 提出过这样意味深长的见解:"这个图版,在所有 TAT 图版中是最重要的。如果我只能使用一张图版的话,我会毫不犹豫地使用这张图版。为什么呢? 因为这个图版作为导入图版,非常的优秀。这张图版,无论是给成人看也好,青年看也好,孩子看也好,他们在看了后心里都不会产生防御和害怕,它能营造一种使人依次展开叙述自己梦想的氛围。"

默里也说过,"测试中,给来访者看一些描绘着戏剧性事件的图版"。但是图版 1 并不像默里说的那样有危险场景或者描绘了戏剧性事件。这样的要素在这张导入图版里似乎并没有。这张导入图版给人的感觉是"这个场景,好像在哪里见过。也许好像是自己幼年时,也许就是自己吧"。不知不觉中,来访者紧张的肩膀放松了,防御心理消失了,导入图版营造了使人能畅快谈话的氛围。

2 导入图版在测试中的重要意义

学者对导入图版在测试中的重要意义进行了研究。

安香宏、坪内顺子（1970）在第 34 届日本心理学大会中以"探讨 TAT 解释基础（4）"的报告，对 40 名神经症来访者做了一个图版差别失分研究分析。这个失分是经过分析 TAT 反应中，认知、主题、故事结构、连续时间等四个部分合计出来的失分。看了这个图表，可以判断图版 1 的失分是所有失分中最少的。失分，大致来说是由失败的反应引起的，失分少说明图版 1 的失败反应很少。此外，在学者们的一系列研究中，即使是选出的像精神分裂症、8 岁儿童、不良少年等类型群，在测试中对于图版 1 的失分都非常低。

这样的结果，意味着图版 1 作为导入图版，对健康人也好、病人也好、成人也好、儿童也好，几乎所有的人都很合适。

3 反应区域

凝视这幅图版，不觉得这幅图版意外地能够营造出让人冷静思索的气氛吗？ 如果进一步凝视它，有没有注意到这幅图带有让人心情沉重的灰暗的气氛。

背景的黑暗，少年低垂的脸，把这样的气氛营造出来了，这是关键。

我们认为，这幅图版的氛围就是假借少年和小提琴，唤起来访者自己现在不得不面对和解决的问题，并能够叙述出来。这幅图版发挥着这样的作用。

默里把第一幅图版设置为图版 1，而最后一幅图版设置为图版 20，从这个角度分析的话是很英明的决策。顺便提一下，对于图版 20，目前为止叙述出来的 TAT 故事大多假借图版中人物，独自一个人静静地反省自己的故事。图版 20 成了一种精神净化。图版 1 和图版 20 很相似，都是人物低头，背景黑暗（具体请参照图版 20）。

立足于这些，我们静静地倾听来访者叙述着故事，时不时地附和一下。就好像图版 1 成了 TAT 和来访者相识仪式的祭司，发挥着重要作用。

D（主要部分）是，少年和小提琴。

d（小部分）是，弓和像乐谱的纸。

Dd（特异部分），理论上讲图版中可能出现很多，相对出现频率较高的是琴弦、眼睛、手腕、头发、桌子等等。黑色背景也有很多含义,作为阴影反应的黑色背景也属于 Dd。

此外,根据我们的经验,偶尔出现的反应(比 Dd 出现概率更小的罕见反应)还有少年轮廓周围可见的灰色阴影、少年的左边嘴唇和黑色阴影、少年左肩依稀可见的两根羽毛样的东西、少年头发的白色部分,等等。这样的反应,是扭曲的病态认知反应的信号。出现这样情形的话,对其他图版出现的类似反应也要充分考察。

二　对图版的反应

1　标准反应——D 表示的反应

TAT 故事的分析中,最重要的考察是来访者是否能对 D(主要部分)准确地认知,然后巧妙地组合整个图版上的要素并叙述出故事。

这幅图版中,少年和小提琴是 D,所以能不能够围绕着少年和小提琴叙述故事是分析的第一个重点。能否围绕 D 展开话题,就是能否产生标准反应,也就是能否产生罗夏墨迹测试中的 popular 反应。

比方说图版 1,如果叙述出来的是与小提琴无关的少年故事,或者和少年无关的小提琴故事,这就意味着脱离了标准反应。这个基本要点,对于所有的 TAT 图版都是一样。

对来访者叙述出来的少年和小提琴的故事,我们需要分析在故事中少年和小提琴以怎样的方式构成话题,然后再进一步考察主要部分和其他的导入人物(父母、老师、朋友)之间是如何联系的。

2　特异反应——Dd 表示的反应

虽然特异反应在临床上是比较罕见的,但是有很重要的意义。下面记叙的是在临床群里容易产生的几类反应:

a. 少年的头发是白的(带有辛苦之后头发变白之类的含义,来访者对于自己的形象有缺陷感)。

b. 把左边嘴唇和黑色阴影当作嘴角流着血（特异的自我形象、缺陷感、严重的病态特征，在儿童至青年期的精神科临床中有时也会看到）。

c. 看到少年左肩的两根羽毛，把少年看作天使（多见于妄想型的精神分裂症群体）。

d. 把少年后面的白色阴影看作不安的阴影（同上）。

e. 对手指的形状赋予奇怪的含义（多见于精神分裂症群体的临床表现，人格解体的标志）。

此外，图版1的特异反应，文献中和临床中比较多见的是：

a. 误认小提琴是船、汽车、道具、机械、调色板、脸盆等。这种场合，有必要充分观察其他图版的歪曲认知和理解。

b. 小提琴坏了或者少年瞎了等也是比较多见的反应。前者多见于陷入犯罪和不良行为中的人，是挫败感和攻击性的特异表现，后者则可以考虑为自己的缺陷感。

c. 故事中出现想了解小提琴的内部而把它拆了，这样的反应多见于窥视症、恋物癖等性犯罪者，以及喜欢独处的犯罪者。可以认为是偏执倾向的一个指标。

d. 固执地叙述关于小提琴音色故事的情况，在精神科临床上，多见于自恋倾向的同性恋者和药物依赖者。对音色的捕捉，也可以考虑是一种自恋主义，只关心自己。

三 资源回溯——对图版 1 的各家解说摘要

亨利(Henry)的图版特性分析

亨利在对图版 1 的使用中，针对来访者给出的叙述，对图版 1 作出如下特性分析。

I 明显的刺激特性

a. 围绕少年和小提琴，以及少年和小提琴的羁绊展开说明，这是对图版的正确认知。

b. 叙述中经常会提到导入人物。最多的是父母，其次是音乐教师，还有就是类似父母的监护人。

c. 图版中有偶尔会被来访者认知的部分，比如说看到小提琴下面的乐谱、桌子、桌布。

II　形式特性

这个图版的形式特性非常单纯,也就是说小提琴和少年是主要的形式特性。

III　潜在的刺激特性

可以考察如何控制内心的冲动,以及外部需要和个人欲求之间的联系等等。

IV　一般的故事梗概

有两种基本类型:

a. 少年被父母强迫练习小提琴,但他想去做些真正想做的事情,比如和朋友游戏。作为中产阶级家庭的孩子,虽然年龄还小,但已经感受到强制练习的压力。

b. 少年有主见有雄心。梦想以后成为出色的小提琴手的故事。

V　带有重要意义的反应

来访者对图版1作出的反应有前面提到的标准反应和特异反应,比如说,来访者认为小提琴坏了,少年睡着了,小提琴的下面放着书籍,把小提琴看成汽车等等,这些都是不太常见的反应,但却是带有重要意义的反应。

对图版1,除了特性分析,还有下面几点需要充分考察:

a. 导入人物分析。来访者导入较多的人物是父母,注意来访者对他们性格的描写,以及导入人物与少年的关系。

b. 分析冲动、欲望和控制方法的关系及其结果。

c. 有的学者假设小提琴和弓的关系象征着性,尤其是当来访者对两者做出一些特别解读的情况下,分析和解释时要注意上述事项。此外,也要对这个性的象征假设进行验证。

贝拉克(Bellack)的典型主题分析

贝拉克认为图版1是TAT中最有价值的图版。贝拉克曾说,如果时间只允许他使用一张图版的话,他会毫不犹豫地选择这张,由来访者对这张图版的反应推测出来访者的人格结构和特征。为什么呢?因为这张图版,对大人也好,对少男少女也好,都不太会让他们产生警戒心理,能够让他们比较容易说出联想。图版1作为导入图版在临床中很适用。

I　典型主题分析

从来访者叙述的故事来看，在这张图版中，来访者首先把自己和少年同一化，然后导入了父母亲的形象，故事以叙述自己和父母亲的羁绊为主题。这时重要意义是分析叙述出来的父母亲形象，是具有攻击性的还是支配性的，是和来访者感情很深或是表现得善解人意等等，这些都值得分析。另外，随着故事的展开，来访者对权威的态度也是很重要的考察要点。

当图版1表现出成功主题时，需要分析来访者为什么会以成功为主题，什么是成功，成功的过程是什么，以及成功仅仅作为来访者愿望结束了，还是实际中得到了实现，分析这些都很重要。

II　象征性的性反应

贝拉克认为小提琴和弓具有性的象征。贝拉克对性的象征假设为，放在下面的小提琴代表女性形象，弓代表男性形象，拉小提琴代表性行为。来访者对图版1作出弹奏小提琴，以及抚摸小提琴等反应，暗示着手淫等象征性意义。特别是来访者作出琴弦断了这样的反应，被认为是对阉割感到不安。

另外，小提琴和琴弦的关系，贝拉克认为这意味着女性和男性的关系。来访者叙述中表现出来对小提琴的熟练程度，象征着他性行为的熟练程度。那么，如果来访者希望熟练掌握小提琴，象征着他希望像父亲一样对于性驾轻就熟。

当然，小提琴和弓或许与性有关，或许无关。总之，贝拉克认为小提琴和弓损坏有重要意义，代表着攻击性，少年瞎了意味着来访者对阉割的不安，作出这样的反应，特别意味着来访者与窥视欲望有联系的焦虑。

III　身体意象（body image）

贝拉克认为，图版1中小提琴、弓和少年的种种，都表示的是身体意象。例如，小提琴坏了，表明小提琴内部坏了，不能发出声音，小提琴无法使用了等等，这些意味着身体意象。

"坏了"，一般表现感情的贫乏，这种反应对精神分裂症的诊断有重要的意义。少年"受伤了"，出现这种描述，可以看出来访者歪曲的身体意象。

IV　强迫症的信号

小提琴下面的笔记,少年头发的凌乱,偶然出现的黑色斑点,如果来访者很不可思议地叙述出此类特征,这些都可看作是强迫症的反应。

V　故事中没有提到小提琴的反应

在来访者的叙述中,有一类情况非常有意思。如果来访者具有普通智商,有一定见识,没有患任何精神类疾病,他们叙述的故事中甚至不会提到小提琴。如果提问确认的话,他们大多可以正确地认知小提琴。

为什么会忽略小提琴呢? 贝拉克分析,这其中意想不到的是有文化方面的因素。不过需要区分忽略是由于文化中性方面的原因,还是由于来访者视觉方面的问题,或者来访者统觉上的歪曲造成了忽略。

埃龙(Eron)的标准反应

来访者对图版 1 描述的故事中,埃龙分析出了三类反应,作为对图版 1 的标准反应。

a. 感情基调:来访者叙述的故事带有明显的感情基调,这种感情是中立的,但比起不偏不倚的中立感觉来,故事又稍微有点悲哀色彩。

b. 故事结局:来访者叙述的故事大多有结局,结局是幸福的,或者故事大致的方向是走向幸福。

c. 故事主题:故事主题反映出野心、双亲的压力、占有、好奇心、不安全感。

拉帕泊特(Rapaport)的项目分析

来访者对图版 1 的叙述中,涉及到少年面对义务的态度,这种态度包括服从、反抗、强制等主题以及围绕野心的主题,如克服困难、希望、成就。

其他对图版 1 的一些解释

a. 来访者提到图版 1 中小提琴坏了。这被认为是来访者精神障碍的标志,如果来访者确实是神经症的话则此反应被认为是重病的标志。

罗森则葛(1949), p. 502

b. 白色桌布，来访者作出把小提琴下面的乐谱认为是白色桌布这样的反应。来访者作出类似反应被认为是对于某些事情过于在意，例如，"白色餐桌，或者白色桌布上放着的小提琴，琴前面坐着少年"。这样表明了来访者立即把内心的独特感情（白色＝处女性）向外部投射的倾向。亨利在对某种特定的象征进行解释时，强调白色意味着处女以及圣女的见解。

亨利（1956），p. 34

c. 斯坦（Stein）提出关于野心的主题：来访者通过图版 1 联想到少年的要求、目标和成就。

斯坦（1948），p. 1

d. 对强壮和活力姿势的解释：来访者充分注意到少年身体的细微之处，例如，来访者叙述出以下的故事"这个少年大概梦想着自己的手指能够掌握多种乐器"。

亨利（1956），p. 83

e. 把人物分解着看：来访者对图版 1 的少年的身体进行解样反应，分别叙述少年的头发、手指的长度，肩、脚的长度，体格的大小等等，并注意"这些是不均衡的部分"。来访者说起这些，反映了来访者人际关系不和谐，焦虑等不平稳情绪。

亨利（1956），p. 82

f. 来访者叙述出拉小提琴时琴弦断了，少年因此苦恼的故事。这可能是来访者过度手淫后的罪恶感和阉割焦虑的标志。

斯坦（1948），p. 46

g. 来访者叙述的故事以小提琴的内部机能和小提琴的作用为主题，意味着心中有对性的好奇和性欲的念头。

斯坦（1948），p. 46

h. 成就欲望在智商较高的来访者中反映得多一些。

卡甘（Kagan, 1958），p. 263

i. 来访者的叙述中显示了被母亲控制了该怎么办的主题。如果在故事中没有表现出对母亲的直接敌意以及对其安排的作业的直接抗拒，这样的话，可以做出来访者对母亲基本没有敌意的假设。

亨利(1956)，p. 184

　　j. 对母亲的难以理解的执着：一般来说来访者对这个图版没有特殊的性感觉，如果来访者表现出异常强烈的对母亲的留恋主题的话，可以认为来访者对母亲有难解的性执着。

亨利(1956)，p. 184

　　k. 以神经症、精神分裂症、少年犯、卫校学生为来访者，这四种人群中都有80％的人设定"少年练习小提琴"为主题。而在分裂症的来访者中，有16％的来访者写出了前后不一致的主题。

藤户节(1959) p. 233，p. 255

第二节　对图版 2 的解说

图版 2　　前方的女性手里拿着书，后面的男性在田间劳动，年长的女性注视着什么。

——默里对图版 2 的说明

一　对图版的解释

在 TAT 使用的图版中，很少有以三个人物为主来建构的图版，因此，在实际测试中，需要使用出现三个及三个以上人物的图版时，图版 2 是首屈一指的选择。

1　解释的重点——图版中的人和物

图版 2 中首先映入眼帘的有三个人,严格地说,图版上有四个人(在远处马的后面跟着一个很小的人),但是把那个人叙述到故事中去的来访者非常少。因此,用图版 2 来分析来访者如何设置三个主要人物的人际关系非常重要。在来访者的叙述中,主要看来访者叙述的故事是否包含了下面几个要素。

　　a. 三人全都编进故事中去了吗?

　　b. 虽然看到了三人,有没有把后面的两个人当作点缀性的人物了?

　　c. 如果设定两个主要人物的话,那么被排除的那个人是谁呢?

　　d. 编出的是只有一个主要人物的故事吗?

　　e. 编出的是一个人物都没有的故事吗?

这些是分析解释的要点。能把三人生动地串联起来叙述出故事的能力,仅凭这一点,就可以反映现实生活中基本能够自如地维持人际关系。总之,能够处理复杂的人际关系,是成熟成人的一项指标。

2　反应区域

图版 2 的特点是画面呈现的人物多,细节丰富。在测试中,主要的反应区域如下:

D(主要部分)是,年轻女性,男性,年长女性。

d(小部分)是,年轻女性拿的书,看上去被男性使唤的马,年长女性倚靠的树。这些关于 d 的种种反应是伴随着 D 反应的。

Dd(特异部分),TAT 图版中这幅图版的特异部分反应特别多,无法一一列举。让我们先举一些出现在故事中频率很高的东西,比如岩石的裂缝,湖,凸起的旱田,怀孕的年长妇女,男性的肌肉,远处的山,女性们的衣服,小屋,图版面整体的灰暗(傍晚的天空等反应)等等。仔细看的话,还有小屋前很小的马和人等等。

二 对图版的反应

1 标准反应——D 表示的反应

对于图版 2，来访者能够围绕三个主要人物叙述出故事就是标准反应。正如很多学者指出的那样，图版 2 的故事最常见的主题是关于立志突破旧传统，冲破家庭制度（图版中背景的象征意义）等等，故事还表现新女性自主、独立，并向新事物方向发展的主题（前面的女性）。

另外，故事表达年轻的女性和男性是恋人，后面年长的女性是反对者（订婚双方的母亲，或男性的母亲），故事中年轻的女性和男性被描述为夫妻，后面年长的女性是婆婆或岳母，也可能是丈夫以前的恋人等等。这些人物都是经常出现的反应。

总之，用心解读故事，将来访者的家庭成员中某些人和故事中的人物对应思考，这一点非常重要。

同性恋者对图版 2 的描述，常见对男性裸露出来的健壮肌肉的反应。出现这项同性恋指标时，需要参照其他图版该项指标的情况，一同进行细致的分析。

2 特异反应——Dd 表示的反应

a. 对马特别的关心

有时来访者的故事中会出现以马为主人公，对马投入了大量感情的描述。贝拉克论述过："这是逃避现实的退行表现。"根据我们的经验，在一个调查了 40 名 8 岁儿童的研究中，很多儿童都说到了马，也有很多儿童加入了对马的描述。另外，在一个以不良少年为对象的研究中也有说到这个人群对马的反应。研究认为，过多的提到马是一种幼儿反应，是逃避人际关系，缺乏自信和意志脆弱的标志。在这种情况下，来访者为什么会假借马说出自己的心情呢？结合对这幅图版中人物的处理方法，以及主题深入的方法来分析来访者十分重要。

来访者说到马的时候，还有一点反应很重要，就是来访者强调这匹马是白马的反应。如果来访者进一步由这个反应而联想"这匹白马是由天马或神马变成了农耕马"，然后展开异想天开的故事情节。这类只抓住细节,脱离了标准反应而叙述出故事,是精神分裂妄想型患者的思维模式。

b. 过于注重衣服

来访者的故事中出现这样的描述"年轻女性的衣领皱了,说明她内心的混乱",这种反应如前面对白马的反应一样,都是精神分裂妄想型的思维模式。

c. 描绘天空的灰色

来访者的故事中出现对夕阳、下雨天、日食、火山灰降落等天空的描述,这些和罗夏墨迹测试的 C'也就是无色彩反应很接近,都是抑郁的标志。

d. 旱田的凸起

来访者的故事中出现这样的描述"旱田有很多裂痕,田里没有收获","凸起的部分没有农作物出芽"等等。在故事结构中,过于强调收获的场景,暗示了来访者对于金钱的强烈执著(由于贫困导致对金钱异常的在意)。

另外,还有把岩石当作贝壳,把山当作鲸鱼,把旱田的凸起当作动物的骨头,作出这些特异反应的来访者,只要不是儿童,就要作为病态反应来分析。另外要注意,在 8 岁以下的儿童中,即使智商很好的孩子也极容易出现这样的误认。

3　对图版 2 细节反应的分析

a. 细节认知类型——强迫、偏执的信号

在 TAT 中,没有哪幅图版像图版 2 那样细节丰富,对图版 2 细节的认知是分析这张图版的重点。

对于任何事,偏向于抓住事物的细节,如果不能完全正确地把握细节就感到焦虑,这一类型的人对于图版 2 的描述,他们的注意点不会仅仅集中在一个主要人物上,他们的视点一定会扩散到背景的细节中去。

　　　　这幅图版描述的是乡下的风景。前面的女性,拿着两本书。男性使用马在耕田。右边的女性,穿着长衫靠着树。她在看着天空吧。

　　　　另一个老年女性,她的肚子很大。田里的凸起感觉间隔太大了……岩石上总觉得都是裂缝……这么说的话，男的光着身子……女人们都穿着衣服，为什么男的光着身子呢？

另外，那个小屋是放东西的吧，或是住人的吧。可以看见山，大概也可以看见湖和海吧……把白马作为农耕马很奇怪啊。这个旱田好像什么收成都没有啊。

——一个强迫症患者对图版 2 的描述

像这样一个个去寻找细节，用手指比划着描述细节。像这样细节描述，来访者似乎列举了对图版中所有事物的反应，但是，来访者没有办法把它们整合起来编出一个有情节的故事。从上面的叙述中，我们可以看出描述冗长，但是肤浅，看起来好像富有生产性、创造性，但是视点分散，没有完整的故事，似乎来访者看图叙述故事的能量却都浪费了。

这样的反应是强迫症的暗号。通过分析来访者对图版细节的反应方式，可以了解强迫偏执的程度。

考察 TAT 的典型反应后，我们认为心理健康的人应该拥有像下面这样的认知：

1. 从图版中正确地挑选出和自己有联系的必要部分并认知它。对 D，也就是普通部分反应的认知对应着日常生活，为了能够采取适当的行为，从具体情况中机敏正确地把握必要的刺激。

2. 挑选出的必要的部分和其他的部分，机敏地定位。推敲必要的关系联系，适当的 D 和 Dd 以及 d 的组合。Dd，也就是特异部分反应，d 微小部分反应。

3. 在认知和推敲的结束阶段，运用总体的想象力和创造力叙述出一个故事主题，并整理出故事结构。

强迫偏执很严重的人，在第一阶段，也就是在提取 D 的工作阶段时就已经失败了，他们对 D、Dd 和 d 是一样比重认知的。虽然投入了很多精力，却四散开来，没法集中。这种情况，其实是某种现实机能低下的表现。

b. 分裂症患者的反应——前后不一致的反应（discordant response）

对场景前后不一致的反应

默里（1935）写的手册卷末的 TAT 图版出处告诉我们，图版 2 是美国的古老的版画和前面年轻女性合成而来。某些人对于合成图版特别敏感,"前景和后景不一致,不在同一平面上"这类人会做出这样的反应。这种反应,亨利(1956)已经把它记载为壁图版场景(mural scene)。但是,这对于临床诊断没有什么特殊的提示。

在我们的一系列研究中,确认了这种反应在有解离体验的精神分裂症患者中出现得非常多。"对外界没有真实感,总觉得外界好像是羊皮纸上的图版。"这样的描述就是来访者对外界产生精神解离的体验,在这幅合成图版上成功地得到了投射。

这个反应和罗夏墨迹测试中对特意控制的墨迹深浅的c反应很相似,具有重要的意义。默里也不是特地为了测试精神分裂症而把合成图版作为刺激图版的吧。不过,可以说合成图版让来访者产生了很重要的知觉反应。

　　以岩石的裂缝为界,对面的世界和这边的世界不一样。为什么啊? 对面是中世纪……这边是现代……

　　这个女的是现实中的。对面看起来像图版……有点模糊……难道这个女的站在图版前? 怎么一回事呢? ……

　　这个女的手中拿着的书的内容就是呈现在后面的世界。

　　这个女的在散步。突然周围变得昏暗……没有了色彩……然后,突然就像自己迷失在中世纪,周围都是陌生的场景,后面的景致和自己的世界不一样。

精神分裂症患者对图版 2 的描述

精神分裂症患者容易作出诸如此类的反应。只不过这种对图版 2 前后不一致的反应,即使是普通人也很容易产生。所以如果只出现了一个反应,确实不能立刻就判断说是来访者的解离体验。来访者在其他图版中有没有出现类似反应,是确诊的关键。

对视线和姿势前后不一致的反应

　　有三个人,他们的视线凌乱不统一。

　　三人是三人,他们有的向这边看,有的向那边看,内心不统一。

　　远处有火山喷发，……男人和妻子以及马，或许看着远处发出声音的地方……前面的女的，视线没有看那边……或许由于专心学习，听觉迟钝了，没听到火山喷发。视线不统一呢……

　　人们，凌乱的，……各种各样的姿态……没在一起说话……没在一起思考……视线也不齐……没什么意义。

对视线和姿势前后不一致的反应

　　也有来访者发挥想象力，把后边的人物说成是人偶或者雕刻的人物。捕捉到这些的来访者往往对人际关系特别敏感，这些反应是视线恐怖以及解离体验的标志。我们在这里说的视线恐怖是指：总觉得自己被别人看着，感觉很紧张。由于很在意别人的视线而使得自己的行为不自然，甚至不能自由随意地活动身体，觉得自己的身体始终处于肌肉紧张状态。

　　总之，图版 2 能够敏锐地测试来访者的视线敏感，以及他在人际关系中的奇异感觉。来访者对图版 2 作出的特异反应，对精神分裂症的诊断和分析都有重要的意义。

三　资源回溯——对图版 2 的各家解说摘要

亨利的图版特性分析

Ⅰ　明显的刺激特性

a. 多个人物，多个人物之间的关系，农村以及田园风光，在田间的劳动，赖以生存的丰收等等是图版 2 中的基本刺激。此外，在来访者的叙述中，更常见的是独立描述各个人物的形象。默里在这幅图版的说明文中写道："前方的女性手拿着书，后面的男性在田间劳动，年长的女性在注视着什么。"这样描述图版 2 的来访者也非常多。

b. 其他经常被认知的东西有岩石，房子，农作物，少女拿着的书，女性倚靠着的树，男性在劳动。

c. 偶尔被认知的部分是怀孕，马，后面的小屋，田埂的凸起，女性服装的细节，男性的肌肉等等。特别少见的认知有湖，远处的很小的人和马，还有"少女站在画有农村风景的巨大图版前"这样的反应。

II　形式特性

多数来访者在给出图版 2 后,都能把三个人物和背景整合起来叙述出故事。因为这幅图版背景细节很丰富,所以容易刺激来访者自身的强迫观察。特别对于有这种强迫倾向的来访者来说,图版 2 还可以考察他/她的强迫倾向程度。

III　潜在的刺激特性

这幅图版在下面的两个领域中能使来访者产生基本的情绪刺激:

a. 可以判断来访者处理复杂人际关系的能力。TAT 图版中只有图版 2 中出现的人物可以描述成一个组合。这使得来访者在叙述中容易表现出诸如处理年轻人和老人的代沟,女性和男性的对立等等人际交往的能力。因此图版 2 对于分析来访者处理亲子关系或者异性关系的能力很合适。

b. 面对图版 2 叙述的故事中以"这个少女离开田园结束农村生活去大都市学习"这样的故事为代表,表达新旧事物对比的主题是图版 2 的潜在刺激之一。总之,通过图版 2 可以判断旧传统对来访者来说是有价值还是带来压力。

IV　一般故事结构

上面潜在刺激特性中叙述的两种情绪刺激的主题,在图版 2 的故事中出现频率最高。我们也可以这样理解,图版 2 的故事中一般故事结构为"少女离开农村,想再学点东西,那是为了学成之后回来,把农村建设得更好"。或者换一种叙述方式但是意思一样,即"少女继续待在农村无法使学问增长"。另外一个故事结构,着眼于这个家庭自身的现状,描述为"家人为了生存,面朝黄土辛勤劳作"这样的故事。但是这种情况,容易叙述出农作物收获很少的细节。

V　带有重要意义的反应

图版 2 的故事中,会出现多种细节。而我们关注的具有重要意义的反应主要有以下三种:

a. 故事中多大程度用到了细节?

b. 把谁作为了故事的主人公?

c. 三个主人公在故事中占有怎样的比重? 例如,在故事中,两个女性是什么样的关系？相对于这两个女性而言，男性处于什么样的位置？男的是她们的小雇工吗？在故事中，年轻人和老人分别处于什么场合，故事中有涉及到夫妇和婆婆的情况吗？诸如此类。在故事中谁最占主导地位，谁是服从地位等等，分析这些都是重要的。

总之，通过图版 2 来充分考察来访者对这幅图版的人物属性定位（性格描写），以及人际关系的描写，并从中考查他/她的人品性格十分重要。

贝拉克的典型主题分析

Ⅰ 贝拉克的典型主题分析

通过来访者对图版 2 的描述，给我们提供了丰富的关于来访者家庭关系的信息。即使来访者是男性，他也可以投射到左前方的重点描绘的少女上，并和她同一化，叙述出为了自立而离开家庭，或者顺从家庭采取保守的生活方式等故事，并由此展开像这样的各种各样细节的描述。当来访者为男性时，叙述中反映的俄狄浦斯情节或者同胞斗争的主题也屡屡出现。

另外，作为这幅图版的重点，我们需要分析来访者在叙述中如何处理倚靠在后方树上的怀孕的女性，以及故事中围绕怀孕这一细节如何编排情节等等，由此可以使我们能够深入分析来访者的女性意象。这一点对任何一个年龄的来访者都可以适用。

对男性来访者而言，这幅图版也很容易显示他是同性恋还是异性恋等情况。过于赞赏图版中男性的健美肌肉等，都可能是同性恋的标志。

Ⅱ 对细节的认识

这幅图版可以让来访者产生很多很多的细节描写。因此，我们可以通过来访者对细节的奇怪认知和固执来分析来访者是否有强迫倾向，这种细节分析对诊断很有帮助。例如，在图版 2 中，对湖以及远方的马，还有马后的人的认知有可能就是强迫倾向的标志。另外"旱田凸起，不是笔直的"等等这种奇怪的认知方式，和来访者的强迫防御倾向也有关系。

偶尔，我们会看到，有的来访者会编出一味对马关心的故事。这可能是退行标志，是逃避现实的标志。

另外，偶见有来访者把故事的时间地点设定在中世纪和遥远的国度，这可以说反映来访者对内心的矛盾冲突采取一种回避和防御的姿态。

在图版 2 的故事中,来访者对三个主要人物间的关系如何设定,例如来访者把男性设定为雇来做农活的雇工,还是看作父亲、丈夫或兄长,由此可以判断来访者的性别认同。

埃龙的标准反应

图版 2 产生的故事中,埃龙对图版 2 的标准反应设定如下:

故事表达的感情基调大致是幸福的,故事结尾也是幸福的,也许在故事中会有一些命运转折的描述,但是故事情节关于转折的安排,很多也是由悲伤转为快乐。

故事的主题包括对职业的关心、野心、经济的压力、平安无事等。

故事中对三个主要人物的设定一般是母亲、父亲和女儿。

对于图版 2 中细节的认知,有 24％的人认知了怀孕,23％的人认知了书。

斯皮格曼(Spiegelman)的荣格理论和 TAT

从荣格心理学的理论看这幅图,对这幅图版的大地女神的侧面的描绘能够反映出来访者心中太母(Great Mother)的基本法则。

a. 无视男性和年长母亲的情况⋯⋯暗示家庭关系中有严重问题。

b. 这个故事,以主人公和年长女性结婚为主题的情况暗示着母子关系中有重要的问题。

斯坦(1948), p. 42

拉帕泊特的项目分析:

一般能够投射出来访者对家庭关系的看法。另外,能引出环境对来访者是建设性的、支持性的,还是不好的、有坏处的等等看法。

其他对图版 2 的一些解释

a. 靠着树的女性身材很苗条匀称,这一说法是否定防御机制的体现。

贝拉克(1950), p. 123

b. 对于图版中的马过于关心和在意，这是退行和逃避的标志。

贝拉克（1950），p. 103

c. "两个女性的鼻子和嘴巴，很相似……"，"这个年轻女性和男性的肩膀，好像稍微有点低矮"，"她的手指长得有点不自然"等等，来访者对于图版中人物身体特征异常的认知大多反映了其在处理人际关系中总是带有像不和谐音符那样的不和谐的情绪。

亨利（1956），p. 82—83

d. 这幅图版中，如果来访者不能详细编出一个以上人物的故事，可以假设其没有同理心和共情。

哈特（Hot，1951），p. 199

e. 过于称赞男性的肌肉，这是同性恋的标志。

贝拉克（1954），p. 102

f. 普通人，通常首先注意到左边的年轻女性，但是对性别认同有困难的人，首先注意男性，并积极地阐述对于男性的意象。这可以看作同性恋的标志，另外，也反映了来访者对自己的性别认同的混乱。

亨利（1956），p. 186

第三节　对图版 3BM 和图版 3GF 的解说

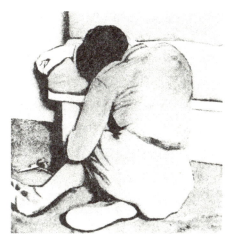

图版 3BM

图版 3GF

这两张图版的心理学主题限定程度很高,特别是图版
3BM,一般不能明确图中人物性别,更增加其暧昧性。
这两张图版的组合具有非常优秀的刺激特性,在具体
测试中,图版 3BM 被选用的概率很高。

——本书作者

一　对图版的解释

1　分析解释的重点——图版 3BM

（1）这是一幅探索否定自我形象的图版

不论是谁看到这两幅图版都会联想起陷入阴暗，面临某种危机的人物，这两幅图版使人产生一种很强的心理危机感。从这个角度讲，它们不具有图版 1、图版 2 那样能够使人叙述出丰富的心理学主题的特点。但是，它们可以让来访者对于人物形象有丰富的设定。图版 3BM 给出的是人物背影，看不到面部，使得该图人物的性别不确定，而且在年龄方面，可以设定为幼儿、少年、青年、中年、老年。图版 3GF 同样看不到人物的面部。

这种特色使得这两幅图版的心理学主题限定程度很高，由于它带来的人物形象的解释可以多样，因此，这两幅图版具有非常优秀的刺激特性。当然，在两幅图版中比较的话，很明显图版 3BM 作为投影图版更优秀，而图版 3GF，很容易从图上人物的体型上判断为年轻女性，投射的余地就少了许多。

在实际的测试中，我们几乎对所有的来访者都使用图版 3BM。贝拉克（1954）也曾提出过相同的看法。也有学者认为如果把人物设定为异性的话，反映了同性恋的倾向。而罗森茨魏希（Rosenzweig，1949）以及埃龙都认为这种反应和说法对诊断不起什么作用。

如果图版 3BM 的反应完全和危机状况无关，来访者出现如下反应，如"睡着了"，"饮酒过度，喝醉了"，"病情发作"，"腹痛"等等，可以判断出来访者也许有很深的心理纠葛（慢性的）。这符合汤姆金斯（Tomkins，S. S, 1947）在程度分析中提到的特殊状况。当来访者出现这样的反应时，我们可以判断纠葛已经超越了语言表达的程度，而被压抑到内心的深处。总之，以来访者对图版 3BM 的反应，我们可以判断他/她内心的纠葛在现实生活阶段中的发展，也许来访者触碰到自己内心的纠葛，但并没有得到解决，于是纠葛进入了死火山的状态，沉睡在心底。当然，如果测试中出现了这种情况，我们也许并不能就此给出判断，还是很有必要联系其他图版一起深入分析。

来访者也可能把图版 3BM 中的人物形象反应成"驼背的,四肢有残疾的,小儿麻痹症,侏儒症,精神异常者",这些反应可以看作是来访者受伤害的、萎缩的自我形象反应。在实际的测试中,低年龄的惯偷惯盗窃犯对图版 3BM 的这种反应尤其多见。这种受伤害的、萎缩的自我形象,长年累月积淀之后发展成一种顽固的认识。我们对此分析解释的重点是危机状况到底是什么样的。悲叹、绝望、焦虑、恐怖、烦恼、自杀、拘禁等等到底由哪种原因引发。因此也很有必要分析来访者的故事是怎样展开的。另外,还要分析来访者如何设定人物的性别年龄,这和来访者有什么相似之处。来访者故事中的人物和这个来访者的相近性,对于判断其心理防御方式有非常重要的意义。

(2)判断攻击性的图版——向内攻击还是向外攻击

图版 3BM 解释分析的第二个重点是,这幅图版具有触发来访者内心攻击性的特性。关于攻击性的 TAT 研究,有斯通(Stone,1956)的"攻击性内容量表"(表 3.1),可以通过这个量表对来访者的攻击性进行量化分析。

表 3.1　斯通的攻击性量表通过划分程度来量化

没有攻击性的反应…………0

言语程度的攻击性…………1

肢体程度的攻击性…………2

涉及到死亡……………3

沿用表 3.1,我们可以看到 TAT 图版中最能敏锐检测出攻击性的图版就是图版 3BM。换言之,在诊断攻击性方面,图版 3BM 最为优秀。

诊断攻击性,不光是看攻击性的强度,另一个重要指标就是攻击性的方向问题。手枪射向谁,这是对外攻击,还是如自杀这样的对内攻击,也就是分析攻击行为指向的方向问题。

当来访者叙述出自杀的主题,尤其在犯罪、司法、医院临床等领域中需要预测自杀倾向的时候,我们更要慎重对待这类主题。来访者对图版中的灰颜色产生反应,以及在故事中设定这里是监狱的单独牢房或者精神病院的看护室这样的环境,然后展开自伤、自杀、破坏性攻击的主题,这种情况很多。在这种情况下,通过语言分析来访者的心理很重要。因为，这幅图版可以让来访者将他/她在面谈时难以启齿的复杂心理，通过图版3BM的主人公生动地叙述出来。

另外，判断来访者是否有对外攻击的情况，分析他/她设定的故事结局很重要，尤其要测试他/她在故事结局中有没有产生负罪感，以及有无处罚自己的想法。

2　反应区域——图版3BM

D（主要部分）是，图版中趴着的人物。

d（小部分）是，这个人物倚靠的长椅，左边床上像手枪一样的东西。

Dd（特异部分）是，反应频率比较高的是图版面的黑暗。

此外还有的Dd反应是，人物形象背部的脓包样的东西，人物的靴子，对长椅隆起的认识错误，误认为人物在睡觉，把左边的黑色阴影看作是睡着的人垂下的头发等等。

二　对图版的反应

（1）标准反应——D表示的反应（图版3BM）

能够围绕图版3BM中趴着的人物叙述出故事，这是对该图版的标准反应。悲叹、绝望、焦虑、悔恨、自杀等等都是这幅图版产生的感情基调。引起这些悲伤故事的原因是失败、纷争、失恋或别离、亲人的疾病或死亡、孤立等等。总之，分析来访者为什么会产生这种不好状况的原因才是重点。

（2）特异反应——Dd表示的反应（图版3BM）

来访者对这张图版中的人物身体特征容易形成特异反应。由背部的凸起，判断为背部有脓包的畸形，或把人物设定为侏儒症。由图版中人物腰部以及腿部的姿势，设定其为小儿麻痹症，或者肢体有残疾的人，这些都可以看作是来访者自我形象的表现。

"没有说到手枪，那是对攻击性的压抑"。虽然有这样的解释，但是由于对手枪的认识存在文化差异等原因，这样的解释对中国并不适用。在女性反应中，出现了很多关于正在用剪刀裁剪这样的反应。在对男性进行测试时，也出现剪刀这样的反应，在精神分析理论中也能做出合适的象征解释。尤其是，智商高的受过高等教育的来访者,他们有可能翻阅过一些精神分析相关的书籍,他们甚至会出现被图版 3BM 中主人公左脚边的剪刀(也有很多情况被看成是钥匙等尖锐的东西)所吸引,并自发地联想并叙述自己的体验。

三　资源回溯——对图版 3 的各家解说摘要

图版 3BM
亨利的图版特性分析
I　明显的刺激特性

a. 背向外趴着的人物形象,一般被判断为年轻人,可以看作男性亦可以看作女性。因为图版表达的是一种消极状况,由描绘的消极的细微之处构成了对人物形象的描述。

b. 对其他部分的认知,地板上的东西,很多情况下都看作枪、凶器,但是也有把它看作钥匙串的情况,这并不是认知的歪曲。另外还有图版中被看成长椅子的东西,虽然一般不被叙述为故事的主题,但偶尔也会被认知。

II　形式特性

这个人物和手枪一样的东西是这幅图的重要部分。这个手枪样的东西,虽然也有没被明确看作是手枪的情况,但注意到它并在故事中提到它的人,在我们所知的测试人群中占有三分之一到四分之一的比例。

III　潜在的刺激特性

孤独一人置身于不幸的环境中,这样的图版细节表述带有重要的意义。这幅图版和图版 3GF 一样,容易唤起人们"什么事情使人物悲伤了? 以后怎么办好呢?"这样的想法。因此,容易使来访者叙述关于罪恶感、攻击性、孤立、丧失这样的主题。

这幅图版重要的刺激就是表现和别人分离的孤立无援的状况。

IV　一般故事结构

图版 3BM 表现的故事一般为和他人发生冲突了,因为自己的错误而感到罪恶的情节。

V 带有重要意义的反应

在来访者叙述的故事中如何处理这把手枪带有重要的意义。为什么呢？因为有的时候，这会成为一种性的象征。非同寻常地留心这把枪，或者明明认知了这把枪却感到不自然，也不把它编到故事中。如果发生这样的情况，那么就有必要结合其他图版测试有没有性方面的问题。

贝拉克的典型主题分析

I 贝拉克的典型主题分析

图版 3BM 是所有 TAT 图版中最有效的图版之一。这幅图版，虽然更多是给少年和成年男性使用的图版，不过描绘的人物形象对女性也很容易认知，所以它是一张不论男女都很有效的图版。根据经验，男性把图版中的人物认知为男性的情况比较多，对此这需要缜密统计甚至测试。

对于这个图版中的人物，男性来访者如果把该人物认知为女性，这是不寻常的，但仅凭此就推断这个来访者有同性恋倾向的话，那真是为时尚早，一定要结合其他图版的同性恋迹象进行充分测试。

II 对细节的认知

a. 关于手枪一样的东西和攻击性

这个手枪一样的东西，可以给我们提供关于来访者攻击倾向方面的相当多的信息。这把手枪，主人公射向了他人这样的向外攻击形式，还是主人公被他人射击了，或是自杀这样的向内攻击倾向，仔细分析这些细节很有必要。采取向外攻击的情况，是什么促使主人公攻击别人，然后有没有因此受到了惩罚还是逃之夭夭了等等，通过分析这些情节所反映的超自我的强度。在向内攻击的场合，到底是为什么一定要朝自己开枪呢？尤其对于抑郁症患者，分析自杀的原因尤为重要。

对于有些人，也会出现把它设定为玩具手枪但没有破坏力的情况，我们也可以考虑这是否定心理防御机制。这种情况，来访者逃避攻击性的主题，对于向内攻击和向外攻击避而不谈，是不是只有这样才能获得内心平和呢？这种心理需要通过其他图版一起来仔细测试。例如，某人因为压抑着内心的攻击性，所以省略不提手枪样的东西，或许是使用了否认防御机制,把它认知为烟灰缸或是地板的洞。另外,对于攻击性,内心有强烈纠葛的人,说到手枪时甚至会出现故意咳嗽,含糊其辞,拐弯抹角的状况。

　　b. 身体意象

　　故事中描绘这个人物受伤了等等,或者说他/她患了重病,表现的是来访者自身的身体意象。

　　c. 自杀暗示

　　对这幅图版叙述出自杀主题,虽然不能立刻诊断说来访者有自杀倾向,但是说出这样的主题,说明来访者内心深处在动摇,对内攻击性在不断地呈现出来的情况下,有必要考虑其自杀的可能性。

拉帕泊特的项目分析

　　由图版 3BM 来判断来访者自杀想法和压抑感及其原因。

埃龙的标准反应

　　感情基调:基本上是非常悲哀的。

　　结局:很多是相对幸福。经常出现的主题是自杀、来自父母的压力、行为障碍、罪恶感、悔恨和攻击。

其他的一些解释

　　a. 关于趴着的人的性别:从 20 岁到 40 岁的男女分成 50 人一组进行调查的结果,其中 50％ 的男性认知主人公为女性,总样本中 49％ 的人认知主人公为女性。20％ 的人认知主人公为年轻人。

　　对于手枪样的东西,样本中有 28％ 的人看作武器。

罗森则葛,et. al.（1949）, p. 483—503

　　b. 自杀主题:由这幅图版叙述出自杀和死亡主题的很多。在这样的主题中,有主人公遇到了困难,突然以不可预料的方式被杀害了这样的描述。但是,当我们分析自杀主题的时候,有一点需要特别注意。一般来访者在不会单纯引出自杀联想的图版中叙述出了自杀主题，而在能引发自杀主题的图版中却没有叙述出自杀主题，在这个时候，自杀对于来访者是一个真正的大问题。

罗特（Rotter，1946），p. 91

c. 对这幅图版的抗拒（对图版整体的抗拒以及对部分冲击的抗拒）：

这幅图版潜在的刺激特性，很容易让人产生抗拒反应。例如，对这幅图版的抗拒缘由是其表现的压抑气氛，非常容易让人联想到自杀等等。抗拒的缘由，有的是由图版整体营造的气氛所致，也有的是由特定部分产生的联想所致。比如对地板上的手枪一样的东西产生抗拒反应，这种抗拒也可以解释成是由于联想到了性象征的手枪。

但是对于这些象征解释的场合，分析下面的 3 点很重要：

1. 使用的象征手法有依据。

2. 象征能够让来访者产生积极的联想。

3. 结合其他反应的种种解释，确实证明这种象征解释的合理。

亨利（1956），p. 33—34

d. 看作是坏人的同伙，甚至是丑闻，也可以考虑是偷窥癖和暴露癖。

贝拉克（1954）

e. 这是一张对于量化攻击性倾向非常有效的图版。通过 TAT 投射出来的攻击反应量化记分，比较监狱中，有杀人、伤害他人前科的暴力群体和没有这些的非暴力群体，图版 3BM 在这个样本群中对攻击性倾向的识别力非常高。[①]

哈罗德，斯通（Harold，Stone，1956）

f. 这是对自我形象的损伤感的标志，特别提到人物的背像弓一样的弯着时。

贝拉克（1954），p. 119

g. 攻击性的人：在故事中，对主人公的描述有"这个人很愤怒"，"生气了"，"似乎想要说把谁射杀了"这样的评论。

魏斯，藩那（Weiss & Fine，1956），p. 109—114

---

① Harold，Stone. The TAT Aggressive content scale，*J. proj. tech. 20*，p. 110—111

h. 阉割焦虑的标志。提及自己的车钥匙被偷的可怜的主人公为少年形象的主题。

亨利(1956)，p. 96

i. 测试超自我的强度。提及向外攻击主题的最后结局,分析这个人因此受到惩罚了还是逃脱了,这些描述可以推测超自我的潜在强度。

贝拉克(1954)，p. 103

j. 潜在的同性恋的标志。男性来访者把主人公设定为女性的情况。

贝拉克(1954)，p. 103

k. 强势女性的要素。男性来访者把主人公设定为女性的情况。

斯坦(Stain，1948)，p. 43

图版 3GF

亨利(Henry)的图版特性分析

I　明显的刺激特性

a. 认为图版中这个人物为女性以及这个女性无法站直,图版整体给出的是消极氛围,这三点是对图版 3GF 合适的说明。

b. 图版中的门虽然经常被提及,但很少和故事展开有关。

II　形式特性

图版中唯一的女性是唯一的形式特性。

III　潜在的刺激特性

这幅图版,让来访者联想到某种情景下的否定的故事要素,在那种场景下感情就会动摇。通过"这个人,为什么如此消沉和痛苦呢?""她要怎么办才好呢?"等等描述,就可以捕捉到来访者是乐观主义、悲观主义、防御机制的类型,以及主动攻击型还是被动型等等细节。

IV　一般故事情节

对图版 3GF 描述为在这个女性身上发生了如此不幸的故事。描述到女性正在哭泣,承受痛苦,也常常会提到罪恶感、绝望感等等。自杀主题在故事中也时有出现。

V　带有重要意义的反应

不能有条理地说明这个女性低头以及用手遮脸的姿势，而是出人意料地叙述出幸福故事，这是来访者对这幅图版彻底的误判。

另外，分析的重点是图版中这个女性能否克服困难，导入的人物是给女性造成麻烦的人，还是帮助女性脱离痛苦的人，另外引起麻烦的原因是什么等等都值得分析。

贝拉克的典型主题

和图版 3BM 一样，这张图版能给我们提供关于抑郁情感的信息。但是，对于女性来说，多数情况下用这幅图版比用图版 3BM 效果好。虽然图版 3BM 对于女性来访者也很容易把图版中的主人公看作女性，但是图版 3GF 的人物性别认定更容易些，因此投射效果更好。

拉帕泊特的项目分析

一般容易叙述出带来绝望、罪恶感的理由。

第四节　对图版 4 的解说

图版 4　　在 TAT 中，图版 4 可以用来测试来访者的两性关系，还可以测试其性心理。这幅图版可以让来访者叙述出处于不同领域中的各种男女关系主题。对我们来说，最重要的是，分析来访者对图版中的男女关系是如何设定的。

——本书作者

一 对图版的解释

1 解释的重点——分析异性关系的图版

在 TAT 中，适合用来分析异性关系的图版，有图版 4、10、13MF 三幅。这三幅图版在具体的使用中又存在细微的差异。从分析性心理方面讲，图版 4、10、13MF 对来访者的刺激依次增强。因此，有性刺激强度变化，这个特点对我们分析性方面的主题如何变化，与来访者心理防御的方式如何相结合是很重要的。

这幅图版，也可以脱离性的含义，让来访者叙述出处于不同领域中的各种男女关系的主题。对我们来说，关键是，首先要分析来访者对这些男女关系是如何设定的。例如把男女关系设定为夫妻、恋人、患者和护士、老师和学生、兄妹等等。根据这种角色设定来分析男女如何演绎性别角色，导入人物是谁，其结局又是什么。最后，分析结果是男性顺从了女性，还是违背女性意愿行事在这张图版中很关键。

2 反应区域

D（主要部分）是，图版前面的男性和女性。

d（小部分）是，男性的眼睛，这双眼睛投射出异样的目光。这个故事的主题经常会从这个充满意味的眼神展开。

Dd（特异部分）是，看上去像广告中的侍女似的女性，背景中有窗户和窗帘（这个侍女，虽然也可以把她看作 d，但是根据经验，她被编入故事的情况很少。大部分的人都把前面的男女二人一同编入故事，所以看作 Dd）。

另外，偶尔提到的还有女性和男性的衣服、女性的化妆及其修饰过的指甲。

二 对图版的反应

1 标准反应——D 表示的反应

围绕图版中前面的男女叙述出故事，就是标准反应。故事的主题，像亨利列举的那样,由于某种原因,下决心采取某种行为的男性被女性阻止这样的主题极其多见。

2 特异反应——Dd 表示的反应

认知到男性的眼神异样,把男性设定为发狂者、药物中毒者、精神病发作者等等诸如此类的病态角色。这种情况,很容易被判断分析成自己的形象,但其实这是由于执着于眼睛/视线反应的缘故,因此这类主题出现的频率很高,我们不认为这是什么神经病的标志。但是,如果出现了"很在意这个视线,却没法叙述出故事"等情况,那么这样的吃惊反应就有必要和其他图版结合起来分析了。

把后面的窗帘看作为第三个人物,也可能设定成穿着长裙,背对着的女性,这是对于细节的认知异常细致敏锐的证据。这种情况下,故事主题会因此而奇怪地展开,所以需要充分分析其内容。

另外,有些人(女性居多)对男性的视线和奇妙的姿势过于执着,也会产生"这个女性是人偶制作师,正在制作男性时装模特"等反应。这种情况出现,那么我们在分析时需要考虑到来访者是不是在生活中不能和活生生的男性建立起人际关系,或者这种主题的产生是否是她在现实生活里与男性交往中受到创伤等原因所致,所以我们要进行慎重的分析。

也有某种类型的女性,过于在意女性的化妆和修饰过的指甲,并细致地评论。这种情况,是对于外表的华丽非常感兴趣和在意的标志。

三 资源回溯——对图版 4 的各家解说摘要

亨利的图版特性分析

Ⅰ 明显的刺激特性

a. 分析来访者对于图版中的男性和女性的姿势如何评论。

b. 把背景中的第二个女性看作是有生活意义的女性,例如把她看作是画家的模特。或者把图版背景中的女性看作是装饰物,当作一幅绘有女性人物的画。

II　形式特性

男性和女性是两个主要部分，背景中的第二个女性是小部分。

III　潜在的刺激特性

从来访者对图版中这两个男女关系的设定来判断来访者的异性关系。有的来访者会在故事中设定前方的女性和后方的女性分别代表性的善与恶，如果叙述出这样的主题，我们由此可以推测出来访者维持异性关系的方式。

IV　通常的故事情节

一般来访者会叙述出男性想要采取某种行为而被女性阻止，接着叙述女性阻止男性行为的理由。在中产阶级的来访者中，容易描绘出男性的冲动行为和这种不合理行为被女性提醒后恍然大悟的故事，展现道德的女性形象。而且大部分人，会在故事中提到背景中的女性。

V　带有重要意义的反应

背景中的另一个女性有没有带来性威胁，或是没有任何纠葛地进入这个故事，我们可以从第二个女性的故事中获得来访者关于对异性关系的安全感等信息。

另外需要考察对图版中男性的设定，他踏踏实实地实现了目标，还是中途放弃了，故事朝着怎样的结局发展很重要。

贝拉克的典型主题分析

从这张图版中可以诱发出来访者对异性关系的情绪和欲望的种种信息。对图版的描述中，常见的主题是男性对女性角色的态度。

这幅图版中的女性毫不犹豫地阻止了朝着某个方向前进的男性，或者图版中的女性是一个使意图不轨的男性放弃、作罢的女性反对者形象。从女性的角度来讲，图版中的男性是具有攻击性的人，总之对于这样的男性，女性来访者容易采取什么样的态度，这是一个主题分析的重要线索。

另外，图版中的这个女性常常被看作是少数民族，因此这幅图版对于考察种族歧视也是很合适的。

接下来分析的重点是背景中半裸的女性如何处理。

由于大约三分之二的来访者都认知了这个女性,因此完全无视这个女性,不把她叙述进故事的情况,可以认为他/她在性方面存在问题。另外,来访者把这个半裸女性看作是广告上的女性照片,还是现实活生生的女性,这一点是暗示三角关系的指标。目前,来访者把这个半裸女性看作广告还是容易看作活生生的女人,关于这样的认知,还没有详细客观的研究资料来证实,但可以根据心理临床经验认为,当该女性被看作是广告的话,这是来访者的一种心理防御机制的表现。

埃龙的标准反应

感情基调:有点悲伤,但结局 50% 是幸福。

主题:很多是来自伴侣的压力、别离、诱惑、援助等等。

不把背景的女性看作是广告,而看作真人的概率大约是 10%。另外,注意到这个背景的概率是 34%—42%。

埃龙(1950)

拉帕泊特的项目分析

这张图版比较容易表现男性和女性的纠葛。当男性来访者给出的主题中有对女性的愿望采取消极的行为的描述,表示来访者不愿被女性束缚。图版 4 对分析和诊断男性和女性的角色认定,以及性方面的态度是很合适的一张图版。如何处理背景中裸体女性也是分析的关键。

其他的一些解释

从某个儿童治疗中心的研究报告中得知,把这种男女关系说成是性关系,并说这样的关系令人作呕的母亲群体,她们的心理治疗效果不太高。

鲁宾(Rubin, 1957), p. 366—371

在其他图版中,能把细节丰富地编入故事的人,在这幅图版中却没有提到背景中的裸体女性,这意味着否定的防御机制在起作用,暗示着来访者有某种性问题。

亨利(1956), p. 33

第五节　对图版 5 的解说

图版 5　　这幅图版，对于判断来访者心目中的母亲形象很优秀。尤其是可以知道母亲在禁止什么，监督什么。对于青春期的来访者而言，可以表现他们对周围的成人控制他们性方面的好奇心很不安。

　　对于这张图版，在至今为止的研究和临床报告中提到的甚少，在默里的原著中也是如此。可这并不意味着这张图版没有意义，在实际的临床测试中，我们常常从以下的几个方面来使用和分析。

　　故事反应的几个要点：

　　1 大多数的故事重点，要不是关于主人公打开房门并环视室内的动机；则就是关于打开房门后看到的事物,以及恐怖和惊愕的表情和情绪;要不两者都不是。

2 人物来到房间的目的是什么? 是不是来找房间的主人?

3 如果是来找房间的主人的话,那么具体的动机是什么? 要不是来告诉房间主人什么事情;则是因为担心房间的主人,过来看看关心一下;要不就是其他的动机?

4 来到房间,是想告诉房间的主人一件什么样的事情?

5 担心房间的主人,是什么性质的担心? 是焦虑,还是包含有管理和监督的含义?

6 如果说打开房间的人物是一位母亲的话,那么打开的是不是孩子的房间?

三 资源回溯——对图版 5 的各家解说摘要

亨利的图版特性分析

I 明显的刺激特性

a. 对这个女性,以及这个女性为什么来到房间进行说明,就是对这幅图版合适的解读。

b. 房间中的摆设物品经常在故事中被提到,导入别的人物的情况也很多。大部分都被设定为房间中的人物。

II 形式特性

这幅图版绘有各种各样的小东西,因此特别容易捕捉到这些。但是主要的话题,却都是围绕着这个女性,以及房间这两个主要刺激展开的。

III 潜在的刺激特性

这幅图版,对于判断来访者心目中的母亲形象很优秀。尤其是可以知道母亲在禁止什么,监督什么。对于青春期的来访者而言,可以表现他们对周围的成人控制他们性方面的好奇心很不安。

IV 一般故事结构

因为图版中这个女性好像惊奇于谁呆在房间里,或者听到了什么声音,而前来打开房门,看看房间里的情况这样的故事结构。

Ⅴ　带有重要意义的反应

这幅图版分析的关键是，这个房间里发生了什么事，以及进入这个房间的人是谁。虽然出现频率不是很大，有一些窥视倾向的人会叙述出这个女性不敲门直接进屋这样的故事。

另外，对母亲的惩罚感到焦虑的人，在这幅图版中会压抑自己情感的流动，因此会出现简单地以罗列和描述房屋中的东西来结束故事的反应。也就是说，如果出现了对房屋中的细节描写过度的情况的话，可以假设来访者对于母亲的惩罚感到恐怖。

贝拉克的典型主题分析

叙述出母亲监视着各种各样行为的故事主题很多。这个也可以看作是害怕自己手淫被看到的象征反应。

暗示窥视症的主题也很多。这些大多是"原始光景"变形而成的故事。

在女性中，经常也会出现对强盗的袭击感到恐惧的主题。

另外，在男性中间，容易出现在荣格的分析心理学中富有象征意义的"拯救王子"主题。

埃龙的标准主题

感情基调：很多是"稍微有点悲伤"，而以中性结局收尾的情况很多。

主题：容易出现好奇心、来自父母的压力、不道德或违法的性行为、恐怖等等。

拉帕泊特的项目分析

可以诱发来访者感觉到的来自母亲的态度和期待，比如说母亲干涉过多、禁止、命令等等。

第六节　对图版 6BM 和图版 6GF 的解说

图版 6BM　　这张图版在分析家庭关系纠葛和问题上具有重要的意义。在 TAT 中,可以用来测试男性来访者的母子关系,它是测试母子关系中必不可缺的一张图版。另外,对于成年女性,这张图版可以用来诊断来访者对于婆媳关系或者女婿和丈母娘关系的设定。

——本书作者

一 对图版的解释

1 解释的重点——分析母子关系的图版

（1）图版描绘的女性是男性的母亲

这张图版在分析家庭关系纠葛和问题上具有重要的意义。在 TAT 中，可以用它来测试男性来访者的母子关系，它是测试母子关系中必不可少的一张图版。另外，对于成年女性，这张图版也可以用来诊断来访者对于婆媳关系或者女婿和丈母娘关系的设定。

在犯罪、司法、医院临床领域，分析家庭动力方面，不论男女，用这张图版来测试，效果都比较好。

在 TAT 中，对于男性来访者而言，测试母子关系的是图版 6BM，测试父子关系的是图版 7BM，对于女性来访者而言，测试父女关系的是图版 6GF，测试母女关系的是图版 7GF，这四张图版是成对的。但是，图版 6GF 由于图版的气氛和人物年龄差，与其说是父女关系图版，不如说是异性关系图版。而图版 6BM，这幅用来测试男性的母子关系图版因其含义丰富，是一张优秀的刺激图版。

（2）图版 6BM 解释的重点

作为图版 6BM 解释的重点，首先要考察母子之间的恋母情结。如果是青年来访者的话，由于结婚、就业等一连串事件，对这张图版的描述将以其对母亲的心理断奶、自立为主题。对于青年而言，这种脱离母亲，从心理上抹杀母亲的仪式，是成长为成人必经的痛苦仪式之一。心理上抹杀母亲是怎样的一种形式，可以从故事中描绘的母亲形象入手分析。

对于母亲的固恋还很强的情况下，叙述出来的典型故事就是"父亲由于交通事故去世了，青年扛下父亲的重担帮助健在的母亲"这样的情节。在 TAT 故事中，把健在的人物设定为死亡的情况，是对那个人怀有潜在的敌意，是一种憎恨的标志，一般都可以这样假设。而且根据经验，这样的假设是正确的。但是，在这幅图中如果叙述出父亲死了的故事的话,意义则更为深刻。如果出现了由于结婚,或者就业这样的事情而和母亲分离这样的故事主题的话,那么分析故事的结尾,以及和母亲的关系就会变得很重要。

对这幅图版,如果不设定为母子关系的话,那么可以假设来访者的母子关系有重大问题。如果设定的人物关系是年长的妻子和年轻的丈夫的话,可以假设来访者心中潜在的近亲通奸的愿望。

还有出现其他设定,例如待在车站候车室等等场合,因为图版 6BM 的母子关系刺激特性非常明显,所以其他的设定和故事都显得不自然,可以看作是来访者对母子关系的回避和抗拒。这种情况,结合其他图版充分分析来访者的母子关系是非常必要的。

2 反应区域

D(主要部分)是,年轻男性和年长女性。

d(小部分)是,男性手里的帽子以及窗户。这个帽子,有时可以看作是紧紧抓住椅子的靠背,或者手被手铐铐住了。在监狱或者医院临床测试中发现,窗户可能被设定成拘禁设施或精神病院的接待窗口,然后就在此处办理会面或者入院手续而展开具体的主题。因此,这里把窗户的这种设定看作 d。

Dd(特异部分)是,窗帘、两个人的衣服、黑暗的背景。除此以外,Dd 还有女性看上去恍惚的不稳定的眼神。

二 对图版的反应

1 标准反应——D 表示的反应

围绕两个主要人物叙述出来的故事,都是标准反应。但是在这幅图版中,因为母子的反应刺激很明显,叙述出母子关系的故事,就是罗夏墨迹测试的 popular 反应。

2 特异反应——Dd 表示的反应

图版 6BM 偶尔会有来访者出现图版 2 中提过的不和谐反应。来访者认知到图版中的两人视线没有交集。来访者会叙述图版中左右两个人物是把人物照片从中间粘起来做成的合成图版。这是一种程度比较严重的不和谐反应。

在双亲关系图版中，虽然图版 7BM 容易产生不和谐反应，但是如果从图版 6BM 中产生明显的不和谐反应的话，这可以假设来访者内心对于母亲有很强的心理纠葛。在意母亲的视线，并把图版中的女性设定成痴呆或者发狂的女性形象，我们可以假设来访者拥有强烈的否定的母亲形象。

此外特异反应还有，可能注意到男性背部的浓黑色，而把它设定成穿着丧服，或者把帽子设定成手铐的锁，用力握住椅子的靠背这样的反应。另外，儿童会产生把帽子看作婴儿车的手推部分（父亲用力地抓住婴儿车的手柄部分，不让婴儿车滑出去）这样的反应。总之，这样的特异反应都是敏感的标志。

三 资源回溯——对图版 6BM 的各家解说摘要

亨利的图版特性分析

I 明显的刺激特性

a. 评论男性和女性两人的关系。

b. 虽然不是最本质的刺激部分，但是帽子和窗户屡次在故事中被提到。

II 形式特性

男性和女性是形式上的主要刺激。

III 潜在的刺激特性

可以由别离、吵架这样的主题来探知来访者心中对母亲形象的态度。对于彻底独立就业的成人来说，能否把母亲看作平和和传统兼备的权威形象而叙述出故事，对分析来访者的生活态度尤为重要。如果打破了这样平和传统的母亲形象的话，在某种意义上意味着具备积极地接受新理念和完成新计划的能力。因此,这张图版,对判断来访者和母亲的脱离,自主独立性的强度非常适合。

Ⅳ　一般故事结构

比较多的主题表现为和母亲分离,或者儿子把悲伤的消息告诉给母亲。

Ⅴ　带有重要意义的反应

最关键的反应是这个男性拥有了何种程度的独立型人格。这点可以通过这张母子关系的图版叙述出的故事内容,以及最后两人关系的结局来进行分析。

第二个重点是分析故事中母亲形象的支配力强度。对这张图版叙述故事,马上设定男性和女性是母子关系,或者否认母子关系,而设定成销售员和女性,或是女性的儿子或是丈夫的友人来通知什么事情,分析这些人物的设定很重要。

贝拉克的典型主题分析

这张图版对男性来访者而言是不可或缺的图版。为什么呢?因为通过对这张图版的反应可以分析母子关系的一切。甚至,可以通过这张图版来分析男性来访者和妻子以及其他女性的关系。在来访者的叙述中,经常出现俄狄浦斯情结的主题。

另外由这个图版中的母子关系的反应推导出来的假设,即使在其他图版中无法得到验证,仅就母子关系而言,也可以说获得的是十分可靠的信息。

埃龙的标准反应

感情基调:以悲伤为主,甚至中性的基调都很少出现。较多出现幸福的结局。

主题:来自父母的压力,和亲人的离别,孩子结婚等等。

拉帕泊特的项目分析

可以表现来访者对母亲的感情。例如,罪恶感、依赖、独立,或者是母亲的过度干涉。另外,可以表现为相互,或者一方对另一方的依恋程度。

其他的一些解释

a. 舞台的表演。偷窥、暴露的标志。

贝拉克（1954），p. 61

b. 识别稳定的人和不稳定的人。稳定的人，如果是男性一般会叙述这个男性为了图版中未出现的某人竭尽全力的故事，女性的话会叙述出这个女性也是那样在努力的故事。

韦伯斯特（Webster，1952），p. 643

c. 叙述出这个母亲，因为儿子要结婚离家的缘故而沮丧，失去儿子，母亲悲伤欲绝的故事。可以说是对母亲病态的依恋，或者是对母亲过多支配的憎恶。

罗特尔（Rotter，1946），p. 80

d. 对母亲异常依恋的标志。因为可以看出左边的女性比男性年龄大，一般是设定成母亲，但是被设定为男性的恋人而叙述出故事。

罗特尔（1946），p. 81

e. 儿子长大了，继承了父亲的工作。或者父亲死后，儿子代替父亲照顾家庭的故事，反映出俄狄浦斯情结。

罗特尔（1946），p. 90

f. 叙述出儿子离开家，但最后还是回到家。或者因为离家造成悲惨结果的故事情节，这同样也可以做出对母亲异常依恋的解释。另外丈夫死亡的情况，丈夫对来访者来说是父亲的形象，特别是来访者是未婚的年轻男性时，丈夫的死的故事，是他情结的体现，可以假设成俄狄浦斯愿望。

罗特尔（1946），p. 90

图版 6GF　　图版 6GF 和图版 6BM 形成对比，这张图版可以用来分析女性心目中的父亲形象，对于女性来说，这是一张测试父女关系的图版。但是相对图版 6BM 而言，图版 6GF 的人物形象含义更加不明，有隐含的色情成分，也可以看作是和年长男性有关的性的故事。

——本书作者

一　对图版的解释

1　解释的重点

（1）这幅图版对女性来说描绘的是父亲

图版 6GF 和图版 6BM 形成对比，这张图版可以用来分析女性心目中的父亲形象，对于女性来说，这是一张测试父女关系的图版。但是相对图版 6BM 而言，图版 6GF 的人物形象含义更加不明，有隐含的色情成分，也可以看作是和年长男性有关的性的故事。在来访者对这个图版描述的故事中，有情意绵绵的父女愉快谈话的描述，从中可以看到来访者的父女依恋情结。

不管怎样，分析这张图版中的年长男性形象是积极的还是消极的，对探索父亲形象非常重要。

（2）与年长男性相关的性的故事

> 一位女士在咖啡店的一个舒适的角落里休息，后来，一个头发花白的中年男性对她说："夫人。"这个男士看上去有点可怕，他热情邀请着这位美丽的女士。这个女士只见过这位男性一面，她已经记不清他了。"忘记了吗？"男人说。再仔细一瞧，男的嘴唇和眼睛都让人觉得恶心。没错，真的是吸血鬼。这张脸，是的，是的，吸血鬼的脸！！……叼着烟的，无礼的人……
>
> 一个来访者对图版 6GF 的叙述

就这张图版而言，有的来访者给出的故事主题涉及到陷入恶劣状况的少女们的故事。这些故事有若干共通的主题和人物设定，以及对细节的执着描述，其中一个共同点是把这个男性设定成吸血鬼。

有很多拥有性创伤体验的少女，把这位年长男性的形象生动地说成了吸血鬼。如果仔细看这幅图版的背景的话，那种黑暗会让人烦躁，黑暗中突然探出一位男性的形象，对某些人来说的确很可怕。

很多主题中，"尖叫，吓了一跳"这样的反应也很多。在这种情况下，故事中反映了年长男性的诱惑，整个故事以回避、抗拒性诱惑为主题，这是对性的一种防御反应。

另外，由于这个女性穿着过于华丽而设定为电影女演员等等，以虚荣的爱和真实的爱的形式展开故事的情况也很多。从这样的反应中可以分析来访者的生活观。

2　反应领域

D(主要部分)是，年轻女性和男性。

d(小部分)是，女性坐着的沙发，男性衔着的烟斗。

Dd(特异部分)是，女性的服装，可以看作风琴或是宝石箱样的古朴的装饰桌，男性背后扩展开来的黑暗。

二　对图版的反应

1　标准反应——D表示的反应

围绕图版中的男性和女性展开故事就是标准反应。反应的主题，多数是男性邀请女性一起吃饭或者跳舞，男性诱惑女性或窥探女性秘密这样的内容。

2　特异反应——Dd表示的反应

图版左下角餐桌的装饰很古朴，因此有的来访者把它看作风琴、钢琴、宝石盒等，并添加到主题中展开故事。另外，注意到这个餐桌上角落里放着白纸，也有把它设定成秘密的信和支票这样的东西。这个时候来访者就容易叙述出宝石被偷，或者钢琴家的秘密情书被泄露，以及秘书贪污这样的主题。

三　资源回溯——对图版 6GF 的各家解说摘要

亨利的图版特性分析

I　明显的刺激特性

a. 故事中关于对男性和女性的评说。

b. 故事除了涉及到图版中的男性和女性外，还经常提到的东西是沙发和烟斗。

Ⅱ　形式特性

男性和女性是图版的两个主要部分。

Ⅲ　潜在的刺激特性

这张图版具有引导出年长男性，以及其他的与性有关的主题。这张图版对分析来访者现在面对的异性关系是非常有效的。

Ⅳ　一般故事情节

对这张图版描述的故事中，主要是描述在中产阶级中，有一点胆识的男性在邀请女性的故事。在女性来访者的故事中，主要是描述被邀请的女性对男性的种种反应方式。

Ⅴ　带有重要意义的反应

从这张图版的反应方式中，可以推断出对人际交往有没有自信。为什么这么说呢，相对于中产阶层，中产阶层以下的来访者，将图版中的男女设定为中产以上阶层人士的亲密的男女关系的故事较多见。

在人际关系中不相信别人的人，特别是两性交往中不信任别人的人，无法说出这两人的恰当关系，或者容易叙述出这两人关系破裂的故事。社会下层地位的女性来访者，通常会在故事中出现"女性吓了一跳"，"眼睛睁得大大的女性"这样的描写。

贝拉克的典型主题分析

这幅图版对应于图版6BM，是分析女性和父亲关系的图版。但是这幅图版的男女年龄差，从父女的角度来说有些牵强，因此经常会出现设定人物为"施加攻击的男性"，"诱惑她的男性"，以及"求婚的男性"等等。

另外，这个男性虽然代表着所谓的理想父亲，但是也和叔父这样的人物形象相重合。对分析父女关系，以及和年长男性的羁绊，这张图版十分有效。

拉帕泊特的项目分析

分析女性来访者如何处理年长的支配性的男性，可以分析出她对父亲的态度。

第七节　对图版 7BM 和图版 7GF 的解说

图版 7BM　　对男性来访者而言,图版 7BM 是用来测试父子关系的,是针对男性而言的父亲图版。另外,作为父亲形象的衍生,图版中的年长男性,也可以看作年长的权威者形象。

——本书作者

一　对图版的解释

1　解释的重点

(1) 这幅图版是针对男性的父亲(年长的权威者形象)图版

对男性来访者而言,图版 7BM 是用来测试父子关系的,是针对男性而言的父亲图版。另外，作为父亲形象的衍生，图版中的年长男性，也可以看作年长的权威者形象。

对这幅图版，重点要考查来访者对图版中两个人物关系的设置。首先要考查两人的关系是充满反对和敌意，还是亲近和尊重。另外，分析这里出现的年长男性的形象和自己的形象同样很重要。男性把自己的父亲作为榜样，并和他对立、抗争、模仿，然后在此过程中建立自己心中的男性形象。图版7BM的故事，从这个角度分析很关键。也就是说，从这个角度分析，可以看出来访者是有超越父亲的野心，还是做父亲忠实的跟随者等等。

如果来访者已经参加工作了，那么有可能会把这个父子关系设定为公司的上下级或同事关系，并把场景设定成会议、商量、密谈等等。在这种情况下，我们可以从故事中分析来访者在职场中的适应模式。

（2）这幅图版在特殊场合的应用

经常在这张图版中会出现犯罪主题。如果来访者把故事发生的背景设定成制订犯罪计划的场景，那么需要进一步详细地分析来访者和犯罪的关系。在犯罪、司法临床上，当犯罪主题出现在TAT测试中，它的数量和犯罪深度紧密相关。这种情况下，可以通过TAT测试来访者的心理，从叙述故事的语气，故事中对犯罪手法的细节描述，和同伴的策应等等细节，来探索来访者犯罪的深度。

2　反应领域

D（主要部分）是，年长男性和年轻男性。

d（小部分）是，没有什么反应频率特别高的内容。

Dd（特异部分）是，背景的黑暗。此外偶尔出现的Dd反应有，两个男性人物的容貌（眼、鼻、嘴、发）以及衣服的细节。

二　对图版的反应

1　标准反应——D表示的反应

能够围绕这两个人叙述出现实的故事就是对图版7BM的标准反应。

不过,在后面也要提到的,如果出现把年长男性看作脑海中的肖像图版,作为年轻男性心中的形象,那么这种反应属于前面提到的对场景前后不一致的反应,这就不是标准反应。

2　特异反应——Dd 表示的反应

这幅图版会让有的来访者产生对场景前后不一致的反应,这种反应出现的频率虽然不及图版 2,但也达到一定的程度。这就是说,图版上左边的年长男性作为肖像图版的人物而浮现在年轻男性的脑海中这样的反应在来访者中并不罕见。例如:

> "年轻人,在脑海中描绘着受尊敬的理想的教授形象。这个教授虽然已经死了,但是他一直想成为那样的人,总是那样想着……"

> "这个人经营着公司,最近好像有点不景气……今夜,他一个人思考着。然后,他脑海里出现了公司创始人——他的祖父的形象,祖父和他谈着话,他这样想着……"

像这样的反应形式,多出现在分裂体验的来访者中,这种来访者在面对图版 2 时,也出现同样的场景前后不一致的反应。如果是这样的话,我们还应当结合其他图版,来对来访者的此类反应进行测试并综合分析,这一点是非常重要的。

三　资源回溯——对图版 7BM 的各家解说摘要

亨利的图版特性分析

I　明显的刺激特性

对图版中的年长男性和年轻男性做出反应,并就两人的关系展开描述。

II　形式特性

这两个男性是图版中唯一的主要部分。

III　潜在的刺激特性

这幅图版,通过年轻的缺少经验的人和上了年纪的经验丰富的人物形象对比,可以考察所谓的上下人际关系。特别是可以考察对权威、对社会的要求，以及来访者的适应能力是柔软还是有力的。在中年男性来访者中，可以投射出职场中有权威的自我形象，对信念、纪律等等的认识。

IV　一般故事结构

将图版中的人物关系设定成父子、上下级关系的情况很多。大多数故事都描述为成年长者对年轻人的忠告。

在中产阶级来访者中，故事中的父子关系屡次被置换成职场的老板和部下。

V　带有重要意义的反应

这里的重点是当犯罪或是纷争的主题出现时，分析在叙述出的故事中具体情节是什么样的？是什么程度的特异反应？判断出它的程度很重要。另外，考察在两人的关系中，成功目标的一致程度，权威以什么为目标等等很重要。比如说，权威的目标是不是年轻男性的实现能力范围等等。

另外，分析这个年轻男性在故事中，是把忠告置若罔闻，还是把它积极的整合到自己的计划中去，带不带有抵抗情绪等等。在这些的基础上，故事会出现什么样的结局呢？把握这些是分析解释的重点。

贝拉克的典型主题分析

这幅图版，是通过年长男性和年轻男性的形象来考察来访者的父子关系。对年长男性的一般印象，以及对待权威的态度等等，对男性来访者来说，这幅图版是不可缺少的图版。

埃龙的标准反应

感情基调是中性另外稍微有点悲伤，结局多是幸福的。

主题一般是亲人的援助、压力、对职业的兴趣和关心、野心等等比较多。

这幅图版是被叙述成年长者在忠告年轻人或者两人关于兴趣在讨论。总之，可以考察来访者对权威的态度，以及分析他们对什么关心、感兴趣等等。也可以通过来访者描述的两人关系,考察他/她对正在施行的精神疗法的态度。

斯坦(1955),p. 11—12

拉帕泊特的项目分析

可以分析来访者对自己父亲的态度,可以诊断其对权威是依赖、妥协,还是反抗。另外,这张图版还具有可以投射出来访者心中的反社会倾向的特性。

图版 7GF　　图版 7GF 是测试母女关系的图版,和测试父子关系的图版 7BM 相对应。这幅图版很容易让来访者展开关于母女的故事。

——本书作者

一 对图版的解释

1 解释的重点

（1）这是一幅女性图版

这幅图版和图版 7BM 相对应，是针对女性来访者的母亲图版。

在 TAT 中，前面提到的图版 6GF 和这幅图版 7GF 都是针对女性来访者的。但是图版 6GF 带有色情成分，有时让来访者难以展开父女故事，而这幅图版容易让来访者展开母女故事。

对于这幅图版的解释，第一个重点是分析来访者有没有把这两个人设定成母女。当出现来访者把图中年长女性设定成少女的阿姨、家庭教师、女佣等情况时，暗示着来访者的母女关系可能存在着问题。第二个重点是充分分析这个女性和少女的情绪关联。由于少女的视线望着别处，因此一般来访者把故事设定为母女在闹别扭。然后我们需要分析在故事中母女闹别扭的原因是什么，怎样对待那个母亲样的女性，结局如何设置等等。

（2）分析来访者心中的母性形象：洋娃娃的处理方法

分析来访者在故事中把这个少女拿着的洋娃娃样的东西设置成了什么，是人偶，还是婴儿。如果设定成婴儿的话，那么还要进一步分析这个婴儿是少女的孩子还是年长女性的孩子等，这些都非常重要。总之，这张图版主要是分析来访者心中的母亲形象。

其实 TAT 中没有怀抱婴儿的专门测试女性的图版，这是很遗憾的事情。因为对女性而言，从怀孕、生孩子、哺育孩子这一系列的相关事件中分析她的女性人格特点是格外重要的。从这个角度来看的话，图版 7GF 是唯一的有象征婴儿的图版。少女在摆弄洋娃娃、哄小孩的游戏过程中不知不觉培养起自己的母性。这个内容在 7GF 的故事中会不经意间巧妙地投射出来。

在给犯罪女性进行的 TAT 分析过程中，得到了下面的有意思的研究结果。把在监狱服刑的女性分为两类。一类是从 10 岁左右开始反复作案，经常重复入狱的早发

惯犯。另一类是 30 岁到 40 岁之间,迟发初次犯罪的人群。分析这两类人的图版 7GF 故事得到了如下的结果:

　　a. 早发惯犯的女性,容易和少女同一化叙述故事,对洋娃娃的认知很少。

　　b. 迟发初犯的女性,容易和女性同一化叙述故事,对洋娃娃的认知很多。

　　这个结果说明迟发初犯的女性人群,她们的母性大致已经建立了,把自己作为母亲的情结投射到 TAT 故事中,对象征婴儿的玩具洋娃娃的认知程度很高。另一方面,早发初犯的女性群,她们心中强烈地认为自己依然是少女,不能说是成熟的母亲,对婴儿样的象征玩具认知很少。

　　在下面,通过介绍一个犯罪女儿和母亲的个案来详细分析洋娃娃玩具的处理方式。

个案 1

在暴力、性、毒品等方面犯罪的京子(15 岁)和她的母亲礼子(35 岁)

　　礼子是一个医生的女儿,钟情于俊朗的丈夫,20 岁时,她在怀上京子之后不顾父母的反对结婚了。虽然在两年后又生下了京子的妹妹,但由于厌倦了没有生活能力的丈夫,在京子 12 岁的时候离婚了。妹妹由父亲抚养,而京子由母亲礼子抚养。礼子还像单身小姑娘一样漂亮,经营着高级俱乐部,客人中有很多名人,过着很华奢的生活。于是像俱乐部流行的那样,京子的生活方式也日渐奢侈。

　　在京子被收容到少年女子收容所时,她称呼母亲是"那个人",对咨询师说:"那个人和我不相干,我不见她。"强烈地拒绝和母亲会面。那种强烈的反应和京子平时撒娇的、天真烂漫的形象形成鲜明对比,笔者对此形象尤为深刻。

对图版 7GF 的反应

女儿京子的故事:啊!! 明白了!! ……这是某个家庭的母亲和孩子。

在这个家庭中，可爱的婴儿出生了，母亲有了两个孩子因此很高兴。可是母亲照看孩子的确很累，姐姐就对妈妈说："让我来照看一下吧。"母亲说："真是我的好孩子啊。"母女二人的爽朗笑声，在家中久久不停……

母亲礼子的故事：这是婴儿吧，弟弟或是妹妹。母亲没有抱着婴儿，感觉婴儿很可怜。母亲没有直接抱着……怎么……这个孩子好像苦着脸，不太开心似的啊。奇怪啊。这个女孩没有看着婴儿的脸，母亲却看着。总之，好像这个姐姐是在妒忌吧……

解释笔记：

京子：对离别的父亲和妹妹（京子告诉咨询师说父亲没有生活依靠，住到福利院去了），想让母亲接他们回来，自己来照顾他们，大家一起过快乐的家庭生活。另一方面，母亲在故事的前半部分，和京子叙述出了几乎完全一样的主题，但是她马上就否定了这个情节，在后半段，她断定京子想要独占自己的那种妒忌心理很重。由此可以看到母亲和女儿心里的裂痕，就是这样的深。

个案 2

经常对母亲实施暴力的美穗(17 岁)和她的母亲文美(42 岁)

母亲文美在美穗两岁时和丈夫离婚了。此后她就以"就算只有自己一人也要把女儿培养成出色的人，让别人刮目相看"这样的决心来培养女儿。从孩童时起，就对美穗实施斯巴达式的教育。

为了让孩子一个人独立生活很长时间，文美甚至拜托保育员不要和孩子说话。结果美穗成为一个不爱说话，非常乖的孩子。但是从 10 岁开始的一年时间内，美穗变得很沉默并且极度地偏食。14 岁的时候，在母亲对美穗的反抗想要施加体罚时，冷不防地美穗拿着电熨斗反抗了。之后，美穗对母亲的暴力逐步升级，文美的胸骨被打断了一次，请救护车急救了三次。再后来，美穗因为狂热地迷恋某个歌手而离家出走，并开始吸食毒品。最后因为某次暴力事件被收容到女子少管所。文美传唤她多次却怎么也不回应，她都有了想和女儿断绝一切关系的念头了。咨询师和文美面谈了几次，并成功地做了 TAT 测试。美穗也在后来接受了 TAT 测试和箱庭疗法。

对图版 7GF 的反应

美穗的故事：婴儿？……还是个洋娃娃……如果是婴儿的话，太小了吧……嗯……这个女孩子，总觉得有点倔，在生气……妈妈令她生气了……一个人有点孤僻……但是，这个女孩子，是很坚强的……但是……虽然有别人帮助她……但母亲工作忙……一点都不在意她……就这些。

母亲文美的故事：(20 秒)这是什么啊？(1 分 20 秒)这个婴儿，不是个真人……我也想要个孩子，所以抱着玩具娃娃……有点生气……生气的理由我也不明白。瞪着眼睛……怎么说呢……是不是在怒目而视，我也不是很确定……(30 秒)……嗯，虽然会长大，不过这个孩子还是有些太小了……我也想要，想要一个真正的孩子……少女对母亲说了很多很多，我也不明白少女说了什么……上面的那个孩子的话，再长大一些就明白了，但是还是不明白啊。这个……这个女孩，是小学生吗？

解释笔记：美穗的洋娃娃认知，在"婴儿？洋娃娃？"这两个判断之间摇摆。也就是说，玩着洋娃娃的孩童形象和生出婴儿的女性形象，是青春期的美穗心中共存的自我形象。母亲文美也同样定位人物为"玩着洋娃娃的幼女，或是长大了的年轻女性"，标志着对美穗形象认识的混乱。此外，可以捕捉到她内心认为自己的女儿还是抱着洋娃娃的孩子，对女儿感到愤怒的原因仅仅是"完全不明白"。另外，母亲说话的方式，让人不由觉得缺乏了母亲的温柔和娇媚。"婴儿，不是真的"属于特异反应。确实，母亲和女儿在对彼此的形象认识上存在很大的隔阂。

2 反应区域

D（主要部分）是，少女和年长女性。

d（小部分）是，少女抱着的洋娃娃，女性手中拿的书。

Dd（特异部分）是，反应频率比较高的是沙发、桌子、少女和女性的衣服等等。

二 对图版的反应

1 标准反应——D 表示的反应

围绕 D 的两个主要人物，母亲（年长女性）和少女编出故事的话，就是标准反应。关于两人感情的处理方法，很多是女儿不知为了什么在和母亲闹脾气，母亲正在安慰她。

2 特异反应——Dd 表示的反应

在这张图版中，特异反应和特异主题不常出现。

三 资源回溯——对图版 7GF 的各家解说摘要

亨利的图版特性分析

I 明显的刺激特性

a. 图版中有两个人物形象，对图版的反应中提及两个人物并对她们行为评述。

b. 对图版的描述中，提到少女手中的洋娃娃，还有女性手中的书。后者在描述中出现频率稍微低一点。

II 形式特性

这幅图版中，两个人物形象、洋娃娃、书是所有的刺激特性。

III 潜在的刺激特性

这幅图版可以探寻母女关系以及对年长女性的整体印象。中年女性经常叙述出关于孩子的故事。另外,容易得知中年女性对年轻的女儿的感情。因为图版中有少女的视线望着别处的细节,所以容易投射出孩子对母亲的一些抵抗的消极情绪等等。

IV　一般故事情节

一般来说,对图版的反应是围绕母亲和女儿之间展开情节描述。母亲在教女儿,忠告女儿,安慰女儿这样的内容很多。另外读书的乐趣这样的主题也很常见。

V　带有重要意义的反应

图版的各个部分如何串联起来成为一个拥有完整情节的故事,是这幅图版中有趣的部分。在分析时,我们要关注,尽管把图版中的两个人物设定为母女关系,但故事叙述出的情节中围绕"母亲和孩子"展开,还是"母亲和洋娃娃"展开,还是"孩子和洋娃娃"展开,从这样的角度去分析故事的话,可以让我们抓住一些信息,进一步了解潜在的母女关系。

贝拉克的典型主题分析

这幅图版,对女性来访者而言,是分析母亲和自己幼年期关系的重要图版。这个少女看着别处的眼神,很容易投射来访者对母亲的否定情绪和反抗态度。

另外,这个洋娃娃对年轻女性来访者而言,容易反映出"对有孩子的期待",时而还会出现母亲样的女性给少女说童话神话故事。这样的故事设定,以这种童话故事主题也可以探寻出来访者的相关信息。

通过故事的内容分析可以探寻到母女关系,女儿对母亲的感情状况,以及对自己的形象认识等等。

斯坦(1955)

拉帕泊特的项目分析

让我们看见了母女关系。对成年女性的来访者,能投射出她们对自己孩子的态度。

第八节　对图版 8BM 和图版 8GF 的解说

图版 8BM　　这是一幅可以判断智慧的图版。来访者能够把图版中难解的部分整合叙述出故事，这可以作为判断来访者解决生活课题的能力。

——本书作者

一　对图版的解释

1　解释的重点

（1）可以判断智慧的图版

图版 8BM 是一幅可以判断智慧的图版。来访者能够把图版中难解的部分整合叙

述出故事,这可以作为判断来访者解决生活课题的能力指标。

这幅图版最重要的地方,就是前面清晰描绘的少年,和像场景一样浅浅描绘的背景,以及画在侧面的看似没有什么关系的来复枪。这幅图版测试来访者能否把这三个部分组合起来叙述出故事。

这三个部分,每一个部分都描绘得很清晰,但是它们不在同一平面上,而是设置成奇特的形式。此外这幅图版上,光的区域、电灯、书柜部分甚至被设置成倾斜的散乱的,看起来图版上所有的细节都被设置成拼版图的碎片一样。

能够整合一个个的拼版图碎片并编出故事,这来源于来访者解开谜题的能力。也就是说,这幅图版可以分析来访者是否具有解开谜题的能力。

从深远的意义上说,编出 TAT 故事本身就反映了来访者自身的能力,而图版8BM 尤其具备一种测试智慧的刺激构造。

(2) 可以分析攻击性(性虐待)的图版

叙述出来的对图版 8BM 的标准反应,多数有这两种主题:一种是与想成为医生的愿望相关,另一种围绕攻击性的主题,即某人被来复枪射中后,实施手术的内容。根据心理临床经验的积累,我们发现这幅图版能够敏锐地激活来访者,并使来访者说出心底潜藏着的、异常的、甚至说是病态的攻击性心理。因此在这一点上,这幅图版具有深远意义。

默里(1935)提出图版 8BM 可以测试出来访者对手淫被发现的不安心理,图版中的裸男被开刀的部位是阴茎,让来访者产生出被去势(阉割)的焦虑。

但是,这一连串假设,我们不认为对临床有特别的意义。从深层的意义上来说,这些分析可能和某种心理机制相关联,但是笔者认为这幅图版,具有了解来访者心中错乱的,或者是病态的冷酷性以及残忍性的心理特性。

为什么这么说呢? 因为在临床中,我们可以通过图版 8BM 让某种特殊的攻击犯罪者(动机不明的杀人、抛尸、放火者,难以理解的青春期不良行为/暴力、药物依赖者)的心理特征通过故事表现出来。比如说,来访者出现解剖活人的叙述。又例如,关于图版 8BM 出现这样的叙述:"把活人的内脏挖出来测试","纳粹的人体解剖","暴力团体把活人切开处罚","以解剖活人为乐的某人,在地下室解剖牺牲者","把活人的内脏移植给别人"等等。这种情况下，具有象征攻击性意义的来复枪，基本不被编入故事。大概是因为视线都被裸男的腹部正被手术刀切入这样的情景吸引了吧。

另外，当图版投射出来访者心底冷酷的攻击性时，我们就要结合其他图版来综合分析攻击性的内容，这一点很重要。

2　反应领域

D（主要部分）是，少年和后面的手术场面（拿着手术刀的男性和旁边助手样的人物一共 3 人）。

d（小部分）是，刀和来复枪。

Dd（特异部分）是，像书桌又像窗户样的东西，电灯、床上的裸男、从左上方斜射进来的光线、床。除此之外还有少年的容貌和衣服。

二　对图版的反应

1　标准反应——D 表示的反应

能够围绕少年和手术场面这两个反应编出故事的话，就是标准反应。如果进一步能够把来复枪导入的话，就是彻底的标准反应。

最常见的主题是："前面的少年用来复枪误伤了谁，正在为伤者进行紧急取出子弹的手术"，"前面的少年梦想成为外科医生，所以在心中描绘着外科手术式场景"等等。其次比较多见的主题是："亲人，因为生病或者事故进行手术的场面"等相关的叙述。

总之，要考察接受手术的人是谁（被误射的人、病人、出事故的人），有的时候来访者可能将受伤者设定为对他怀有敌意的人。另外还要测试手术后，伤者是治好了还是死了。如果来访者的故事设定少年立志成为外科医生的话，故事中是否出现了父亲，父亲是不是外科医生中的榜样，如果是榜样的话，是带来压力的人物呢，还是值得尊敬的对象？这些细节对探索父亲形象很重要。

2 特异反应——Dd 表示的反应

经常也会出现把前面的少年误认为是穿着男装的女性的情况。这种情况是考察来访者是否同性恋的典型标志。来访者是否对性别的同一性有某种纠葛(性别认同混乱),这要结合其他图版中的同性恋反应来综合分析。

关于背景,一般来说设定成希望的情景或是回想的情景比较多。有时,把右上角看作窗户,电灯看作路灯,把故事设定成少年在街上走着通过路灯和窗户窥见了手术场面。这个 Dd 误认,可以说是特别敏感的标志,或是来访者具有解决问题的高度智慧。但是,这种 Dd 反应过多的话,有可能和病态的敏感有关。所以,这种情况下结合其他图版的 Dd 反应进行综合分析很重要。

对来复枪的认识歪曲,把它看作大型钢琴的支撑棒,并叙述这个少年正在演奏钢琴,根据钢琴曲的情景而浮现出背景那样的幻想的反应。例如在某个拥有分裂体验的青年病例中就出现了这样的认知歪曲的情况,因此正确结合其他图版的特异反应内容来分析来访者就变得非常重要。

这幅图版的抗拒反应,出现得非常多。如果说这幅图版和图版 2 一样因为细节很多,所以要把它们整合起来很难,那么这种抗拒就是对智慧没法解开难题的抗拒(智力低下或是对难题不积极克服的性格上的问题)。还可能是对联想到图版上的手术场面的抗拒,所有的图版结束之后,进行适当的提问,这对分析和诊断非常重要。

在笔者的临床体验中,疑病症患者和癔病患者觉得这张图版非常令人难受,抵抗的倾向很多。这也可以说是一种手术场面对来访者的冲击。

三 资源回溯——对图版 8BM 的各家解说摘要

亨利的图版特性分析

I 明显地刺激特性

a. 前方的少年和宛如想象出来的后方描绘的图版情景相组合,对这两个不同平面的镜头进行解说。

b. 经常出现的细节是来复枪、手术场面中的医生和患者，比起这些，出现频率稍低一些的是医生手中的手术刀等等。

II 形式特性

在这幅图版中，前方的少年和后方的手术场面虽然都是写实描写，但是很难把它们看作是同一平面出现的事物。还有画面左边的来复枪，虽然描绘得非常清晰，但是它和周围的刺激画面在逻辑上明显不一致。另外，右上角的像窗户又像书橱那样的东西，在来访者的描述中偶尔被提到，它和图画中其他描绘的部分也显得不一致。

总之重点就是，怎样把这些描绘的看似没有条理的部分有逻辑地编排整合成一个故事呢？可以通过故事的整合性来考察来访者解决难题的能力。

III 潜在的刺激特性

可以通过对图版的描述，来诊断来访者对将来的计划能力以及野心等等，还可以判断来访者的现实志向。另外，可以考察敌意和攻击空想等等。

IV 一般故事结构

这个图版最多见的故事就是前方的少年幻想或者回想手术场面。而且，通常来访者描述少年在思考将来就职的方向，或者抱有成为医生的野心。偶尔，情况会反转过来，描述某个医生在期待儿子和自己一样成为科学家这样的故事。大约 4 人中有 1 人说到来复枪，而且他们中大多数叙述出少年用来复枪射击了谁而进行手术的故事。

V 带有重要意义的反应

有意思的是，比起所谓的内容分析，在这里更接近形式分析。也就是怎样把没有条理的细节整合编出故事来。另外，重要的是，对手术刀和手术场面中的细节，如果来访者过度在意的反应出现时，可以推测这是攻击性或是阉割焦虑的标志。

贝拉克的典型主题分析

这幅图版带有许多意义，非常重要。对男性来访者而言，一般会把自己和前面的少年同一化。从叙述的故事中，我们看到主要的主题，一种是以谁被来复枪射中，他在接受手术，这样围绕攻击性展开的故事。另一种常见的主题是少年想成为医生，也就是以关于成就感为主题。另外，这个手术场面，也能投射来访者对受伤的焦虑和测试其被动性的效果。

是否在故事中引入来复枪,可以得到和图版 3BM 中手枪一样的假设。关于能否认知到来复枪和攻击性的抑制的关联,心理学者持有各种各样的观点,埃里克森(Eriken, C. W.)通过知觉防御实验已经验证了假设得出了结果。

另外,手术场面中,是把上年纪的执刀医生看作父亲,还是把躺着的被实施手术的人看作父亲,也可以分析是否有俄狄浦斯情结的反应。

埃龙的标准反应

大约一半的来访者,叙述出有点悲伤感情基调的故事。

主题是,野心、战争、亲人和主人公的疾病和死亡(18％—25％),来自外界的攻击等等。把背景设定为"回忆的场面"的人占 6％—9％。

把这幅图版的背景设定为真实的场景的人占正常人群的 20％。

注意到来复枪的人占 24％—33％,在故事中提到躺着的伤者的具体受伤部位的人占 4％—8％。

把手术台上的人设置成父亲的人占 17％—20％,设置成自己的人占 12％—18％。

以失去手或者脚的一部分为主题,多投射为对阉割的焦虑。

斯坦(1954),p. 46

很多来访者把这个故事的主人公设置成图版中的少年。图版后面的场景,多设置成这个立志成为医生的少年的一种幻想的场景。另外,把主题设置为少年射击了接受手术的人,等待着手术的结束,这种情况也很多见。前者投射了来访者的野心,后者投射了攻击性。在这种情况下,少年射击到了谁,谁在接受手术很关键。很多情况下都是把自己怀有敌意的人设定为对象,可以得知和分析来访者潜在的攻击对象是谁。

拉帕泊特的项目分析

这幅图版容易投射出很强的攻击性。不过,这种攻击性得到升华成为符合社会规则的方式(例如成为医生),或者没有得到升华(比如在故事中被设定为打猎中的事故），都是这张图版的分析重点。另外，还可以推测和分析来访者心中被压抑着的、心怀有敌意的那个人物是谁。

图版 8GF　　这个人物，一般来说沉浸在将来自己向什么方向前进等等的思考中。

——本书作者

　　这张图版在心理测试的临床实践中使用率不是很高，因为来访者叙述的故事都非常地相似，也就是说这张图版的实用性不高。我们从以下几个要点来分析这个图版：

1 图版中的女性是不是在做绘画的模特儿？

2 如果是在做绘画的模特儿,那么她是一个什么样的女性？故事中有没有涉及到她的身份和境遇的描述？

3 有没有明确描绘图版中女性的心情和内心状态？如果有,那么她是什么样的心情和内心状态呢？

4 图版中的女性是不是在注视或者凝视着什么？

5 图版中的女性是不是在考虑一个问题的解决或者一个课题的解答？

6 图版中的女性是不是一张绘画作品中的人物？

7 图版中的女性是不是一位身体残废者？

资源回塑——对图版 8GF 的各家解说摘要

亨利的图版特性分析

I 明显的刺激特性

a. 对这个女性以及她好像在憧憬和梦想的姿势赋予说明和情节。

II 形式特性

这个女性是唯一的主要部分。

III 潜在的刺激特性

这个人物,一般来说沉浸在将来自己向什么方向前进等等的思考中。

大致叙述成是积极的白日梦。中产阶级的来访者中,容易出现结婚等关于家庭的,日常生活的安排等主题。

IV 一般故事情节

前面提到的主题,想象家庭的快乐,日常琐事等等这样的故事很多。

V 带有重要意义的反应

这幅图版给人感觉非常普通,所以除了以前出现的主题,基本没有其他带有意义的反应出现。

贝拉克的典型主题分析

这幅图版的反应很浅显，都是日常内容。这幅图版作用不是很大。

斯皮格曼的荣格理论和 TAT

对女性，可以分析她的内心需求是什么。而对男性，也能投射出他的女性原型及阿尼玛形象。

拉帕泊特的项目分析

容易投射出常有的关于未来憧憬的模式。

第九节　对图版 9BM 和图版 9GF 的解说

图版 9BM　　休闲的动作。总之,不进行劳动不承担
责任,随心所欲这样的状态容易投射出从超我的压抑
中解放出来的舒畅心情。

——本书作者

资源回塑——对图版 9BM 的各家解说摘要

亨利的图版特性分析

I　明显的刺激特性

a. 男性们成群结队的横卧在那里的原因。

b. 男性有几人，他们是士兵、流浪者，还是劳动者。

c. 虽然没有前述的那些反应的出现频率高，是不是有一个以上的黑人；注意到左边的人比起其他人显得年轻；以及提到衣服和身体的某个部分。

II　形式特性

这幅图版，有没有认知男性们的衣服、横卧的位置结构、身体的部分等等。最基本的还是对 4 个男性进行描述。

III　潜在的刺激特性

这幅图版基本的刺激特性，第一是休闲的动作。总之，不进行劳动不承担责任，随心所欲这样的状态容易投射出从超我的压抑中解放出来的舒畅心情。

第二个潜在的刺激特性是，由男性们身体接触躺卧在一起的图版，可以投射出同性恋的感情。虽然只有男性，但是却感到十分愉快。这种反应和这幅图版性质有关。

IV　一般故事结构

经常出现的主题是，地位低的男性们在开心地休息这样的主题。中产阶级的来访者，容易编出工作之前或结束时的休息场景。

V　带有重要意义的反应

只从图版中举出一人，对他特别感兴趣叙述出故事。经常发生的情况是举出左边的最年轻的人，或者中间最显眼的黑人。对这样的反应要充分分析，例如在意这个黑人的时候，有时就暗示着关于同性恋的攻击幻想。

埃龙的标准反应

感情基调是中立的，结局也是中立的。大部分人的故事中感情基调没有变化。

主题是，退却、疲劳、和平、经济方面的困苦、困惑迷茫等等。

大部分男性来访者把这些男性们看作劳动者，接下来比较常见的是看作徒步旅行者。

数图版中的男性人数的来访者占 12％—14％。

贝拉克的典型主题分析

这幅图版是了解来访者现在如何看待和处理男性之间的关系的重要图版。在这个基础上，分析来访者和图版中哪个男性同一化，这是关键。例如，来访者是采用旁观的角度来描写的，还是以男性群体中的一员来展开故事的，还是以群体中的中心领导人物展开故事等等。从一般意义上讲，这是来访者和自己所属的集团维持着什么样的关系的一项指标。

另外，也能反映同性恋的欲望和恐惧。甚至这个图版还能让来访者心中的人种偏见，例如流浪汉还是流动的劳动者，通过叙述出这样的主题反映出来。

描绘图版中的男性们各怀鬼胎的场景，多见于能够觉得男性魅力的男性的故事中，这是同性恋的标志。

Arnord，1949，p. 106，Lindzey 其他，1958，p. 70—74

斯皮格曼的荣格理论和 TAT

这张图版对探寻心中的偏见、来访者自身的隐秘心理很重要。

拉帕泊特的项目分析

容易投射出对劳动和被迫产生的疲劳的态度和感情，以及和男性朋友的关系，对同性恋的恐怖等等，这些内容可以通过绘有身体接触的这幅图版表现出来。有时，还能表现种族偏见。

图版 9GF　　同胞抗争。围绕一个男性的两个女性的纠葛。

——本书作者

资源回溯——对图版 9GF 的各家解说摘要

亨利的图版特性

I　明显的刺激特性

a. 提到这两个女性。一个人躲藏着，另一个奔跑着，对此进行描绘。

b. 细节是，海边或是水的流动。一个女性的长裙、书等等。

II　形式特性

这幅图版细节丰富,但基本形式还是围绕着两个女性。

III　潜在的刺激特性

同胞抗争。围绕一个男性的两个女性的纠葛。总之,这幅图版可以探索女性对同性关系持有的基本态度。

IV　一般故事结构

最常出现的故事是围绕一个男性和两个女性的纠葛情节。其次出现得略少一些的是树后面的女性在"企图干坏事"的故事。基本故事的结构中,人们齐心协力面对和处理某个事件的主题,在成人的反应中大约出现一成。可是在罗森茨魏希(Rosenzweig)的研究中成人女性中只有 20％叙述出这样的情节。

V　带有重要意义的反应

这幅图版最重要的课题是,充分深入挖掘两个女性是如何待人接物的。

贝拉克的典型主题分析

这幅图版,对考察女性之间的关系,特别是姐妹抗争和母女抗争这种敌对感情等方面有重要意义。

另外,有抑郁症倾向的人,或者有自杀倾向的来访者中有不少人叙述出下面的少女惊慌失措奔向海边的主题。猜疑心很重的人,会针对这幅图版的一个女性怀疑着另一个女性,并监视着她这样的主题继续说下去。分析这样的主题,对诊断妄想症有重要的意义。

故事中导入的男性形象通常是来帮助女性的,描述成典型的强有力的男性。

另外一个经常出现的主题是,这两个女性,或者是其中一个,跑去海边迎接远航归来的恋人。

执著于带有恶意、持续监视的主题叙述细节的情况,可以看作是妄想症的指标。

贝拉克(1954)，p. 106

拉帕泊特的项目分析

对分析同胞抗争是最合适的图版。出现叙述出监视这样的妄想主题的时候，就必须高度注意并分析。

第十节 对图版 10 的解说

图版 10 　很多情况下，人们把左边的人看作男性，右边的人看作女性，设定成两人拥抱着。其次如果是男女拥抱的话，分析两人的关系设定是夫妇、恋人，还是父亲和女儿、母亲和儿子等等。另外，还要考察两人的感情，是别离的悲伤，还是再会的喜悦，还是其他的感情等等。

——本书作者

一 对图版的解释

1 解释的重点——分析异性关系的图版

在图版 4 的说明中，我们就提到对成年来访者而言，TAT 的异性图版是图版 4，图版 10，图版 13MF，它们的性刺激的强度也是依次增强。

很多情况下，人们把图版 10 左边的人看作男性，右边的人看作女性，设定成两人拥抱着。如果设定为男女拥抱的话，我们要进一步分析两人的关系设定是夫妇、恋人，还是父亲和女儿、母亲和儿子等等。另外，还要考察两人的感情，是别离的悲伤，还是再会的喜悦，还是其他的感情等等。

偶尔由于图版面的黑暗，会出现在舞厅的黑暗下跳舞的男女的主题。接下来叙述出关于性爱的故事。不管有没有出现跳舞的场景，只要这幅图版中出现了性爱的主题，就需要充分考察来访者是不是联想到了现实生活中这方面的纠葛。他/她假借着图版叙述出来，有这样的可能。

另外，如果是左边父亲，右边女儿，或者左边儿子，右边母亲的话，这是潜在的近亲乱伦的标志，那么我们就需要聚焦来访者在其他图版中反映的亲子关系，进行进一步的细致分析了。

在与青春期问题有关的少男少女的病例中，因为孩子出现问题，过于担心拥抱孩子的父母，这样强调父母的设定很常见。在青春期的孩子发生问题的深层心理中，隐藏有想要引起父母注意的情绪。与其说这是对青春期旺盛的自身的性方面的关心，还不如说是依然无法脱离父母的自身幼儿性的标志。

孩子有问题行为，他/她的父母在接受 TAT 测试时，也会对同样的图版出现与他/她孩子同样的主题描述。这种情况下，可以分析对孩子的异变，比如说事故、死亡、生病、离家出走、犯罪等时候，夫妇应该以怎样的角色去应对。

这些问题孩子的父母在 TAT 测试中，对于图版 10 的故事描述，不太会出现把图版中的男女形象和父亲母亲形象同一化，他们在图版 4、图版 10、图版 13MF 中均以和异性的性主题展开故事，这时，他们过多地强调了自己男性或女性的角色，并没有充分认识到自己父亲或母亲的角色。在对犯罪少女和她的母亲同时施行 TAT 测试的时候,在年轻的 35 岁到 45 岁的没有丈夫的单身女性中,及在异性关系中存在问题的人中,她们的这种倾向很明显。

把这两个人设定成同性拥抱的情况,例如母亲和女儿、父亲和儿子、兄弟、姐妹等等,这种对人物性别的误认是同性恋的标志。这时结合其他图版分析同性恋的倾向十分重要。

2　反应领域

D(主要部分)是,男性和女性。

d(小部分)是,女性的手。这个手,偶尔会被认知为放在男性胸前,这种场合接近于特异反应。

Dd(特异部分)是,两人紧闭的眼睛、头发、男性鼻子下面的大片黑面具样的阴影,图版版面的黑暗。

二　对图版的反应

1　标准反应——D 表示的反应

围绕图版中女性和男性叙述出故事就是标准反应。

别离和再会的主题比较多,前者主题大多意味着来访者的适应状态有问题。

2　特异反应——Dd 表示的反应

仔细观察这幅图版的话,由于黑色阴影部分形状很奇怪,把它解读成人物之间黑色交错。因为某种理由,看了这幅图版不能马上看出男女拥抱的话,就会固执地抓住这个黑色部分做出反应。也就是说,对男女两人的脸部细节,以及手放的位置和姿势,这两种固执反应居多。

第一种情况容易产生不协调反映,在这种情况下会把两人说成在不同的空间里,比如说左边的男性是右边女性心中的肖像图版。另外,对左边男性黑色的面具部分赋予象征意义。例如有一位 36 岁分裂症男性如此叙述：

> 这个鼻子下的黑影表现了这个丈夫的不道德行为……总之，为了隐瞒自己的
> 不道德行为，他一直带着黑色面具……

第二种特异反应的情况是来访者回避男女拥抱的性刺激场景，而去关心人物细节。在这种情况下，视线聚焦于人物的脸和手。例如，过度在意眼睛：

> 这个人的眼睛闭得紧紧的，哦，因为是盲人，所以互相碰触，来确定是谁。

又比如拘泥于眼睛和手：

> 这些人，眼睛看不见，又不能发声。因此，互相地在对方胸前比划莫尔斯密
> 码，传达自己想说的话。

在作为对性的回避，叙述出教会、宗教主题这种情况下，一般会把图版中的人设定成牧师和信徒。把黑色的部分设定成是牧师的衣服，并且把地点联想并设定成是教会的忏悔室。另外还会做出牧师把手放在胸前，划着十字这样的反应。

总之，在这种情况下，很有必要挖掘来访者为什么不提关于性的主题。

三　资源回溯——对图版 10 的各家解说摘要

亨利的图版特性分析

I　明显的刺激特性

a. 紧紧拥抱着的两个人物形象。一般来说把这两个人，左边的看成男性，右边的看成女性。但是，图版中的这两个人由于被描绘得很模糊，所以可以看成各种情况。罗森茨魏希和弗莱明（Fleming）对 100 个成人调查之后发现，100％的来访者把左边的

人看作男性;关于右边,男性中有 98％,女性中有 96％的把人物看作女性。埃龙提出赞成默里的说法,把人物看作男性和年轻女性的概率是 40％,在日本的心理临床中也觉得这个数字比较符合实际。

另外,埃龙以非住院患者为对象进行调查,其中的男性群体,有 12％的人把图版中的人物看作是母亲和儿子,由于这个数字有些微妙,因此对这个结果很难做出明确的解释。我们认为,这幅图版的描绘方式能够容易使人产生将图版中的男女设定为年长男女等多种反应,但是对一般人来说,这种紧紧拥抱的气氛更容易投射出关于男女关系的主题。

II　形式特性

这两个人物形象是这副图版唯一的形式特性。

III　潜在的刺激特性

这幅图版描绘的是"紧紧拥抱的两人",其中有两个关键点。一个是分析这种紧紧拥抱的情绪刺激如何处理。另外一个,就是通过内容分析在对自己爱人的行为反应,尤其是能够预测到分离时的反应。通过这样的分析,可以看到来访者对配偶的感情和对父母的感情。

IV　一般故事结构

由这幅图版紧紧拥抱的姿势,容易产生三种故事情节。对方的关心、分离和再会。这三种故事情节,出现的概率基本相同。

V　带有重要意义的反应

首先对两人性别的认知有着非常重要的意义。由于图版比较模糊,这两个人可以看作是任何性别。在前面已经说明过了,如果没有出现一般的左男右女故事时一定要慎重分析。在美国的中产阶级中,排除由于图版本身具有的物理模糊性而产生的各种必然的判断性别的反应,似乎把图版看作男女关系更多见。总之,来访者对这种紧紧拥抱的身体密切接触的姿态,能不能很自然地叙述出故事,也是这幅图版分析的重点。

贝拉克的典型主题分析

这幅图版能够投射出关于异性关系的种种信息。

如果对这幅图版，男性来访者把图版中的人物看作是男性相拥的话，那就是潜在的同性恋倾向的表现。

不论男女，看作男女相拥的情况时，此时进一步分析相拥的原因是分离还是再会，这一点很重要。如果是分离的主题，大多反映的是对对方怀有潜在的敌意。

埃龙的标准反应

一半人看作是悲伤的图版，而另一半人看作是喜悦的图版。有过住院经历的精神疾病人群，大多是中性的感情基调。结局大多是幸福的，故事的发展走向幸福的情况也比较多。

关于主题，50％的来访者描述的是"两人的满足的心理状态"。比起这个出现频率稍微低一点的是，对伴侣的关心（12％—20％）、别离（10％—20％）和再会（8％—17％）。

至于把图版中两个人看作是两个男性的概率，在有过住院经历的精神疾患人群中稍微有点高，可以达到5.3％。其他人群的话，概率为1.3％。把图版上的两个人看作年轻男女、年长男女、母亲和儿子的概率都没有很大的群体差别。每一种的出现概率约是10％—20％。

斯皮格曼的荣格理论和 TAT

这幅图版容易投射出来访者最原始的性爱。

拉帕泊特的项目分析

可以表现和所爱的人分离时的感情。另外，如果故事中出现了把所爱的最重要的人用父母代替了的情况，那么可以分析来访者对父母的依赖程度。

其他的一些解释

a. 关于两个人的拥抱：彼此都没有真正的爱情，只是假装的摆个姿势，这反映了来访者强烈的同性恋的欲望，或者妄想型人格。另外，如果故事中说到拥抱的两人心情并不愉快的情况,可以假定来访者具有神经症的人格。

霍尔特(Holt,1951),p. 216

b. 对男女性方面的细节,身为母亲的女性来访者群体,把性说成是令人厌恶的、罪恶的,她们的心理治疗效果不太好,有的时候情况还会发生恶化。

鲁宾(1957),p. 366—371

c. 在图版中,说出女性的憧憬和感情流露的男性来访者,可以假定他们是像女性一样处理事物的男性类型。

霍尔特(1951),p. 215

第十一节　对图版 11 的解说

图版 11　　这是一幅考察联想和想象力的图版，考察来访者对非现实的、很模糊的图版的处理方法。默里的使用手册提到的 TAT 施行方法中，如果 TAT 分成两次实施的话，那么这张图版就是第二次的第一幅。

——本书作者

一　对图版的解释

1　解释的重点

（1）这是一幅考察联想和想象力的图版——考察对非现实的、很模糊的图版的处理方法。

这幅图版是 TAT 后半系列的第一幅图版。从这张图版开始，TAT 的图版风格变了，常见的、现实具体的图版突然不一样了。这是一张非现实的、模糊的、看不出有任何人类迹象的图版。默里的使用手册中提到的 TAT 施行方法中，如果 TAT 分成两次实施的话，那么这张图版就是第二次的第一幅。

所以，在这里我们应该再重复一次 TAT 的指导语。

但是，一般在临床中，在完成了前半段的 TAT 图版以后，已经没有必要在后半部分开始时再重新演示一遍指导语。此时，来访者一般都能够自然地面对气氛不同的后半部分的图版。

因此，在这里的关键是要充分分析来访者对这种幻想图版是如何叙述出故事的，是能够灵活地发挥想象和联想，还是完全封闭内心只能叙述出贫乏的故事，我们可以从中考察来访者内心的丰富程度，以及对新课题的灵活处理方法等等。

这个图版，乍一看似乎会觉得对测试结果没有帮助，我们认为这种非现实的没有人物的图版，在一次测试时采用两张左右的图版是很有必要的。这两张图版的组合是图版 11 和图版 12BG，或者图版 11 和图版 19。

图版 19 是一张和罗夏墨迹测试比较接近的刺激图版，分析来访者对此如何反应很重要，因此这张图版经常被用来和图版 11 组合，在测试中成对应用。至于图版 11 和图版 12BG 的组合，图版 11 引发的是关于攻击和死亡的主题，而图版 12BG 容易让人产生寂静和死亡的印象。不过，图版 12BG 怎么说呢？同时也可以让人产生平和和宁静的内心情景，所以和图版 11 比起来，来访者对图版 12 更多的是单纯描绘景物的反应。而图版 11 容易让来访者产生攻击和死亡的主题。所以我们多选用图版 11 和图版 19 这两幅的组合，在临床应用中显得更适宜。

（2）能够表现来访者内心深处固有的危机感

深入分析这幅图版的反应，大多能够把来访者内心深处的具有象征意义的危机情景成功地投射出来。总之，这幅图版能够生动地把来访者内心具有的，但不是很清晰的危机情景表现出来。

当然，所有的 TAT 图版像图版 1 提到的那样，或多或少都可以表现一些危机状况。但是，在前半部分图版（图版 1—图版 10）中出现的危机主题，被图版自身限定得比较死，例如，图版的画面更多的表现父子纠葛、家庭纠葛、自己内心的野心、面对挫折的纠葛，以及性的纠葛等等。

但是，图版 11 没有那样具体的纠葛情景，描绘的是模糊得让人感觉有点寂寞的风景。那样的风景，对来访者来说，有些像在自己内心存在的风景。本来，亚洲人喜欢用诗歌来表达内心，尤其喜欢通过自然景物投射自己内心的人格特性，以天空、风、云和树烘托自己的内心。我们认为这样的心理很符合这幅图版的 TAT 分析（图版 12BG 的分析也是这种情况）。

这幅图版表现的危机景象，大致分为三类。

一类是被龙吞噬的死亡景象，可以成为言语攻击（oral aggression）。另一类是悬崖崩溃、地震、火山爆发、洪水这样的天灾引起的窒息死亡景象。第三类是在深山中迷路，成了迷路的孩子，最后饿死、病死或者受伤死亡的景象。

在来访者的很多故事中都说到了这样的死和临近死亡的景象，那么我们就需要充分测试故事的结局。就这样死去，还是能从死亡中逃脱，可以凭此分析来访者的生命力强度。

在这里我们简单论述一下三种危机情景。

第一种是言语攻击，例如对母亲施加严重暴力的少女个案中（见 114 页个案 2），美穗对图版 11 的反应：

"什么啊？这是……这是非洲的洞窟。没有高楼的地方。这个是怪兽啊，像鳄鱼那么大。有动物（龙），要把这个吞噬掉，已经吞了一半。剩下的这一半已经凌乱了，因为不好吃所以吞了一半。而且，头一伸一伸，是要把路过的猎物，全都吃了。这个,是雌性怪兽。"

顺便介绍一下这个少女在沙盘疗法中第一次制作的作品。她在这个作品中说吃小猪的怪兽"像妈妈",在这个怪兽的下面,她放上了一只抱着小猪、从怪兽攻击下保护小猪的母猪。母亲的两面性,一方面是"侵吞自己的可怕的母亲",另一方面是"可爱的、培养守护自己的、温柔的母亲",都通过沙盘中设置的怪兽和母猪而得到了表现。这就是荣格所说的"太母"形象。

图版11也同样能表现出危机,能将人类具有的所谓的生物欲望(第一欲望)、吃、喝、呼吸这样的为了生活而具有的基本欲望投射出来。

被吞噬、被吃掉这样的攻击,有时暗示的是性的攻击(强奸)。曾有过被强奸的创伤经历,在性方面表现出异常行为的年轻女性,叙述出被龙袭击的故事之后感觉受到强烈冲击,接着无法继续叙述 TAT 故事。这种情况就是性冲击的影响。这样的女性,也许在与性有关的图版4,图版6GF,图版10中可以顺利完成故事,但是对具有象征意义的图版11却没法完成叙述。综上所述,当来访者生动地叙述出言语攻击的情况下,我们慎重地分析更显得重要。

第二类危机场景是由于悬崖断裂、火山爆发、洪水等天灾,来访者叙述出带有窒息意象的故事的情况。在对中年犯罪女性的 TAT 测试中确实发现,到中年第一次犯罪的女性中,这种带有窒息意象的故事出现得出奇地多。这种情况反映的也就是自己立场的崩溃,以及立场颠覆后对窒息的恐惧。这就反映了所谓的自我同一性危机,自己究竟是谁,支撑自己立场崩溃后的心理状态等等。出现这种反应的话,从上述的角度仔细深入分析故事尤为重要。

第三类危机场景是关于迷路孩子的主题,在冒险、探险、郊游等等情况中迷路孩子的故事特别多。分析这一类故事的结局很重要。如果提到了死亡的场合,很多情况就是间接地隐藏有自杀、流浪、失踪以及消失的愿望。

以上这些对这幅图版的分析都显得稍微有点消极,但是在实际心理临床中,"消灭怪物"、"探险寻宝"这样童话般的开心结局也很多。这种情况,反映的是来访者的活力,旺盛的好奇心,以及野心这些积极的心理。

2 反应领域

D（主要部分）是，左上方伸长着脖子的龙和道路中央动物样的东西。在默里的手册中，把动物样的东西描绘成"模糊的形象"，因为可以把它看作人也可以看作是动物，所以可以用 animal 表示。

d（小部分）是，悬崖（右边白色的断崖绝壁，有时也会被看作是瀑布）、道路、岩石、道路延伸出去的石桥，以及左边阴暗的树林。

Dd（特异部分）是，龙穴（时而被看作是洞窟）、龙身上的很多黑点（时而被看作是人类的队列）、桥上的很小的逃跑的人，以及图版面的黑暗。

二 对图版的反应

1 标准反应——D 表示的反应

只要围绕龙和动物叙述出故事的话就是标准反应。以"原始时代的恐龙争斗"、"消灭怪物"、"森林中弱肉强食的世界"、"探险寻宝"作为故事主题，这样的叙述很多。而且把动物看作人的情况也很多，这种情况并不是什么歪曲反应。

另外，对图版 11 主要反应领域省略的现象比其他图版要多，所以不用过多考虑 D 省略现象的原因。

2 特异反应——Dd 表示的反应

由于画面比较模糊，这幅图版容易让人产生各种歪曲反应。经常出现的歪曲反应包括把岩石看作人或动物等。把一块块的岩石和微妙的阴影歪曲认知成："埋伏着大量的士兵"，"很多死人倒在那里"，"人的头在转"等等。这些是病态的敏感指标，从罗夏墨迹测试中的反应来说，就是 Dd 反应，因此从细节展开的情节包含在 DW 反应中。也就是说，这些是接近妄想症的敏感指标。

Dd 反应中，有把黑点（龙头上并列的黑点）看作人的队列的反应。还有这种反应：把龙描写成从洞窟延伸出来的道路或台阶，在那上面人们络绎不绝地走着。其他如：

为了祈祷排队向前；作为要被怪物吃掉的贡品排成队；这样的特异反应很多。这也是病态敏感的指标。在临床上，带有妄想分裂倾向的病人中常出现这样的特异反应。

3　桥梁反应的意义

接下来说明一下这幅图版中出现的桥梁反应的象征意义。桥梁是指连接两个对面的通道和羁绊，对图版 11 故事中出现的桥梁反应做这样定位分析很合适。

桥梁反应示例

可怕的世界和安全的世界有桥梁相连着……过了桥的话就安全了……可是这座桥，由于山上的石头砸下来，中间断掉了。

从怪兽那里拼命地逃出去，过桥之后，怪兽还会追过来吗？怪兽太重了，过桥时桥塌了，怪兽掉到了谷底……我们得救了。

这里是像原始时代那样危险的地方，桥的对面是安全的。两地有桥梁相连……去这座桥的道路……谁告诉我一下……因为在原始时代中迷路了……树木多……当然没有路标……迷路了……

在心理治疗中施行 TAT 测试时，这样的反应有时也暗示着和治疗者的关系。如果结局是好的话，甚至可以预测治疗是成功的。

像这个个案一开始那样的反应，暗示着被追逐没有出路的危机状况，总之，如何在来访者心中架起桥梁，这可说是咨询师的工作。

三　资源回溯——对图版 11 的各家解说摘要

亨利的图版特性分析

I　明显的刺激特性

a. 在默里的记述中，巧妙地描写了这幅图版的外部特征。图版的正中间描绘的不明确的事物，像默里说的那样不一定是人类，经常容易看作是昆虫、草、马群等等。

另外，故事中不一定设定这个怪物（龙）是从洞穴中跑出来的，也可以设定成正在退回洞穴中。这幅图版带有"古代"的细节暗示，这可以举出图版中的各个部分进行描述。

b. 除了以上所述，经常被认知的部分还有岩石的细微形状，岩石遍地都是的样子。比较罕见的反应有把桥梁的对面看起来像人似的部分看作是"正在逃跑的人群"。

II 形式特性

这幅图版不仅从整体而言很模糊，而且各个部分也描绘得不清楚，和以前的任何一个图版相比，这都是一种复杂的形式。因此对这幅图版叙述出故事是很困难的，需要充分运用想象力。但是反过来说，对考察来访者想象力的丰富程度，如何处理描绘得很模糊的、莫名其妙的视觉刺激的能力，这是非常合适的图版。

III 潜在的刺激特性

这幅图版具有投射出未知的无法控制的力量这类场景的潜在刺激特性。也就是说，可以诊断和社会失去联系时的生命力，也可以通过人类被恐龙袭击这样的主题来分析人们表现出来的对攻击性的恐惧情绪。这幅图版的常见描写是原始的、没有都市化的、以地水风火为根本元素的世界。

可以容易地通过这幅图版投射出来访者对自己无法控制的、充满恐惧的冲动拥有的强烈的攻击性、救助欲望等等。这种情况下，来访者对龙的反应方式就变得十分有趣。攻击情绪一般通过悬崖那边的恐龙，以下面的动物为猎物这样的反应形式表现出来。另外，救助欲望是通过动物的保护者故事，藏进安全的洞穴等故事表现出来。

IV 一般故事结构

经常出现的情节是和攻击、逃避有关的主题，同时在悬崖的洞口处出现的恐龙突然袭击桥梁对面的人类的描写也很多。

V 带有重要意义的反应

如果来访者不能叙述出能够控制对图版中的恐龙和甲虫等动物们的行为，或者在故事中描述主人公被动物们死死追赶的故事时，这就是缺乏对本能欲望、性冲动的控制能力的标志。

贝拉克的典型主题分析

虽然这幅图版是张让人感觉有些可怕的图版,但是很多人能通过对图版的描叙而脱掉防御的铠甲,表现出心底原始的感情。例如,通过对这幅图版中的动物样的东西容易投射出自己幼儿期的或者心底原始的恐惧感。龙是阴茎的象征。因此当被龙袭击的主题出现的时候,可以推断出来访者心中的恐惧。故事也多次以言语攻击的主题出现。

埃龙的标准反应

正常人群基本上会出现"稍微有点悲凉"的感情基调。有过住院经历的精神疾病人群中,很多会出现中立感情基调。很多故事的整体基调不发生什么改变。

很多主题是非人类的压力、转危为安、好奇心等等。很多精神疾病人群对这幅图版的描述仅限于记叙反应(仅仅描绘图版)。

斯皮格曼的荣格理论和 TAT

这幅图版描述的是原始素材。和怪兽的斗争这样的主题,表现的是原始的攻击性。

在这幅图版的故事中出现王子从龙那里救出公主的主题,说明隐藏了母子近亲通奸的愿望(俄狄浦斯情结)。这种近亲通奸愿望隐藏在心底,被表现出来的时候,根据人物、场所、时代和现实有少许变化,好像隔了一层纱才能显现出来,这也称为远隔化作用。

汤姆金斯(Tonkins,1947), p. 94

拉帕泊特的项目分析

表现来访者对危机(外界的攻击等等)的态度,以及不安体验的形态等等。这条龙很多时候,象征着内心的让自己也觉得不安的本能冲动。

其他的一些解释

描绘荒废、破坏……分裂症的标志。

贝拉克（1954），p. 117

有很多头部受过外伤的病人叙述出受到来自周围的而自己无法避免的攻击，主人公对此进行反击的主题。

雷诺（Renaud, 1946），p. 343

叙述出不能巧妙地控制图版中的动物，以及主人公被动物追赶的故事……说明来访者控制本能和性冲动的能力很弱。

对其他图版，能够引入细节并紧密地构成故事，但是对这幅图版，却无法顺利讲述图版的氛围……否定心理防御机制。

亨利（1956），p. 33

搜寻食物的主题……希望被养育，更深层次的反应就是依赖欲求。

斯坦（1948），p. 73

第十二节　对图版 12BG、图版 12F 和图版 12M 的解说

图版 12BG　　这幅图版可以探索成人女性的自我身体意象。在给成年女性做 TAT 测试时,最好一定给她们施行图版 12BG。因为图版 12BG 可以捕捉到女性无意识范围内的自我身体意象,以及女性心中的性生活意向。

——本书作者

资源回溯——对图版 12BG 的各家解说摘要

亨利的图版特性分析

Ⅰ　明显地刺激特性

对这幅图版合适的描绘是茂盛的小草,有一只小船,这只小船像是被人抛弃。

在描述中还会提及与上述这几点相关的东西。很多人都会提到为什么这幅图版中没有人，也就是说这幅图版带有让来访者思考为什么图版中没有人的特性。这一点和图版 1、图版 10，以及图版 12F 中单纯描绘人物形象，而在背景中不设定任何细节，去引发人们聚焦于这些人物在社会生活中带有怎样的纠葛而展开思考的刺激构造是一样的。

II　形式特性

作为形式特性，如果仔细看这幅图版的话，可以察觉到画的细节描写很丰富。例如树木的形态、花、背景模糊的森林等等。但是在所有来访者描绘的事物中，小船和小草茂盛的场景出现得最多，这两个是这幅图版最先引人注意的部分。

III　潜在的刺激特性

这幅图版带有两个特点，一个是"一个人也没有"，另外是"田园诗歌般寂静的风景"。这两个特点是这幅图版的解释关键。

总之，首先分析来访者对无人的图版场面是如何处理的，他/她的叙述中有导入人物呢，还是就图版而描述故事。某些来访者不愿意在叙述中导入登场人物，而喜欢就图版中那样恬静的田园风景叙述故事。而另外一些人则喜欢在图版中导入人物，当出现导入人物时，分析来访者叙述出的故事中，导入到田园风景中的人物和安静的图版面是如何融合到一起的很重要。

也就是说分析来访者对这幅图版营造的心情愉快程度，可以从这个角度来分析来访者内心的安宁程度。

IV　一般的故事结构

经常出现的故事是关于前进中的船偏离了航线和冒险的主题。

在多数的情况下，会叙述出乘船的人为了一个特别的冒险而把船搁置在一边的说明。但是，不能忘记的是，这幅图版并不完全是一种欢乐的氛围。虽然是少数，也会出现一些不吉利的主题。当出现不吉利的主题的情况时，可以推断来访者是缺少宁静的平和情绪，难以抑制自己心底的本能，并对本能爆发感到恐惧的类型。

V　带有重要意义的反应

对这幅图版，来访者的叙述中有导入人物还是没有导入人物，另外对图版营造的宁静优美的氛围如何处理,是解释的重点。

贝拉克的典型主题分析

这幅图版也是用于测试少男少女的图版。但根据经验,这幅图版对少男少女并不是特别有效。尤其对 10 岁以下的孩子,TAT 中编号 BG 的图版都不怎么有效。但是这幅图版,在临床中发现,对有自杀和抑郁倾向的人特别有效。在他们的故事中,出现人从船上跳下或落入水中这样不吉利的反应很多。

探索成人女性的自我身体意象

在给成年女性做 TAT 测试时,建议一定给她们施行图版 12BG。那是因为图版12BG 可以捕捉到女性无意识范围内的自我身体意象,以及女性心中的性生活意象。尤其这条船象征着女性的性器官,桨象征着男性的阴茎,而树是强壮的男性意象等等。

施行图版 12BG 的病例分析

病例 A,43 岁,两岁孩子的母亲,恐惧症患者,因丈夫没有得到自己的允许就出去工作,这一事件诱发患者出现了恐惧症的症状。还有对衰老感到恐惧。

故事:这条船很长时间就一直是那样的。"浮着吗?"……或许,要好好地修理一下。这里有小洞在漏水……这条小船有桨吗? ……看不见呢。

病例 B,42 岁,博士,单身女性。29 岁的时候,陷入抑郁,头发很快地变成了白发,并患有慢性糖尿病和神经症。

故事:我不认为这条船能够胜任航海。船已经坏了,杂草丛生……这条船现在已经不被使用了。"能用吗?"……当然如果谁想用的话……这是这幅图版唯一的吸引人的地方……这幅图版看上去气氛很愉快,但不是真的。

病例 C:22 岁的单身女性,因为同性恋住院接受治疗。

故事:没有桨呢……不过,不需要那样的东西吧。我还是小孩的时候,经常玩的……你没玩过吗？"玩过什么啊？"……嗯，以手当船桨划水啊。

Jean. Mundy *"An addition to Hartman's Basic TAT Set"*

J. Proj. tech. Pers. assess，Vol. 35. No. 4. 1971

从船上落入水中，或跳入水中的故事，可以投射出自杀和强烈的抑郁感。

贝拉克(1954)，p. 108

图版 12F　　对中年来访者来说，容易投射出"老人和年轻人"的主题。

资源回溯——对图版 12F 的各家解说摘要

亨利的图版特性分析

I   明显的刺激特性

a. 合适的反应是描述中提到这两个人物形象,以及这两个人为什么这么排列的原因。

b. 一般像默里的图版说明那样,这两个人物形象设定为年轻女性和讨厌的女性情况很多。但是在分析了 70 多名女性的故事之后,我们发现设定后面的女性为令人讨厌的女性,这个女性正亲切地教着某人做着什么。如果仔细地观察这个年老女性的脸的话,就会觉得她看上去面部扭曲着,确实令人讨厌。但这样的看法到底合不合适本身还是个疑问。

II   形式特性

这幅图版中的两个女性人物是唯一的主要部分。因此对年老女性的面部表情进行各种评说是这幅图版的形式特性。

III   潜在的刺激特性

对中年来访者来说,容易投射出"老人和年轻人"的主题。另外,在中年女性中也容易出现对衰老感到恐惧的主题。很多来访者,尤其是女性都会叙述出共同的主题,也就是这个年长女性是年轻女性内心中的分身形象,并设定后面的女性是年轻女性的恶魔之心,或者是衰老后的姿态等等。

IV   一般故事结构

故事中年轻女性和亲切忠告自己的家族中的老年女性这样的情节很多。三分之一来访者的反应是后面的女性是带来不幸的人。还有三分之一的来访者把后方女性设定成前方女性的分身形象。

V   带有重要意义的反应

重要的是分析这两个女性是设定成现实中的真实人物,例如母亲和女儿;还是设定成后方的女性是象征性的人物,比如说是邪恶的自己,或衰老后的自己等等。

　　如果出现象征形象的情况，那么分析这里有没有出现善与恶的特别观念，对自己的分身形象有没有给予特别的说明很关键。对年长的来访者，在测试中有时出现这样的描述，她把后方的女性设定成带来不幸的人，但却是乐于助人的人，出现这种复杂的情况常常是投射的结果，所以仔细分析很有必要。

贝拉克的典型主题分析

　　这幅图版对捕捉母亲形象十分有效。有的来访者由于对母亲怀有消极印象，而把她设定为婆婆。

　　总之，由于自己对母亲持有否定消极的感情，出现用婆婆代替母亲来缓冲一下的情况。也就是说对母亲真的只持有一点点的肯定感情时，对母亲的否定感情就会通过设定为婆婆投射出来。对这种心理机制，当我们稍微思考一下漫画和大众中婆婆的形象就马上能明白。

　　把年轻人物看作女性的男性，心中大多持有很强的女性要素。

斯坦(1948)，p. 43

斯皮格曼的荣格理论和 TAT

　　通常把后方的女性解释为母亲形象。另外，可以分析母亲意象中的阴影问题。

拉帕泊特的项目分析

　　可以表现出来访者心中的母亲形象，对女儿的感情等等。另外，这幅图版可以投射出来访者对衰老和结婚的感情。

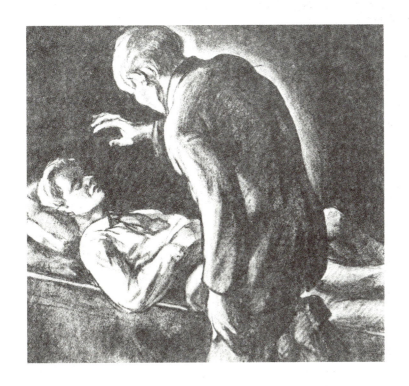

图版 12M　　用这幅图版来分析年轻男性和年长男性的关系很重要。特别是通过这幅图版，可以分析年轻男性对被动的同性恋的恐惧，以及被强势男性支配的不安。

——本书作者

资源回溯——对图版 12M 的各家解说摘要

亨利的图版特性分析

I　明显的刺激特性

对这幅图版的确切说明就是对这两个人物和两个人的特殊的姿势进行说明。

II 形式刺激特性

这两个人物形象是这幅图版的基本刺激。但是也可以把悬在半空中的手，看作是一个独立的刺激。

III 潜在的刺激特性

这幅图版可以通过来访者的情绪波动来分析他潜在的被动和依赖的程度。例如：如果设定图版上方的男性有控制别人的能力，那么分析在来访者的叙述中，躺着的男性做出什么反应行为，以此来诊断来访者自身的被动程度。这幅图版也可以诊断来访者和咨询师的关系。另外，这幅图版还可以检测同性恋倾向。

IV 一般的故事情节

躺着的人被催眠了，年轻男性生病了，正在进行某种宗教仪式等等这些是常见的故事情节，故事中年长男性被设定为催眠师、牧师或者医生的很多见。

V 带有重要意义的反应

通过这个少年是愉快地接受指令，还是被力量驱使等等，可以分析来访者潜在的被动和依赖情绪。因此，充分分析图版中两人的动力关系很重要。

亨利(1954)

贝拉克的典型主题分析

用这幅图版来分析年轻男性和年长男性的关系很重要。特别是通过这幅图版，可以分析年轻男性对被动的同性恋的恐惧，以及被强势男性支配的不安。

分析这张图版的故事的关键是，在这里表现出的被动性，是使来访者的内心安宁，还是使他感到恐怖。例如，把站着的男性设定成在帮助躺着的男性，教诲他，使他内心感觉平和，减少不安，可以说这个被动的性质是自我亲和（ego-syntonic）。不过，如果出现灌输邪恶的催眠术，或者把弱者当作猎物袭击的情况的话，这个被动的性质可以说是充满了不安。

拉帕泊特说过，从这幅图版的故事可以预测来访者的心理治疗结果。例如，如果一点都没有出现不安和恐惧的被动性等主题的话，尝试心理治疗将是十分困难的。如果在这里，即使在来访者的故事中出现了肯定或者否定的感情，这也不一定就和治疗的结果预测完全相符。这个就像在治疗初期,即使出现了阳性移情或者阴性移情,也不一定就和治疗的成功与否直接相关一样。

这幅图版的人物形象设定,和躺在精神分析的椅子上接受治疗的姿势,以及来访者依赖治疗者的情形很相似,因此,这幅图版可以巧妙地投射出来访者对治疗者的感情。如果以这个故事描述的场景为参考来分析和治疗来访者,也许能够使治疗过程变得更有效。

斯皮格曼的荣格理论和 TAT

因为两个人物形象,可以投射出各种对自我的原型概念,特别是对妄想分裂症,分析原型意义十分深远。

作为辨别是否情绪稳定的人的指标……躺着的人是不是自愿接受催眠的。

韦伯斯特(1952),p.643

出现被催眠的主题……同性恋的倾向。

林赛(1958),p.70—74

错误认识躺着的人的性别的话,有同性恋的倾向。

施成克(Schneck,1951),p.295

右边的人冷酷无情地给左边非常不安和恐惧的人施加催眠。更有甚者,左边的人被虐待了,强迫他做不想做的事这样的主题出现,或者是不适用催眠的来访者。反过来的情况也一样。

萨拉森,罗森茨魏希(Sarason,Rozenwig,1942),p.152

容易实施催眠的空想……主人公对催眠很配合,很服从。在故事中动词和形容词出现很多,"这是在催眠";"来访者,很放松";"来访者照着做了"等等对催眠很接受的评述。故事中的动词多是柔和的、中性的、亲和和服从、恭顺等词汇,也就是出现催眠成功了,催眠很顺利的主题很多。

不容易实施催眠的空想……出现对外发泄攻击性和批评的倾向,故事整体的基调中常常充满了不安和恐惧。"图谋着什么"；"想做什么"；"大概，大致"这样的词汇出现很多。另外，自主独立的词汇也很多，并且很多情况回避对催眠的成功和对催眠技术本身的描述。

萨拉森，罗森茨魏希（1942），p. 160

实不实施催眠的关键……这幅图版的主题中是否出现催眠，与实际上催眠成不成功很有关联。

怀特（White，1937），p. 272

埃龙的标准反应

图版的感情基调，稍微有点悲伤。这幅图版很少出现幸福的主题。

大多数主题是催眠，其次是宗教仪式。当来访者是精神科住院病人时，主题多是死亡、生病等等，而其他的人群中多出现孩子的疾病和某种好奇心的主题。

把躺着的人看作女性的有 12%—13%。

拉帕泊特的项目分析

容易投射出来访者对心理疗法的希望和感情。这幅图版尤其容易让来访者表现出被动的、依赖别人的状态和心情。

第十三节　对图版 13G、图版 13B 和图版 13MF 的解说

图版 13G　　图版 13G 描绘了向上攀登楼梯的少女。这幅图版的背景被灰色笼罩着，好像要覆盖什么人物似的，这个特性给人孤立无援和被环境压倒的印象。这幅图版容易投射出非人为的损害。

——本书作者

资源回溯——对图版 13G 的各家解说摘要

亨利的图版特性分析

I　明显的刺激特性

图版中这个少女在登向上的楼梯，少女为什么要登上楼梯呢？如果来访者对这两个方面进行说明则是对这幅图版正确的认知。

II　形式特性

这幅图版的背景被灰色笼罩着，而且这个楼梯占据图版的大部分位置，好像要覆盖人物似的。这和图版 13B 中描绘的空荡荡的大房子和一个很小的少年的结构很相似，这样的特性给人以孤立无援和被环境压倒的印象。不过和图版 13B 容易投射出人为的损害相比，这幅图版更容易投射出非人为的损害。

III　潜在的刺激特性

这幅图版能投射出渺小的人类对被覆盖的环境的压力，包括人为的和非人为的压力，这些压力让人感到焦虑，来访者经常描述出这样的主题性质。也可以说，对隐藏在自身内心的、无可避免的、焦虑的防卫心理，可以通过这幅图版投射出来。

IV　一般故事情节

这幅图版一般多见这样的描述：因为不得不调查未知的某种情况，或者说为了调查，这个少女从楼梯上去探视。

V　带有重要意义的反应

慎重分析来访者是如何表达少女顺着楼梯走上去，如何描绘在少女面前出现的灰色的墙壁和台阶，这些细节很重要。为什么呢？因为很多强迫症的来访者无法把图版中的灰色的、非自然的背景巧妙地编入故事。

贝拉克的典型主题分析

根据经验，不认为这幅图版是非常有效的图版。

拉帕泊特的项目分析

在梦的解析中,所谓的"桥梁"、"攀登上去"的象征意义,可以通过这幅图版分析。

图版 13B　　这幅图版能够把人心中的孤独感和自己存在的无意义情绪激活,投射到少年身上描述故事。可以分析来访者对"孤独、无存在意义的自己"的态度。

——本书作者

资源回溯——对图版 13B 的各家解说摘要

亨利的图版特性分析

I　明显的刺激特性

a. 对少年进行描述，指出这个少年看上去很孤单，以及对他为什么这么孤单进行说明，这是对这幅图版的正确认识。

b. 除此之外，图版上经常被认知的部分是小屋，以及小屋中没有人这个细节。其次出现频率稍微小一点的是，偶尔会有来访者说到少年手中握着什么东西。

II　形式特性

相对这个小屋，少年的存在显得十分渺小。这幅图版只有一个人物，所以少年显得更加渺小孤独。总之这个图版的性质，决定了故事要以孤独的渺小的少年为主题发展。这就是这幅图版的形式特性。

III　潜在的刺激特性

图版中贫穷得一蹶不振的氛围，以及生活在不毛之地的艰难，这样的设定能够把所有人心中的孤独感和自己存在的无意义情绪激活，投射到少年身上描述故事。分析故事中那个少年是怎样适应那样的艰苦环境，可以分析来访者对"孤独、无存在意义的自己"的态度。

尤其是以"自己存在无意义"为主题的时候，出现环境的恶劣和失去双亲，被双亲抛弃为主要情节的故事很多。

IV　一般故事情节

经常看到的情节是不毛之地或者贫穷家庭这样的故事。同时，少年等待父母归来这样的情节很多。另外，假借少年叙述想摆脱这样恶劣的环境，或是因为环境恶劣而拥有梦想的主题也很多。

V　带有重要意义的反应

详细分析少年在父母不在时，如何应对这样的情况很重要。

贝拉克的典型主题分析

这幅图版在投射出孩提时代的故事方面和图版 1 一样很有效果。

对少年,可以说是一幅有效的图版。如果是成人的话,这个图版和图版 1 性质相同,能够引出自己孩提时代的心理。

少年孤独的主题……这样的主题可以测量出来访者具有和多数人保持一致的协调性。

卡甘等(1956),p.31

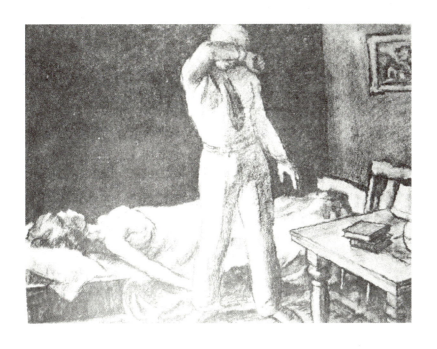

图版 13MF　这张图版可以用来分析来访者的异性关系。前面提到,分析异性关系的图版有 3 张,这张图版的性刺激强度是最强的。并且,这是一张直接描绘肉体性爱的图版。

——本书作者

一 对图版的解释

1 解释的重点

（1）这是一幅与性有关的图版

实施标准短缩法 TAT 测试的时候,通常使用 3 张图版,也就是图版 4、图版 10、图版 13MF 来分析来访者的异性关系。在介绍图版 4 和图版 10 时已经提到,这三张图版性刺激的强度是依序增强的。图版 13MF 是性刺激最强的图版,因为一看到图版就可以知道描写的是性。图版 4 和图版 10 描写的是男女心理的性爱,与此相比,这张图版描写的是肉体的性爱。

因此,关键是对这样直白的性图片,来访者会叙述出一个什么样的故事呢? 在这种情况下,分析的重点不仅是性故事的内容,还包括描述的方式,也就是说叙述的内容和方式都是很关键的。分析来访者所有的叙述是什么样感觉,含糊其辞、震惊、抗拒、无法反应、提问以及对图版的印象,这些都很重要。

所以说在展示这张图版时,需要高度集中注意观察。观察来访者对图版的态度,面对图版时来访者各种各样的表情,以及来访者视线的移动等种种行为,从中可以得出来访者对性的真实态度。

内容分析的重点,如下面顺序所示:

1. 来访者能不能流畅地叙述出故事?

2. 来访者是不是叙述出关于性的故事?

3. 不叙述关于性的故事的时候,他/她是以怎样的形式回避的? 例如,来访者回避提到女性的裸体,而说成是自杀、生病、他杀、时装模型等形式。当来访者不提女性时,是出于对细节的过度偏执吗? 比如说有没有对桌子、书、绘图板等发生偏执反应。

4. 叙述出关于性的故事的话,是否设定成相爱的人之间的性? 两个人的关系怎样? 男性遮着脸,女性裸睡着说明了什么?

根据来访者的描述,我们可以从以上几个方面来分析。

在这里反映出来的性纠葛,大致可以分为两类。一类是男性在两性中占主导地位,另一类是女性在两性中把握主导权。男性占主导地位的时候,出现无法抑制性冲动的故事很多,需要重点分析事情结束之后的男性的心情,这很重要。反应为女性把握主导权时,叙述出年长女性的诱惑,丈夫要去上班了,但是由于做爱而感觉疲惫的妻子还睡着,这样的故事出现得很多。

总之,这张图版可以很好地投射出来访者的异性观。

这幅图版还是测试性无能、同性恋等性问题的关键钥匙。如果测试来访者是否性无能,那么慎重地分析女性形象很重要。来访者对这幅图版的评论、反应的方法,即使是很细微的地方,也需要记录和分析。如果是测试同性恋的话,会以某种形式表现出对和异性性交的厌恶。经常出现的同性恋反应是:"这个女人是不干净的娼妓"。

(2) 这幅图版可以分析性反面的攻击性

在这幅图版中,出现杀人主题的情况很多,需要慎重地分析。在我们的经验中发现,有过犯罪经历的男性和有过不良行为的少男少女,他们出现杀人主题的情况十分多。这幅图版的杀人主题,从本质上说,可以说是缺乏和异性之间的美好交流,强烈的对人不相信感,或者对异性抱有敌意的指标。

如果出现了杀人主题,那么分析为什么杀人,杀人的细节描写,犯罪后有没有受到惩罚等等细节十分重要。有些性犯罪者对这张图版的杀人场面描述得很生动丰富。当来访者对残酷的攻击描写完全不在意,甚至对杀人场景的生动描绘得让人觉得恶心的话,那么就像图版8BM攻击描述中提到的那样,这是测试来访者一种病态的性虐待指标。

例如:

> 这个男的无礼地侵犯了女的,女的虽然反抗了,但是男的按住强奸了她,然后还掐住她的脖子杀了她……现在,杀死她之后,感觉自己有点累了,流汗了……长长地吐了一口气,累了……

时而也会出现叙述出这个女性是饿死、自杀、病死等不同的形式,不是主人公直接下手攻击的故事设定。当然,出现这种对性采取回避态度的主题时,有必要结合其他图版慎重分析对女性的敌意表现。死的女性是谁？ 如果死亡的女性是姐妹、活着的母亲的话，那么就不仅仅是敌意了，同时也表现了潜在的近亲相奸的愿望和对此行为的惩罚，抓住故事情感流动的细节很重要。

2 反应领域

D（主要部分）是，男性和女性。

d（小部分）是，裸露的女性，男性用手掩面。

Dd（特异部分）是，床、男性的衣服（系着领带，穿着裤子，和裸体的女性形成对比的意义）、餐桌、书、电灯、挂在墙壁上的画、图版版面的黑暗（在这里描绘出墙壁是灰色的反应很多）等等。

二 对图版的反应

1 标准反应——D 表示的反应

能围绕图版中的男性和女性叙述出故事的话，就是标准反应。不过，由于这幅图版是性图版，如果内容不涉及到性的话，那么从内容分析的角度来看，应该认为是偏离了标准反应。

2 特异反应——Dd 表示的反应

来访者的叙述中特别表现出回避性这个话题，并对细节描绘表现出固执时，就会出现罗列细节的情况，比如说提到书、桌子、灯、图版、椅子等等，然后还可以类推两个人的职业和生活方式。有时来访者会展开对两本书的联想，把墙上挂着的壁画（树林中的房子）说成是塞尚的画，这些都是细节固执反应。

回避性的病态反应，比如把女性看作蜡人像等等。又或者出现皮格马利翁似的特异反应（做一个和自己喜欢的人一模一样的蜡人放在房子中一起生活）。如果发生这种情况的话，需要结合其他图版的性反应（异性认识）一起综合分析。

三　资源回溯——对图版 13MF 的各家解说摘要

亨利的图版特性分析

I　明显的刺激特性

a. 来访者在叙述中提到用手遮脸的男性和在床上横躺着的女性,以及解释了为什么男女两人会是那样的状况,是对这个图版的正确的解读。

b. 此外,图版中屡次被提到的部分是书、床、女性的裸体。

II　形式特性

这男女两个人是图版的主要部分。

III　潜在的刺激特性

这个图版可以投射出所谓的性问题,尤其对中产阶级成年人,这幅图版的细节使他们联想到"禁止的性"、"伴随罪恶感,黑暗消极情绪的性",可以从中分析他们心中的性秘密。

另外,一般还可以反映来访者对性伙伴的态度(性行为前后的态度),也可以通过图版考察性和攻击性的关系。

IV　带有重要意义的反应

充分分析这男女两人是禁止的性,还是和死亡、攻击性有关的主题,这是非常重要的。另外,分析对这幅具有性冲击的图版,来访者如何安排情节,有没有因为图版的强烈性冲击而使得故事的质量降低,这一点需要我们多加注意。

贝拉克的典型主题分析

这幅图版,不论对男性来访者还是女性来访者,都可以借此分析他们的性纠葛。

有禁欲倾向的人在面对这幅图版时,会受到来自道德观念的性冲击,把这个冲击通过故事表达出来的情况很多。

可以投射出女性被强奸、被男性袭击、被玩弄这样的性的创伤体验。对男性来说,可以呈现出对性行为的罪恶感,也能让同性恋者多次叙述出对这样的男女性行为场面厌恶的故事。这个图版中，如果对女性胸部进行详细的说明，可以考虑来访者是口唇性格。另外，可以通过这张图版表现夫妻相互感情。

此外，这幅图版的细节描写也很丰富，因此可以通过对细节的拘泥来分析来访者的强迫倾向。

当来访者的叙述中不出现性主题的情况，甚至可以考虑他是否有暴露癖或窥视癖。

杀人冲动，如果来访者叙述出杀死女性的故事，如出现了类似"杀死女性，在他所能做的事情中是最简单的"这样的话，那么可以想象来访者是那种心中杀人冲动不断涌向意识表面的人。

当来访者的叙述中完全不提到性这个话题，可能来访者对性压抑得很深。

当来访者的叙述中出现饿死的主题，可以考虑来访者是否口唇剥夺（oral deprivation）。

贝拉克（1954），p. 54，p. 56，p. 80，p. 94

胃溃疡的患者比起其他来访者，更容易在叙述中出现妻子的死亡、疾病等让男性悲伤的主题。

乔克（Chalke，1948）

把这个躺着的人设定为母亲的话（大部分的男性来访者都把这个女性看作性伙伴），看作母亲说明母子之间可能有解不开的俄狄浦斯情结。

斯坦（1948），p. 75

埃龙的标准反应

感情基调，以悲伤或者稍微有点悲伤为主。结果多数是幸福的。发生感情转换，从悲伤转变成幸福的结局也很多。

关于主题，住院患者群中多出现与生病和死亡相关的主题（60%）。而非住院人群中罪恶感、悔恨的主题比较多（55%）。不道德的性主题，比如说婚外恋在非住院患者中出奇地多，这和住院患者之间存在着很大差距。

将图版中的两个人设定成父女、母子、姐妹和兄弟等亲人组合是住院患者群的多见倾向。在故事中提到餐桌、书，女性的裸体等的来访者占测试总人数的12％。

拉帕泊特的项目分析

多数情况下，这张图版可以投射出来访者对性的态度和对性伙伴的态度。

第十四节　对图版 14 的解说

图版 14　　这幅图版具有让人们将内心的雄心壮志说出来的特性。对中产阶级的人们来说，这幅图版很容易让他们把对职业的种种抱负生动地说出来。

——本书作者

资源回溯——对图版 14 的各家解说摘要

亨利的图版特性分析

Ⅰ　明显的刺激特性

对人物和他的动作进行说明是对图版的正确解读。一般来访者会叙述出这个人物现在在想什么,他的想法就是那个动作的原因。

默里认为把这幅图中的这个人物看作女性,比起把图版 3BM 中的人物看作女性更加让人难以理解。根据至今为止的临床经验,基本赞成埃龙、罗森茨魏希、菲林明的观点,把图版 14 中的人物看作男性。

因此,像拉帕泊特那样,如果来访者把这个人物看作是女性的话,那么可以假设这位来访者有异常心理。

II　形式特性

因为这幅图版具有格式塔式"图形——背景"的特性,一般将图版看作图中人物站在房间里背对着我们,脸朝着外面射入的光。但是,也有少数例子把这个人物看成站在黑漆漆的外面,正要进入房间里。在埃龙的研究中,8％住院患者出现这样的反应结果。

图版的黑暗部分有些小东西,也有人对此做出这种反应,这是一种病态的焦虑标志。甚至还有反应说黑色背景中的白色斑点隐藏着什么。

III　潜在的刺激特性

出现频率最高的故事情节是对雄心壮志的想象,例如,来访者表达出对未来生活的设想,远大抱负实现到怎样的程度等等。出现主人公壮志未酬,又回到了原来的生活中去这样的故事也很多。窗外的世界代表着雄心,后面黑暗的室内代表着日常生活,图版对故事结构有着这样的潜在刺激。总之,这幅图版具有让人们将内心的雄心壮志说出来的特性。对中产阶级的人们来说,很容易让他们把对职业的种种抱负生动地说出来。

另一方面,某些中产阶级人士会说出想自杀以及压抑的空想。

IV　一般故事情节

最常见的情节就是,这个人在晚上或早上,站着看窗外的景象,思考着自己以后的生活,以及想象以后生活的环境。

V　带有重要意义的反应

如果出现例示故事主题以外的主题都是分析的重要依据。对这幅图版,一般是不会出现例示主题以外的主题的。做出这个背景中有什么东西这样的反应的时候,往往这样的反应是分析的重要依据。

贝拉克的典型主题分析

这个肖像式的人物是十分有效的图版。首先，分析来访者如何设定人物性别很有意思。另外在这幅图版中，可以反映出人们对少年时代阴影的恐惧。

有自杀倾向的人，容易做出这个人要跳窗那样的主题反应。

另外，由于这幅图版有让一个人静静地沉思冥想的气氛，容易让来访者展开哲学思考。另外，频繁出现对审美感兴趣，实现愿望这样的主题。

如果把这个人看作是正要进入屋内，容易出现强盗主题。

当出现"这只不过是张照片"这样的反应时……是偷窥癖、暴露癖的标志。

贝拉克（1954）

对这个图版产生强烈抗拒的时候……是对手淫强烈的罪恶感的标志。

罗特尔（Rotter，1940），p. 26

埃龙的标准反应

感情基调，比起中性基调，稍微悲伤的基调多一些。结局是中性的、幸福的基调居多。一般不会在故事的途中，出现感情基调的中途转换。

主题，多是好奇心、雄心、感到幸福时的随想。

对这幅图版，反过来看图形和背景的话，认知出好像有人要从窗户爬入房间的反应，8％的住院患者有这样的反应，而非住院患者人群和大学生人群中丝毫没有出现那样的反应。

拉帕泊特的项目分析

容易出现挫折、担心、希望和雄心的主题。也能通过这幅图版反应自杀想法等等。

第十五节　对图版 15 的解说

图版 15　　因为这幅图版有一种悲伤的气氛，所以容易引出关于死亡或者敌意的主题。

——本书作者

资源回溯——对图版 15 的各家解说摘要

亨利的图版特性分析

I　明显的刺激特性

a. 对图版中的年老男性，以及他为什么呆在那里进行说明就是对这幅图版的正确解读。

b. 作为对细节的反应，这双紧靠在一起的双手，拿着什么，还是被手铐或是绳索系着？来访者是怎么描述和解释的。

II　形式特性

这个男性和这幅图版描绘的情景是两个主要要素。

这幅图版的阴暗气氛，容易引出来访者对图版细节的各个细小部分的奇特认识。例如，这些墓碑多次被看作是剧院的椅子，而手中拿着的好像是灯又好像是祈祷用的书籍。

把这个人物看作女性，可以说是知觉的歪曲反应。

III　潜在的刺激特性

因为这幅图版有一种悲伤的气氛，所以容易引出关于死亡或者敌意的主题。不过如果把这幅图版中的人物看作是盗墓者的话，由于画面的力量不够强，所以大多数出现的还是悲哀主题。

另外，这幅图版也容易引出对攻击和死亡的想象。

图版中的这个男性人物，总让人觉得有点可怜，容易唤起人们的同情，因此容易引出对失去爱人感到悲伤的主题。

IV　一般故事结构

最常见的主题是失去爱人的悲伤情节，带有宗教色彩的主题。其次是多出现非现实的、象征性的、孤独感、恐惧的主题。

V　带有重要意义的反应

这个图版的故事中，如果出现了死亡或者生病这样的主题的话，考察与此相关的罪恶感很重要。另外这幅图版,具有非现实的象征性的氛围,有时会诱发出冷酷的攻击性反应。这时,一定要慎重分析故事是怎样展开的。

埃龙的标准反应

感情基调:悲伤的基调出现得非常多,中性的很少,结局也是悲伤的居多。一般来访者不会出现感情基调的变化。

主题中多出现死亡和生病的话题,并且和宗教相关的东西很多。死亡、生病、宗教主题在住院患者群中居多,占住院患者人群的 45％。

贝拉克的典型主题分析

如果来访者最近有亲人去世,这幅图版就能够投射出来访者对亲人去世的复杂情绪,因此对心理临床治疗具有重要意义。当然,对所有的来访者来说,这幅图版可以诊断他们对死亡的恐惧和看法,还包括抑郁倾向。对心理临床专家而言,重要的是通过故事来分析来访者对死亡的种种观念。

从精神病理分析的角度来看,在以下的两种情况中会出现像雷明(Lemin)所提出的:通过对死亡的看法来分析来访者性格中的两种基本类型。一种是表现出死亡的概念是被暴力伤害或者吞噬。也就是阉割不安或者对肛门受到侵害的不安和焦虑。另一种是无论接受还是不接受,把重点放在已经死亡的事实上,也就是口唇的消极性。

关于死的攻击和消极联想,通过宗教世界的天堂和地狱的形式表现出来。当然这幅图版对分析来访者有没有上面所说的自杀倾向很重要。

将图版面中的灰色墨迹设定成主人公正在追踪的两个人物……这是妄想分裂症的标志。

霍尔特(1951)

斯皮格曼的荣格理论和 TAT

这幅图版可以表现死亡和再生的主题,以及宗教主题中的各种原始的东西,对年纪大的来访者特别有效。

拉帕泊特的项目分析

这幅图版可以考察对周围的人例如在父母、妻子、孩子、兄弟姐妹中来访者对谁有攻击倾向。总之，坟墓中埋葬着谁，死的是谁，就是对那个人怀有攻击倾向。另外，很多故事中也伴随了自己攻击心理的罪恶感。

第十六节　对图版 16 的解说

图版 16　　空白图版　这幅图版的潜在刺激特性就是容易引出来访者看到这幅图版时,心中最敏感的心理状态。总之,在目前为止的测试中,来访者心里渐渐出现的问题以及不安,容易被这幅图版投射出来。因此,在测试的前半系列中使用这幅图版没有什么作用。

——本书作者

资源回溯——对图版 16 的各家解说摘要

亨利的图版特性分析

I　明显的刺激特性

没有。

II　形式特性

这幅图版，因为是白纸，所以没有明显的刺激特性。如果来访者对空白做出反应，就会对空白产生联想叙述出故事。

做出回声反应，如，做出白色代表自己的纯粹，而黑色是自己的心，或把白色看作是白兔、白雪这类反应——可以认为这些描述都有意识地脱离了刺激，一般也看作是抵抗反应。

III　潜在的刺激特性

这幅图版的潜在刺激特性就是容易引出来访者看到这幅图版时，心中最敏感的心理状态。总之，在目前为止的测试中，来访者心里渐渐出现的问题以及不安，容易被这幅图版投射出来。因此，在测试的前半系列中使用这幅图版没有什么作用。

IV　一般故事情节

这幅图版没有所谓的一般故事情节。经常出现的是带有自叙倾向的情节，千差万别的主题。

V　带有重要意义的反应

对这幅图版，来访者如何对白纸刺激作出反应叙述出故事，分析来访者叙述故事的方法很有意思。例如，有一开始就一口气讲完故事，然后再在白纸上描绘故事场景的来访者，也有先对这张白纸进行说明和描绘，然后再叙述故事的类型等等。另外，分析来访者是愉快地把自己想象的图版描绘在白纸上并叙述出故事，还是对图版表现出抵触，或是反复出现回声反应等等很关键。

也可以通过图版来分析来访者对测试的抵触情绪的强烈程度，如果是在治疗过程中的话，也可以分析来访者对咨询师的看法。

埃龙的标准反应

感情基调:结局中性的居多,并且大多没有感情基调变化。

这幅图版会让来访者叙述出各种各样的主题,在住院人群中,能叙述出自己的故事的来访者人数占总样本的 24%;在未住院人群中,13%的来访者能叙述出故事。大学生和没有住院经历的神经症患者中有接近 10%的人出现了继续前一张图版的故事的反应形式。

贝拉克的典型主题分析

白色图版对语言表达能力很强的人特别有效。那样的人,把自己自由的想法毫无保留地投射到白纸上去。对不善于联想的人,这幅图版不怎么有效。

拉帕泊特的项目分析

这张图版让来访者容易表现出在面对的人生困境等内容。分析来访者对白纸的印象是充满生命力的、积极的、乐观的,还是单调的、颓废的,这些细节分析很重要。

第十七节　对图版 17BM 和图版 17GF 的解说

图版 17BM　　主人公的探究愿望，和对暴露、受伤的恐惧等都可以被认为反应的就是来访者的心理。

—— 本书作者

资源回溯——对图版 17BM 的各家解说摘要

亨利的图版特性分析

Ⅰ　明显的刺激特性

a. 对这个男性、这根绳索,以及男性为什么会以这样的姿势出现进行说明,是对这幅图版的正确解读。

b. 图版中其他多次被提到的部分还有男性的肌肉和男性的裸体。另外,把背景的灰色用来作为描述背景的关键,这种情况也不少。

Ⅱ　形式特性

这幅图版由男性、绳子以及灰色背景三个要素构成仅有的主要形式刺激,另外,男性强烈的运动感(男性的动作具有运动性)也是这幅图版的形式刺激。因此,对这个动作的解读也是重要的形式特性。

Ⅲ　潜在的刺激特性

把男性看作在做体育竞技,或者从监狱逃走,这样的故事设定很多。一般把男性看作主人公,多数人和男性产生共情而叙述出故事。总之,越狱或从坏人那里逃走这样的故事很多。

最常见的情节是他正在攀登这条绳。根据埃龙的研究,住院患者中有 46.7% 的来访者人群,非住院患者中有 40% 的来访者人群设定主人公正在攀登绳索。

Ⅴ　带有重要意义的反应

这幅图版,无论导不导入人物,我们都要分析,对主人公来说,周围是援助主人公的人,还是妨碍主人公的人,还是注视着主人公的人,这些细节很重要。主人公的探究愿望,和对暴露、受伤的恐惧等都可以被认为反应的就是来访者的心理。此外,分析对裸体和肌肉等体型方面在意到何种程度很重要。

埃龙的标准反应

感情基调:中性略偏幸福,结局也是一样。很少出现感情基调中途转换的情况。

叙述出自我评价的主题多出现在非住院人群中。暴露、从危险中逃脱的故事也很多。

叙述出主人公正在攀登绳子的占 40％，叙述出主人公正顺着绳子滑下来的人有 20％，而叙述出有升有降的人，住院人群中约有 5％，在其他人群中仅有 1％。出现对肌肉评价的人占全体的 25％，对裸体进行评价的人，在住院人群中占 13％，其他人群中占 8％。

贝拉克的典型主题分析

这幅图版，因为能够分析各种人格侧面，所以非常实用。

发生火灾，或者从某个男人那里逃脱这样的主题反映了来访者因为身体受伤而逃避的恐惧感情。如果出现从男人那里逃脱的主题的话，很多时候是潜在的人格中具有对父亲恐惧的俄狄浦斯情结的标志。尤其很多孩子看到这幅图版都叙述出从国王那里逃脱的故事。

另外，也可以通过来访者对这幅图版的细节描写来诊断同性恋的倾向。叙述出在进行体育竞技的故事，也是可以经常看到的。对男性来访者来说，通过他们有没有注意到男性肌肉的隆起。很多时候反应的是他们对自己形象的认识。

叙述出攀登绳子的故事的人，可以假设成行动力很强的人。米拉（Mira）提出过这样的假设。

注意到左右脚的高度差……例如："这个男的，现在在攀登绳子。为什么呢？两脚的高度本来应该一样的，但是比起左脚来说右脚高了"等等像这样表述。对注意到人体特征的细微差异的，对此产生固执反应的来访者是很在意人际关系中的一些细节，马上会产生强烈紧张和不安。

亨利（1956），p. 82

叙述出男子在绳子上有升有降的主题……可能是对阉割感到不安，以及对手淫的罪恶感的标志。
斯坦（1948），p. 46

表现成就欲望的概率……在能力强，智商高的女孩子中概率比较高。

卡甘（1958），p. 263

拉帕泊特的项目分析

不怎么出现意义重大的主题。如果强调逃跑主题的话，大概反映的是来访者想从困难状况中摆脱的心情。

图版 17GF　　女性和图版画面整体富有戏剧性的情景，说到这两点就是对图版正确的解读。

——本书作者

资源回溯——对图版 17GF 的各家解说摘要

亨利的图版特性分析

I 明显的刺激特性

a. 当然在对这两点进行评述中，也有引入图版画面细节描写的情况。

b. 其他经常被认知的细节有桥、桥下的流水、图版中绘画得很小的男性们。

II 形式特性

这幅图版带有各种各样的形式特性，不管怎样，这个女性和这幅图版中呈现的某种奇妙的、不可思议的场景是基本的形式特性。此外的其他部分，在故事变化和故事某个部分中被列举出来。

III 潜在的刺激特性

这幅图版的黑暗、不同寻常、戏剧性是主要的情绪刺激。而对这些特性视而不见，努力地叙述出故事的话，那就是特异反应了。因此，对某些来访者从黑暗、不同寻常、戏剧性等要素中投射出他们的犯罪、抑郁、自杀、女同性恋等等心理要素。

IV 一般故事情节

很多都是关于自杀和这个女性的不幸。如果设定下面的男性群体和女性有关的话，那么她是某个男性的恋人，或者男性是强盗，监视着她这样的情节出现得比较多。这种情况的话，我们可以认为这反映的是来访者和爱人分别，或者是扭曲的关系和态度。

V 带有重要意义的反应

有趣的是这个图版的情节设定，有的是以女性为视点展开故事，有的是设定女性和下面的男性群体有关联而展开故事情节。前面的情况，多数表现了来访者心中消极的情绪。后面的情况，可以认为是在来访者心中很重视他人心目中的自我形象。

贝拉克的典型主题分析

这幅图版，对测试女性中有自杀倾向的人很有效。这样的人容易叙述出这个女性跳桥自杀的故事。此外这幅图版,虽然容易叙述出其他故事情节,但是对确诊自杀倾向以外的东西,不是十分有效。

喜欢点缀很多关于性的、禁止的情结等故事的倾向是……多表现在反社会破坏、攻击性、不断卷入纠纷的攻击性群体中。

拉帕泊特的项目分析

容易投射出不幸福的感觉和愿望没有实现、绝望的感情(自杀)。也会出现和爱人的分别、再会等等主题。

第十八节　对图版 18GF 和图版 18BM 的解说

图版 18GF　　默里对图版的描述是"女性把另一个女性按在楼梯上，手掐着她的脖子"，而在测试中，我们发现这幅图版带有更多的中性色彩。正常人对这幅图版的看法和默里的看法并不一致，但这并不一定意味着不出现攻击性的故事。

——本书作者

资源回溯——对图版 18GF 的各家解说摘要

亨利的图版特性分析

I　明显的刺激特性

对两个人物和两个人物的姿势进行说明就是对这幅图版的正确解读。

来访者对这幅图版的描述出现相当多的带有"救助"、"肯定"色彩的主题,而默里当初对图版的描述是"女性把另一个女性按在楼梯上,手掐着她的脖子"。实际使用中发现,这幅图版带有更多的中性色彩。总之,"按着"、"掐着"这样的词汇都是有点夸张的表达。但是,尽管正常人对这幅图版的看法和默里的看法并不一致,也并不一定意味着不出现攻击性的故事。

如果这幅图版中有默里说的攻击性刺激的话,可能一般的来访者在潜意识中都是想忽视这种攻击性的吧。这和图版 10 一样,不会出现知觉歪曲,但是容易投射出模式回答。

另外,在默里的说明中,下方的人物被设定为女性,这种设定也不是非常明显。把他们/她们看作是男性的概率和看作是女性的概率差不多一样。出现几率比较小的是把他们看作孩子(男孩女孩都有),也有把他们看作是年轻男性或女性的情况。

II　形式特性

这两个人物形象以及他们奇特的姿势是这幅图版的形式特性。

III　潜在的刺激特性

像默里一开始提过的那样,这幅图版带有投射出攻击性的刺激。这当然是事实,不过在实际测试中,大约有50%的正常人叙述出了救助、援助的主题。在罗森茨魏希和菲林明(Fleming)的测试中,有46%的人出现这样的主题反应。

受伤、不安、疯狂、悲叹主题出现的情况,大概都是来访者为了在故事中回避看到的攻击性场面,所以产生了前面那样的隐形感情。这个可以成为分析来访者性格的重点。但是,这幅图版可以分析来访者如何抑制看到图版时产生的攻击情绪很关键。总之,对攻击性以怎样的形式转换,叙述出主题,分析叙述出来的故事可以诊断来访者压抑攻击性的行为方法。

从这个意义上来说，如何处理左下方的人物形象的方式很重要。

IV 一般故事情节

这个图版一般会让来访者叙述出救助、安慰的主题，其次是疯狂、攻击这样的主题。

V 带有重要意义的反应

分析来访者是否能心平气和地叙述出非攻击性的主题故事很重要。同样的，分析左下角的人物形象在故事中拥有怎样的情节也很重要。

贝拉克的典型主题分析

这幅图版，可以用来分析女性来访者，当她们的叙述中出现攻击性主题，要具体分析她们怎样展开关于攻击性的故事，借此可以诊断（女性的）攻击性。如果来访者叙述出和攻击性完全不沾边的故事，也可以看作是对攻击性的一种回避标志。这种情况下会提到一个女性帮助台阶或地板上的另一个女性。此外，这个图版可以反映母女间的纠葛。

没注意到攻击性的场面，把人物的表情误认为是忧郁的表情时……把这幅图版中攻击、纠葛刺激物解释为忧郁，然后说到女性的表情很忧郁等等，这样的情况反映了来访者抑郁症的严重程度。一般出现攻击性、罪恶感、抑郁感情交织的故事时，结合抑郁症的理论角度分析很重要。

拉帕泊特（1968），p. 508

特别强调没有让她窒息的情况……和图版 3BM 的手枪和图版 8BM 的来复枪情况一样，不描述它们是强烈压抑的标志。像这样虽然认识到是攻击性的场面，但是否认它就意味着压抑攻击性。

贝拉克（1954），p. 54

拉帕泊特的项目分析

容易表现出攻击感情。另外可以表达女儿、同胞、母亲这样的女性间的人际关系。容易出现嫉妒、自卑、给自己下命令这样的反应。

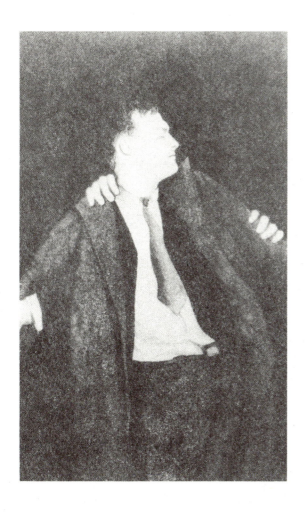

图版 18BM　　这幅图版可以分析对他人攻击的控制力，以及失败后的脆弱程度等等。

——本书作者

189

资源回溯——对图版 18BM 的各家解说摘要

亨利的图版特性分析

I　明显的刺激特性

a. 图版中出现的男性、手、奇怪的背后（好像有看不见的敌人）三个主要部分，对这三方面进行说明就是对这幅图版的正确解读。

b. 其他经常被提到的部分有男性的面部表情（不安、紧张）以及衣服（凌乱）。

II　形式特性

这个男性和三只手是主要的形式特性。图版中的手，由于它奇特的位置，所以成为不得不说的要素。因此，手也是一种形式特性。

III　潜在的刺激特性

图版中出现的是被看不见的力量攻击着，充满恐惧感的男性。因此这幅图版可以分析对他人攻击的控制力，以及失败后的脆弱程度等等。这幅图版让来访者容易叙述出不明不白地产生恐惧心理的主题，在这种情况下，恐惧的根源其实就是存在于来访者内心的东西。另外，这幅图版也容易投射出关于毒品和酗酒的主题。

IV　一般故事情节

大部分人都把这个男性设定为被恐惧包围着、充满焦虑的人物。为什么恐惧和不安呢？来访者的叙述中出现被袭击和逮捕的主题很多，同时也容易出现这个男性自己喝醉了酒、酒醉了发生混乱的情节。

V　带有重要意义的反应

分析图版中营造的"奇特的、不明不白的压力"是男性自己心中产生的还是由外部原因造成的很重要。

同样的，分析会不会因为没办法巧妙说明三只手而叙述不出故事，这个手在故事中占有怎样的分量，以何种方式巧妙地穿插进故事很重要。

埃龙的标准反应

感情基调:悲伤的居多,各种各样的结局都有。

主题是饮酒,这个主题在住院人群中出现 37%,非住院人群中出现 49%。其次是被朋友帮助、给朋友带来压力、产生了某种行动不便等这样的故事也很多。

有过精神科住院经历的人,很多出现复仇和拘禁这样的主题。

贝拉克的典型主题分析

这幅图版可以用来分析男性来访者心中具有怎样的不安,容易检查出对被袭击的不安,尤其是对同性恋袭击的不安等等。另外,这幅图版具有即使是很小的焦虑也能把它表达出来的刺激特性。

不过,另一方面也经常会出现喝醉得不省人事的男性被朋友看护的故事。这个不省人事的和醉酒有关的故事,以下面的形式出现得比较多。比如说这个男的从饭店出来以后烂醉如泥,友人从后面扶着他回家等等。从考察对三只位置奇特的手的说明,可以探寻来访者的思考过程。

此外,有时会出现关于不走运、倒霉的主题。

叙述出新生活开始的主题……健康的标志。

贝拉克(1954),p.84

从背后袭击的主题……同性恋的标志。

特耶希(Tejessy)等(1958)

以这个男性是"反叛社会的象征"、"严刑拷打"为主题,作为痛苦烦恼的象征……同性恋中容易出现这样的倾向。

戴维斯(Davids)等(1956),p.168

拉帕泊特的项目分析

一般,强盗或者喝醉这样的典型主题出现很多。但也能表现对很强的攻击性和嗜好的感情。

第十九节 对图版 19 的解说

图版 19　对这张"新奇的、非日常的"图版的反应和
应对方法，代表着对新课题的解决能力。

——本书作者

一　对图版的解释

1　解释的重点

（1）考察综合认知能力的图版——对抽象刺激的处理能力

这幅图版是 TAT 图版中最抽象的一张。乍一看，一点也不明白图版到底表达的

是什么。这一点和罗夏墨迹测试版图片很接近。当咨询师将这张和罗夏墨迹很接近的图片放到来访者面前并让他叙述一个故事的时候,来访者通常感到非常困惑。

因此,首先来访者在面对这张图版的时候,会出现和罗夏墨迹测试一样的反应。"图版里画的是什么啊?"来访者常常嘟噜着而仔细观察图版。于是在有了自己的想法以后(像罗夏墨迹测试所有的反应一样),才开始叙述出 TAT 故事。总之叙述出来如果有风暴中的船,或者雪中的小屋,或者被波浪袭击的小岛等等,这都是 W 反应(图版整体反应)。

从这张图版表达自己的想法,对综合认知能力较弱的人来说是十分困难的。从自己的认知中敏捷地从整体上把握图版,并把零碎的细节编成完整的故事,这和现实生活中对模糊不明的情况,能够机敏地判断并采取行为是一样的。这种综合能力比较薄弱的话,会以"抽象图版"、"涂鸦"、"毕加索的图版"这样的形式来回避,或者以"完全不明白"的方式拒绝。

遇到稍微难一点的问题和困难,不能努力积极解决的人也容易出现拒绝反应。因此能够对这幅图版叙述出故事,意味着来访者人格基本完好,具有适应现实生活的健康适应力。

因此,对这个图版产生凌乱反应的时候,很适合使用罗夏墨迹测试的反应分析方法。例如,"一边着火了"、"这个是动物的尾巴"、"这个地方,发出光"、"各种形状的云"等等反应。这个就是罗夏所说的 m(非动物反应)、CF(彩色形态反应)、F﹣(不良形态反应)、KF(扩散形态反应),由于这样的决定因素,而对这幅图版的整体认知失败了。这其实是某种疾病的征兆,需要和其他图版一起综合分析很重要。

对至今为止的图版都可以做出大致的反应,但就是对图版 19 突然反应失败了,预示着基本的人格存在问题。所以,另外再施行罗夏墨迹测试也是诊断的一种办法。

(2)可以反映深层的情绪、深度的危机的图版。

图版 11 是带有危机情景的图版,而这幅图版也是,可以给来访者带来危机感并以一种情绪表达出来。和图版 11 不同的地方是,与图版 11 具体的情景相比,这幅图版表现的更倾向是一种情绪一种心情。

这幅图版,一般看作是"雪中的房屋"、"风暴中的船"这样的情景。前面的情况是,

"虽然飘着雪,家中很温暖很安静,感觉不错"这样的,心情是稳定的。"黑暗的,另外暴风雪要来的样子,不下暴雪已经是万幸的天气,屋顶能承受大雪的重负吗?"这样的时候,来访者的基本心情是阴郁的、不安的、焦躁的。同样反映出风暴中的船,"虽然有风暴,但是船很坚固,坚持向前"的时候,来访者的基本心情是稳定的,带有自信和坚强的。"风暴中,船被波浪吞噬,颠覆了,船员也溺死了"的时候,基本心情是强烈的抑郁和不安。

有时会出现把这个房子象征性地拟人化。例如:"这个房子是孤立的。房子外面象征着充满恶意的世界。但是这个房子里面,是温暖幸福的世界。就像一个孤单的人一样,这个房子伫立在充满敌意的世界中"这样的反应。这种反应,多见于自己受到周围的人无缘无故的偏见和迫害,但是家一直是一个避风的港湾,在这样温暖的家庭中成长的来访者身上可能会出现的故事。而且这样的反应并不少见。这幅图版就像晴雨表一样可以反映来访者对家庭和种族歧视的态度和看法。

可能有点强调过头了,这幅图版不仅仅会出现否定反应,也会出现像童话那样愉快的冒险故事。这种情况,虽然显得很幼稚,但是也反映了基本心情是明朗稳定的。

当出现了把这幅图版看作是"毕加索的图版"、"某个天才的图版"这样的天才图版的主题的话,这种情况常常夸大了图版的内容,很多反应显示了一种自己的心情。

2　反应区域

D(主要部分)是,中间的小屋以及像船一样的东西。

d(小部分)是,看上去被雪覆盖的窗户和左上方的黑色东西,有两个眼睛的猫头鹰样的东西。

Dd(特异部分)是,窗户中的东西(看出里面住的人和小孩等等)、下面的水、波浪、积雪的部分、图版上方的像雪一样的东西、烟囱,以及图版面整体的黑暗。

二　对图版的反应

1　标准反应——D表示的反应

围绕D中的"雪中的家"、"暴风雨中的船"叙述出故事的话,就是标准反应。

2　特异反应——Dd 表示的反应

由于这幅图版富有动感,有时也会看作是对火灾反应。"火灾、火焰熊熊、黑色的是冒烟部分"等等的反应,这些都是一种感情容易走极端、心情转换太快、冲动的标志。在医院的心理临床中躁狂状态的病患,犯罪临床中的有过特殊犯罪经历的精神病患者,都会出现这样的反应。

三　资源回溯——对图版 19 的各家解说摘要

亨利的图版特性分析

I　明显的刺激特性

a. 被大雪覆盖的小屋,小屋周围的状况是两个主要刺激。小屋周围的状况可以看作是各种情况,比如说是坏天气或者抽象的外界威胁。

b. 其他屡次被认知的部分有窗户、窗户中的小东西、小屋后面的黑色部分等等。

II　形式特性

虽然小屋和围绕着小屋的周围状况,是图版的两个主要刺激,但是,图版还具有各种各样可以产生联想的细节,这些细节也可以看作是形式特性。

此外,对这幅图版的"抽象性"能不能前后一致地叙述出故事,考察有没有综合成故事的能力,这些都是关键。

III　潜在的刺激特性

这幅图版的基本刺激特性是,"新奇的,非日常的"。总之,在这里可以考察来访者面对这样的新课题和非日常事物时的处理能力。对至今为止的图版中描绘的事物,大家大致都能明白,能够规矩地编构成故事。与此相比较,这幅图版描绘的事物是大家不能马上能整合的。面对突如其来的新奇刺激时的反应和应对方法,代表着对新课题的解决能力等等。我们应该可以通过这幅图版分析来访者的应对能力。

基本的刺激是,孤立的自己对应小屋,恶魔对应抽象的外界魔力,比如说小屋周围的积雪代表威胁等等。如果能够顺利地整合这些要素并叙述出故事,代表着来访者拥有稳定的情绪和综合的思考能力，能够把握面前多样的现实。

墨守成规的人、缺乏稳定情绪的人，他们会说："糟糕的艺术图版"、"令人恶心"等等，大多出现拒绝对图版反应的情况。

IV 一般故事结构

常见的情节是小屋和船成为一个故事主要单位，而雨、暴风雪、恶魔、魔力等设定成和小屋相对的单位。然后出现频率较高的故事是，只有小屋中才是安全温暖的，或者可能是由小屋周围的魔法而受到伤害这样的故事情节。

V 带有重要意义的反应

这里的重点是，分析有没有对这幅图版有条理的叙述出一个连贯的故事的能力。因此，考察来访者对这幅图版表现的"力量和魔法的威胁相对抗"，巧妙组织故事的能力很重要。也就是说这个小屋周围的状态不管是人类的还是非人类的，带来怎样的压力，此外小屋里面象征的东西是独立的、温暖的，还是被保护的，从这些角度分析故事很重要。

图版经常出现的特异认知有把窗户看作眼睛，黑色看作魔女等等。这样的反应，一般反映了来访者带有强烈的罪恶感。

贝拉克的典型主题分析

这幅图版，虽然有时对儿童特别有效，但多数情况下不是很有用。

正常人大多把这幅图版认知为"家"，而分裂症人群对图版描述的是什么无法认知，只是对各部分散乱地罗列，无法对图版进行宏观整合形成一个有条理的解释。

斯坦（1948），p. 85

把房子的窗户看作眼睛的反应……代表一种罪恶感。

斯坦（1948），p. 46

埃龙的标准反应

基调，悲伤的比较多，结局大多是中立的，很少出现感情基调转换。

关于主题,在所有的人群中出现非人类攻击的约占 60％,在住院人群中多出现记叙反应,而非住院人群中多出现宗教主题。

认知图版情景为雪中小屋的,住院人群中占 40％,非住院人群占 55％。

斯皮格曼的荣格理论和 TAT

贝拉克说这个图版"不是有效的东西"。但是这幅图版的抽象性,容易引起对"梦幻世界"的联想,因此可以投射出神话主题。这意味着从荣格分析心理学理论来说这幅图版意义深远。

拉帕泊特的项目分析

这幅图版和其他图版相比显得抽象不具体,因此可以分析来访者的认知综合能力。有时,也出现不安全感等的主题。

第二十节　对图版 20 的解说

图版 20　　受到这幅图版的潜在心理刺激之后，容易投射出来访者孤独、攻击性以及其他一些来访者个人的情绪等等。

一　对图版的解释

1　解释的重点

（1）最终图版——通过 TAT 测试来访者做出自省，说出自己的独白。

图版 20 是最终图版。图版 20 上是一个单独的人物形象,凝神地朝着下面,周围黑暗,有朦胧的微暗的灯光,充满着安静的内省的气氛。人物低垂着头,很难解读他的神色和表情。但是也正因为如此,才能投射出来访者各种各样的心情。

在实施方法中已经提过,在展示出这幅图版时,在面前摆着的 TAT 图版没有了,来访者能够意识到这是最后一张图版。TAT 是假借图版让来访者积极地叙述出自己平时的心理纠葛,在心理投射测试中是最接近治疗的一种技法。也就是说在面试咨询中,到 TAT 图版的第 20 幅为止,来访者表达出了自己心中的烦恼和纠葛,体会到一种感情净化。

这幅图版营造的是以独白的形式进行自省的情景。因此相当多的人,借用图版深切地叙述出自己的想法。

例如:

"……自己人生的一半已经过去,已经是接近死亡的年龄了……独自走在街上,回顾自己的人生……"

"……自己,怀着雄心和梦想从乡下来到城市,在城市中……"

"这个人是小工厂中落魄的员工之一,每天做着同样的工作,重复着有规律的生活,有时……"

"……在树木茂盛的森林中,蹒跚地看着地面走在路上,能看见很多昆虫的生活。和这些昆虫相比,自己的生活是多么的消极……自己的生活是……"

以这样的口吻叙述,进行自省。如果对图版 20 积极地进行自省的话,可以充分期待良好的心理治疗效果(当然是治疗开始以后的),在犯罪心理临床治疗上也可以预测治疗前途光明。而且,TAT 也能成为心理治疗的重要线索。总之会有这样的情况,当 TAT 测试结束时,来访者会告诉咨询师:"就像接受了咨询治疗一样,心情变得轻松了。"

(2)反映自我形象图版

和自省意义一样,这幅图版可以使来访者假借图版中的男性形象表现自我形象。

图版中这个人物虽然是男性，但是对女性来访者也能充分反映自我形象。例如，在犯罪心理临床测试中，来访者屡次出现犯罪主题。出现"这个男的是强盗，隐伏在黑暗中寻找猎物"、"走在街上想对某家商店实行盗窃"等等这样的设定。另外，居住在低档旅店里的流浪者在测试中叙述出："这个人在寒夜中漫无目的地走着。早上送报纸的人看到男的冻死在电线杆下，就是昨天的流浪汉。故事就是这些"的故事。故事具有不可名状的寂寞感，预示着将来自己的样子。

成年的女性犯罪者，把男的设定成"像死人一样在树旁低着头"，或者"溺海了，在水中挣扎"等等，也会出现自杀主题、死亡主题等等。这些都是凄凉的、被逼迫的自我形象。

同时也有相当高的频率，出现"等待恋人和朋友"的反应。这代表着来访者渴望和人的羁绊，还是某种自我形象。在分析中，等的人来没来很重要。

总之，这里提到的人物形象，很多都是反应的自我形象，因此从这个角度分析很重要。

2　反应区域

D（主要部分）是，男性和这个图版整体的压迫式的黑暗（多数反应的是黑夜，偶尔反应出是森林中、宇宙、深海等等）。

D（小部分）是，右上角的微弱的灯、柱子、帽子。

Dd（特异部分）是，左上角的白色斑点（白色花、树木、火花、烟火、爆炸的碎片、浮游生物等等）、柱子旁边横着几条线、口袋、插入口袋的手等等。

二　对图版的反应

1　标准反应——D表示的反应

对D的男性进行了正确认识并叙述出故事就是标准反应。

2　特异反应——Dd 表示的反应

这幅图版被黑暗笼罩着,模糊抽象性很高,因此容易出现歪曲反应,这也是表明来访者性格有很大偏差的指标。

歪曲反应大致分为 3 类:

第一类,在精神分裂症患者中出现很多,这个人物的脸融化在黑暗中没有了,下半身没有了,对这种整体笼罩在雾中做出反应。例如:“这个人的脸没有了。脸被黑暗融化,中间的身体也没有,是透明人,只看到衣服和帽子在走。失去了自己,是没有实体的人吧……”这被认为是外界把自己融化,外界和自己是相同的这样的自我认知障碍。

同样的分裂症患者的反应还有:“……这是在夕阳下的玻璃中投映出来的街上的情景,有人走过玻璃窗户,映照在昏暗的路灯下……行人要去哪里很模糊,所以不明白……”这表现了分裂症患者认为外界是像薄纱笼罩的这样的知觉。

第二类多见的反应就是“爆炸的情景”。例如,把路灯看作是宇宙中星球的爆炸,白色斑点看作是爆炸的小碎片,而把男性看作是大碎片。同样的,也有战争中炸弹的破裂,或者飞机事故中碎片的飞散这样的反应。另外,把柱子看作烟囱,把路灯看作是烟囱的某个地方破裂而喷出的火焰这样的反应。这样的反应出现在医院心理临床上分裂症范围的病患中,多出现于性格特征中有神经症,也就是所谓的性格神经症患者(phobia)的故事中。对这些故事进行详细的调查是今后的科研及心理临床的课题,可以假设一种是综合认知能力差造成的,而另外一种是 TAT 测试没法让来访者深入自省造成的。

第三类歪曲反应是深海的风景。多出现的描述是潜水艇在深海中,把柱子和路灯看作是潜望镜,男性看作是两条鱼(帽子和身体各看成一条鱼),白色斑点看作是浮游生物。这些和爆炸情景的描述相同,都是人格偏离的指标,但和第二类的情况相比,病情稍微轻一些。但是,为什么会出现这样的歪曲反应呢? 这是今后一定要研究的课题。

除此之外,有时还会出现把柱子旁边的白线设定成铁链、栅栏的反应。另外,还有纳粹的关押所、通电的栅栏、把男性设定成士兵等反应。这种特异反应,是拘禁感的标志。

三　资源回溯——对图版 20 的各家解说摘要

亨利的图版特性分析

I　明显的刺激特性

对这个人物和这个人物所处的状况进行说明，就是对这幅图版正确的认知。多次说到的还有这个图版的细节和右上角的模糊的灯。这个人物，一般被看作男性。

II　形式特性

这幅图版，构图虽然简单，但是这个人物笼罩在模糊的、遥远的灯光中这样的氛围，容易使来访者"产生孤独感"，这是关键。

III　潜在的刺激特性

这幅图版，容易投射出做出决断的心理和孤独感的主题。因此，来访者受到这幅图版的潜在心理刺激之后，容易投射出来访者孤独、攻击性以及其他一些来访者个人的情绪等等。

IV　一般故事情节

情节中多出现主人公是孤独的，另外他在等着某个特别的人（恋人或者爱人）。由于图版带有不确定的氛围和孤独感的刺激特性，所以出现这样的主题的情况很多。

由于这幅图版的背景中独特的阴森和寒冷氛围，也容易引出犯罪、潜在的攻击性的主题。这个人在等待猎物，等待袭击这样的情节。

V　带有重要意义的反应

分析如何串联这个背景和人物形象，叙述出故事很关键。在这幅图版潜在的孤独感的暗示中，来访者如何联系到自我、设定人物形象，分析这些要点很重要。

贝拉克的典型主题分析

这个人物，可以看作女性也可以看作男性。女性，一般容易叙述出害怕男性袭击、害怕黑暗的故事。另外，不论男女，都容易出现害怕强盗的主题。

另外，也会出现晚上的约会等散乱的故事。也偶尔会出现这是乔治拉夫特的肖像的反应。

攻击主题

给社会带来麻烦的攻击群(校内暴力、做出社会不允许的攻击行为的人群等等)和不是那样的人群,对图版 20 的反应完全不同。前者非常容易联想到攻击,而后者基本不出现攻击反应。

詹森(Jensen,1957),p. 9—11

拉帕泊特的项目分析

容易投射出孤独、黑暗、不确实的感情等等。

第四章

主题统觉测试
(TAT)反应的表达形式

在本书中，笔者一直没有直接说明 TAT 反应的表达形式，并不是因为轻视它，而是因为在 TAT 测试中，反应内容的分析解释没有一个统一的标准，加上反应形式的分析并不是一件困难的事情。

如霍尔特（1958）所说，反应的内容和反应的形式的区别未必很明确，而在我们采用的对各个反应的分类定位法中，已经包含了相当多的对反应形式的分析。比如霍尔特的论文提到的"情节或者内容的规律性（stereotype）"，"故事的独创性"，"故事人物特征定位"等等，在我们的分类定位法中已经完全考虑到了。或者进一步说，由分类定位法开始，分析规律性独创性人物特征定位都成为了可能。

基于上述理由，笔者没有进一步强调对反应表达形式方面的分析，不过在 TAT 中一定要提的反应形式方面的内容还有若干个，另外也确实有使用分类法反应定位无法涉及到的反应的侧面，因此在这里，笔者仍然要对 TAT 反应的形式进行论述。

第一节　主题统觉测试(TAT)反应的形式特征

之前的叙述没有明确论述 TAT 反应的内容和形式的区别，也没有论述它们各自指的是什么。现在在本章中进一步进行说明。

在一般观念中，反应的内容方面指的是故事说了什么，强调"是什么"，形式方面就是如何说，强调的是"如何"。

故事说的"是什么"因图版而异，因此可以说内容方面是被图版的特性限定了。与此相对的"如何"，虽然不是绝对不被图版限定，但是被限定的情况是极少的。总之，某个人对图版采用的说明方式——例如对话的方式——在其他图版也使用的可能性很高。与其说对不同内容使用同一种说明方式，不如说他只能使用这种方式说明更恰当。通过反应的形式方面，可以诊断来访者的基本人格特征，或者是对很多事物出现雷同反应的性格特征吧。

"一般特征"这样的词汇，不仅可以指反应的形式方面，也可以指反应的内容方面，也有学者把内容方面的一般特征说成是形式特征。

拉帕泊特(1946)提出过，相对"故事结构的形式特性"的"故事内容的形式特性"的理论。后者就好比来访者努力的目标和态度，会通过他/她叙述出的很多故事中的人物的努力目标和态度反映出来，这就是故事内容的"形式特性"。

像拉帕泊特指出的这种形式特性就是一般特性的说法，霍尔特(1958)也提出过类似的观点。他提出把故事内容中提炼出来的共通部分不叫做一般特征而是叫做形式特征，并且形式特征能使我们分析来访者的人格特征，例如来访者自我的强大程度等等。

但是笔者认为，把故事内容中提取出来的共通部分不叫做"一般特性"而看作是形式特性这件事本身合不合适还是个问题。这至少是把 TAT 反应中的内容和形式的问题复杂化了。把反应内容中的一般特征不直接叫"一般特征"而叫"共通特征"是可以的，但"形式特征"指的不就应该是故事怎么说吗？我们认为这种说法更清楚。

下面稍微举一些具体的例子说明。把来访者叙述出的故事中提炼出来的主题，这就是内容；提炼的过程中不得不忽略，无法叙述入主题的东西就是形式。下面举具体的反应例子说明。

某位中年男性，对图片 1 反应如下。

> 这是小提琴。这个、这个、不应该坏的，这个。
>
> (请自由地叙述。)
>
> 啊，这个人将来想成为小、小、小提琴家。不过，想要弄到手但是太贵了。这个是父亲还是谁的东西吧。不能碰的重要的东西吧。碰的话，会被骂的。不过想拉小提琴。
>
> (那么将来呢？)

啊，将来啊。不知道是不是成为了像父亲那样的音乐家，还是喜欢拉小提琴的吧。但是普通的家庭练不起小提琴。啊，或者偶尔这个孩子命好，说到有钱人就是他了，出生于音乐家的家庭，以成为音乐家为目标。

（这样就好了吗？）

嗯，这样故事就结束了。

（好的。）

不，还有另外相反的看法。这个小提琴坏了怎么办呢？（笑）自己也这样想过。自己小时候也这样想过。不过没实现。

（好。）

（3 分 45 秒）

从中可以提炼出主题"音乐家的孩子，看到了父亲的小提琴，想现在碰不碰它呢，另外没想将来成为小提琴手。"

不过来访者叙述出这样的内容，花费了相当长的时间和使用了很多词汇，并不能说是紧凑的反应。来访者叙述的故事情节凌乱不堪，在反应的开头提到小提琴坏了，到了反应的结束，再次提到小提琴坏了，因此可以说这才是来访者内心真实想到的故事。

另外，从上面的例子中我们可以看到，来访者真实的想法并不完全是他自己在叙述故事的时候说出来的，而是在回答咨询师的话中表达出来的。其实那不能算回答问题，而且笔者也能注意到来访者在图版反应结束的时候说到了"自己小时候也这样想过……"。所有像这样的说明故事的方式，都不得不排除在故事主题之外，但是谁也无法否认，对反应分析解释时，来访者这种的形式方面的细节特点是不可忽视的。

以前的学者对形式特征的分析思考方式我们无法改变，但我们不必拘泥于前人的思考方式。最重要的是，测试时不要遗漏了分析来访者反应时最重要的东西，而并不是局限于判断一个特征是属于形式方面还是内容方面。

第二节　主题统觉测试(TAT)的形式分析方式——资源回溯

一　默里的形式分析方式

默里(1943)在细节分析中十分简单地涉及到了形式分析。他指出形式分析就是叙述故事的种种特性,换句话说就是故事结构、故事风格、感情基调、接近现实的程度、情节的表现力和故事的语言等等。

二　拉帕泊特的形式分析方式

拉帕泊特(1946)提出 TAT 故事的分析方法,包括分析故事结构的形式特征和故事内容的形式特征。故事结构的形式特征指来访者能不能不单单局限于对图版的描述而是叙述出情节,能不能叙述过去现在的状况和未来的走势,能不能叙述人物的感情和思考方式,以及能不能叙述出合乎图版情景的故事(是否漏看、错看画中的东西,是否轻视画中重要的东西,是否重视画中无足轻重的东西,是否不描述图版描绘的情景,只是对图版本身说这说那,是否叙述出故事但是导入不必要的人物等等),进一步说,就是分析故事有没有脱离一般故事情节,或者和来访者自身叙述出的其他故事有没有出入(人物的性别认知和表情态度的认知、长度和反应时间、主题的普遍性、故事语言等等)这样的内容。另一方面,故事内容的形式特征是指故事的感情基调,同一化的人物以及他和亲人、同胞、配偶等的关系,同一化人物的努力目标和态度、实现目标的阻碍等等。故事结构的形式特征可以反映来访者"本质的观念",而故事内容的形式特征可以在此验证来访者"本质的观念"。

拉帕泊特提到的形式特征方面的很多内容,在笔者的 TAT 分析法中都是属于内容方面的特征。比如说,有没有不叙述图版描述的情景而是单单对图版本身进行大量的评述,故事的长度和叙述故事花费的时间,使用语言的合适程度,还有故事的感情基调。

三　怀亚特的形式分析方式

霍尔特(1958)提到,怀亚特从 1940 年开始试图从以下几个方面使形式分析体系化:①言语分析(例如同一个语句出现的次数,以及形容词和动词的比率等等);②表现的风格(例如故事的一般感情基调,故事的重点,时间和空间的设定,情节的本质,故事的展开,导入的人物,心理的特征等等);③对刺激的把握(例如人物和背景的关系,细节的使用,图版对来访者产生的冲击效果等等);④主观反应(例如对刺激的喜好,对图版带有说明性质的观点和注释)。

怀亚特调查了这些信息和来访者人格特征的关系,找到了一些细微的联系。但是解读这些信息代表的含义很困难,即使相对好解读的,也不知道它在某些场合代表什么样的具体含义,因此,解释这些信息给人一种不痛不痒的感觉。

四　亨利的形式分析方式

亨利(1956)把 TAT 反应的形式分析特征分为:①想象的量和性质;②组织化的性质;③概念观察以及对此认识的知觉的敏锐程度;④语言的使用方式。想象的量和性质包括故事的长度,导入内容的量和性质,内心的阳光程度和丰富程度,内心是独特的还是平凡的,故事是连贯地叙述出来还是断断续续地叙述出来等等方面。组织化的性质包括故事的 3 个基本部分,也就是过去、现在、未来的状况,还有故事的结构合理性,即是简单列举图版描绘的事物和情景,还是发挥想象力叙述出故事,叙述出故事的逻辑上的合理程度和故事的性质,对图版整体的理解情况(用简洁的语言把图版中重要的部分串联起来),对图版整体理解的全面情况(从整体理解到注意细节,对所有细节的涵盖情况)等等。

亨利列举出的形式分析若干,在笔者看来和拉帕泊特的一样,属于对内容方面的分析。不过,中间也包含有不得不看作纯粹并且重要的形式方面的特征。问题还是以怎样的标准分析测试结果。

五　霍尔特的形式分析方式

霍尔特(1958)在他的 TAT 形式特征和精神科实习医生的才能关联性调查报告中,列举出的形式特征有:①对自发性的抑制;②对图版的感情基调、意义的解释;③因为图版的不愉快情调而受到创伤;④表达的强烈的无能感;⑤反映的故事过于暧昧、或过于普遍、或过于系统诸如此类的混乱;⑥故事的内容方面雷同;⑦故事的独创性;⑧随意地展开故事的手法;⑨对图版确实的描述的歪曲;⑩叙述到自己;⑪人物特征定型程度;⑫动机,以及不带有动机的复杂人际关系;⑬表达出来的诚实;⑭做事的热情和与此相对的强迫症;⑮有能力的主人公。这中间 5—9、11、12、15 的很多东西在笔者的接近法中属于内容方面的分析。

六　日本心理学家的形式分析方式

日本的安香(1990)吸收了默里和亨利的观点,论述了形式特征和它的内容,另外增加了"是否出现第一人称表现"和"是否设定有多种情节"两项内容。山本(1992)对形式特征也有论述,分为初次反应时间,故事长度,单纯描述图版,描述口吻,描述的停止,笑、沉默,抗拒叙述故事和叙述故事失败这样容易理解的 8 个项目。

纵观上述 TAT 研究者对形式特征的见解,笔者直率地表达个人感想:第一,诸方研究者判定的形式特征很多都是反映内容的一般特征,因此笔者提出用接近法分析,不必特地强调形式分析也能涵盖那些内容。第二,即使了解了列举的形式反应和它们的重要性,实际测试中对反应一个个评定的话,会产生难以决定评定标准等一系列问题。第三,为了追求一种完美的评定系统,列举的形式特征太多,这违背了最初的评定测试的意愿反而会产生不好的效果。

临床的实际 TAT 测试中,如果对各个反应都要对照各种形式特征表进行评定的话，将过于费时费力，可以说在实际的临床测试中，很难一个个对照各家的形式分析表进行评定。

第三节　用接近法进行形式分析

用接近法对 TAT 反应的内容进行分析，不需要特别强调形式分析也能涵盖形式分析的内容。我们对一个反应，定位到包含有形式特征内容分析的分类框中，然后分析得出反应代表的含义，结合各个反应的含义，就可以充分照顾到形式特征分析对反应做出正确的解释。

但虽说如此，像以前所说的那样，在归纳主题的过程中也会忽略掉反应的某个侧面——同时这也是分类法中忽略掉的反应的某个侧面。另外，即使周全考虑到了反应各个解释的形式特征，对那些重要的方面，结合所有反应的反应倾向准确把握非常重要。下面，我们就论述一下实际反应分析中的形式分析的几个方面。

TAT 反应的形式方面的内容分为如下三类：

第一类，来访者反应中必须出现的形式特征，这类是特别重要的形式特征。不管这些特征是不是会归纳进主题，实际测试中一定要结合所有反应分析来访者有没有出现这样的形式反应。

第二类，形式反应出现之后可以判定为有问题的形式特征。因此，一定要判断那样的形式特征有没有出现，出现的话问题发展到了何种程度。

第三类，这类形式特征出现之后可以说有问题也可以说没问题，这是因人而异表现出的形式特征。

一　必然出现的形式特征

在 TAT 测试中，来访者被要求对图版进行描述，来访者要说出图版描述了什么样的状况,图版中的人物在思考什么,感受什么,为什么会出现图版描述的状况,另外以后会出现什么样的状况等。来访者不一定要使用例示的语言,来访者看了图版之后使用自己的语言叙述故事,采用尽可能使人容易听懂的表现形式,换句话说,用不是冗长凌乱而是简洁明了的话概括故事,甚至为了让听者容易听懂特意在故事中增加一些细节,这些是来访者在叙述故事时都会做到的。下面,就试着对这些进行说明。

a. 自发性

自发性是指自觉地凭自己的能力叙述出故事。来访者在很短的时间内叙述出故事,或者慢慢地叙述出故事。

自发性叙述在正常人测试中不怎么遇到,但是在医院等场合测试中却很多见,也会碰到来访者凭借自己的能力无法叙述出完整故事的情况。有的来访者的确不正常、沉默寡言、不催促他/她就不叙述故事,也有的来访者在很短的时间内就叙述出短小的不完整的故事,对这样的情况倒是容易理解。前者是心理活动能力低下的表现,后者是不好好思考和对叙述故事没有要求的表现。

我们一直特别重视,会不会出现自己不能叙述出完整的故事,但是在咨询师的提问下,可以把疏漏的部分补上,使故事完整,我们由此可以判断出来访者的潜在能力。当然,来访者只叙述出内容贫乏的故事,被咨询师提醒之后却可以叙述出内容丰富的故事,说明了来访者现在心理活动能力低下但是潜在的能力很强。

b. 具体性

例如对图版5"女人窥视着谁的房间",如果只叙述出这种程度故事的话,很明显这样的反应不具体。我们想知道的是这个女人窥视的是谁的房间,为什么要去窥视,甚至看到了什么情况。只有来访者叙述出的故事具体到这些,我们才能认同故事是完整的。

再举一个例子,图版4中出现"这个男的要去某地被女人阻止了"这样的反应。可以说这是一种描述层面的反应,也可以理解为不具体的说法。至少,一定要到说出男女是什么关系,男的出于什么目的想去哪儿,女的为什么阻止他等等。不然的话,只能说这不是完整的故事。在这个基础上,被女的阻止之后男的以后如何行动并对此进一步具体说明,就是符合要求的完整的故事反应。

　　由这两个例子可以看到，测试中一定要具体说明的部分是人物的思考和感情，现在的状况和过去未来的状况等等。由此，可以判断故事叙述得具不具体，有没有符合要求。

　　不过，不得不说明的是，没有必要死板地对所有图版都要求一定要遵守教学演示叙述故事。例如图版5，经常出现"母亲进来和孩子说晚饭做好了"这样的反应。这个反应，只陈述了人物行为的性质和动机，没有提到人物的想法和感情。另外也没有提到之前怎么样，之后会怎么样。但是因为这种反应出现频率很高，所以虽然缺少了上面讲过的东西，也不能立即就判定这样的反应就有问题。而且看了这样的反应之后也并不感到一定要补充什么，可以说这样就足够了。当然说到孩子的性别、年龄、样子等等更加具体，但是一般认为不必要求这些。如果这幅图版有点特殊的话，可以说就是不特地描述孩子的相貌也已经带有某种意义。换句话说，说到孩子相貌的时候，就会说到孩子在不在，还是睡着，还是发生了什么意外的事情。不说到孩子的时候，就默认为是孩子很正常地待在那里。实际上，一般认为没有特地叙述它的必要，也没有必要添加叫了孩子之后去吃饭这样的情节。

　　像上面的例子那样，有不需要严格按照指导语叙述故事的情况。有的图版只要求能够了解人物的感情，也有的图版要求说出过去和未来的状况。例如图版1中来访者只说到"少年坐在小提琴前想着什么"，但是不说具体想的是什么，这就认为是失败反应。还有好一点的"少年在烦恼着什么"，但是只提到烦恼而不具体说清楚，也还是类似于失败反应。另外图版2中"农村出生的女儿要去大城市继续求学，但是遭到了父母的反对"这个反应中，接着具体叙述女儿之后怎么样才是自然的反应。

　　这上面的两个例子只不过是偶尔想到的，要举其他例子也可以。总之就是，不符合指导语的要求而叙述故事会不会成为问题是因图版而异的，和因图版产生的特定问题而异的。一般认为一定要熟知各个图版的反应倾向，这样测试时才严密，但是，我们也认为不要过于拘泥于一个反应是否符合要求。比起这个，判断一个反应是不是一个完整的合理的故事才更为重要。可能会有学者批评说用这个作为判断基准过于模糊了，但是比起死板地遵守规则而对TAT反应提出过高的要求要好得多。另外，实际判断中准确率也相当高。这就是比起"遵守指导语要求"更加重视"具体性"的理由。

具体性问题涉及到更宽泛的人际关系的细节。下面就试着论述一下具体性在人格诊断上的意义。

TAT图版允许有多种解读方式,因此所谓不可改变的规则也比较少(当然这个多少因判断基准而异)。把故事叙述具体,就是把一些模糊的东西具体化,需要来访者的对某种情况有明确的表达力,也就是说想象力,另外,还有在许多情况中选择一个良好的反应的决断力。这两种能力缺一不可。前者是TAT故事具体化的前提,但是有了前提而缺少了决断力的话,TAT反应还是无法确定到底是哪一种情境,因此对故事的具体化两种能力缺一不可。

但是在多种可能性中挑选一种,这中间也必融入自己的主观判断。在很多客观分支中决定一种情况,一定需要主观判断。如果一个人过于强调客观,那么这个人叙述出的TAT故事中一定有欠缺具体性的倾向。这是抑制了自己想象力,导致出现这种情况。

总之,要使故事具体化,一定需要来访者发挥想象力、决断力、主观判断力。这些能力都很全面的话就会叙述出非常具体丰富的故事。但是,如果故事过于具体的话,就不得不怀疑是不是来访者过于主观了。比如判断画中人物的性格,另外脱离图版描绘的情景而展开和自己经历有关的故事,这都属于过于主观。后面一种就是所谓的叙述自己的反应,不是从若干可能性中挑选一种叙述出故事,而是只能叙述出那个故事,叙述出来的故事不能说来访者发挥了想象力和决断力。关于叙述自己的,我们在下面还会详细叙述。

c. 简洁和浓缩

虽然在指导语中没有提倡叙述简洁的故事,但是还是希望来访者能够那样做。但是实际测试中经常出现的是模糊的、中断的、偏离主题的、变化的、重复的、不明确的反应。因为不是书面叙述而是口头叙述,所以我们对此还是比较宽容。如果是两三行文字就可以结束的故事,要花费数倍于此的语言,或者咨询师不研究两三遍就无法整理清楚的故事内容的话,我们就可以初步判断这个来访者是不是有值得注意的地方了。

故事有时会因为各种说明的方法而变得啰嗦,故事的简洁性指的就是概括以后的内容和使用的语言总量的比值。这个比值越小——有的情况不需要计算,凭听故事时的印象就能觉察出来——就越不简洁，这个比值越接近1就越简洁。最简洁的故事就是，故事中包含了充分的故事要素，想概括得更简洁都不行的故事。实际测试中，例如下面的反应："（展示图版2，过了45秒）农村出生的女孩子想继续学业，由于遭到父母的反对，因此很迷茫（沉默15秒后）但还是坚持了自己的意愿，考上大学，后来成为了老师。"

不过就好比太啰嗦是问题一样，太简洁也说明有问题。前者说明来访者欠缺持久的集中力，后者就反过来说明来访者可能过于心理紧张了。上面举的十分简洁的反应就出现在20岁患有抑郁症的女性来访者身上。

二　应该视为有问题的形式特征

在前面已经解说过了，有的形式特征不出现会被视为有问题，同样有的形式特征出现也会被视为有问题。如果发生这样的情况，在来访者叙述TAT故事时，是很容易察觉的。下面举几个不容易察觉的不正常的形式特征出现的例子：

a. 很难和图版对上号的故事

一般TAT反应，立刻就能看出来说的是哪幅图版中的故事。由于TAT反应受到图版的制约，因此这是很正常的。但是也有不知道故事和哪幅图版对应的反应。

"（展示图版31秒后）全世界范围内的冷战结束了，终于进入了新时代。但是萨达姆的疯狂使得我们又要分开。为什么美国一定要守卫中东呢？如果说我们为了美国人而流血流汗，那还能让人觉得可以理解。可是不知名的亚洲的小国成了经济强国之后就昏了头了什么也不做，只知道出钱。虽然出钱可以不失去自己所爱的人，但是爱人是金钱买不来的。因此不想战争爆发。完了。"

咨询师："不想上战场？"

"啊，她是……"

咨询师："她是他的？""两人的关系是？"

"是夫妻。"（整个反应时间2分44秒）。

这是图版 4 的反应,就是很熟悉 TAT 图版的人,看了这个故事之后也很难立刻和图版 4 联系起来。不,即使花时间仔细考虑,也不一定就确定是图版 4 的反应。反倒可能容易联想到是图版 10 的反应吧。叙述出这样反应的人格诊断上的意义就是,说明来访者有强烈的主观。因为自身有强烈的固执的主观,所以一看到图版,他/她的主观就开始发挥作用。

b. 叙述出和前面图版关联的故事

大多数的来访者,即使测试开始前不一一提醒,他们对各个图版也会叙述出一个个独立的故事,出现叙述出相互关联故事的情况是很少的。因此,一旦来访者显示出叙述关联故事的征兆,咨询师要立刻提醒,实际测试中叙述出图版互相关联的一系列故事的情况几乎没有。出现的话,是因为来访者完全不在意咨询师的提醒,或者是因为虽然理解了指导语,但还是把图版看作是关联的了。前面的情况使人感到来访者自以为是的倔强,可以说这也会影响到人格融通性和偏执性等方面。后面的情况可以理解为来访者更加被动,有被自己的心理世界所束缚的倾向。但是,虽然主动和被动有差异,但可以说这些都是被强烈的主观所封闭起来的标志。

c. 说到自己

这种情况在具体性中已经提过,但是在故事中说到自己并不就等同于具体性。也有虽然提到自己但是缺乏具体性的故事存在。在这里让我们试着论述一下和 TAT 投射测试的本质相关联的叙述自己的问题。

首先,应该明白什么反应可以认为是在故事中叙述到了自己。我们认为所谓叙述自己,只有来访者在故事中明确地说到自己才可以理解为是叙述自己的故事。在特异反应中,有很多反应被认为个人经验的色彩很浓,但是只要不直接说到自己,就不能看作是叙述自己的反应。

　　对图版 2 的反应

　　"到了合适的年龄娶了妻子,如果努力做农活的话,我也许不会和老婆分手了吧。如果老妈健在的话,也不会和老婆分手,悔恨啊。妈妈只有一个却死了,对我打击很大。如果现在老妈还活着的话就不会和老婆分手了。唉,我拼命工作到

30 岁，以前从不喝酒。过了 30 岁开始喝起了酒，渐渐工作也做不好了。"

　　咨询师："这是你自己的故事吧？"

　　"嗯，是我自己的故事。"

　　咨询师："看了这幅图版，你需要叙述一个故事啊。"

　　"嗯，是啊，不过还是，把这个人看作我的老婆，这是我的老妈，这边工作的是我……只能这样叙述了。叙述完了"。

　　测试中只要求叙述出 TAT 故事，并没有要求说到自己。来访者不会把只体验过一次的经历叙述出来，而是以更一般的、常见的、日常的体验作为故事叙述出来。

　　TAT 测试是来访者看到图版后联想到种种常见的情境，然后叙述出故事。当某个来访者对某幅图版叙述出某个特别的故事时，可以考虑是来访者看到图版觉得呈现的最应该是那种情境，由此可以判断来访者人格的某个异常方面，也不是不能判断来访者有过某种奇特的经历（也不能完全否定没有那样的现实体验）。

　　像上面说过的那样，脱离自己的直接体验，叙述出一般的故事情境，即使在指导语中没有特别地强调，来访者也大多会很自然地那样做。因此提到自己的直接体验是不自然的现象。这意味着提到的是过去的体验，因此可以说来访者相对于未来更加留恋过去。其次，说明了来访者缺乏从体验中提取抽象观念的能力，例如不能从和各种各样的女性交往的体验中提取对女性的看法等等。最后反映了来访者未成熟的自我中心。

　　另外，和叙述自己完全相反的，也有把以前看到的故事说出来的情况。我们指的是，引用看过的小说和电影中的故事。例如对图版 12F 有的来访者叙述出"白雪公主"的故事，图版 17BM 叙述出芥川龙之介的"蛛网"的故事。这里比较引人瞩目的是某个爱好电影的青年，对所有的 TAT 图版都叙述出自己看过的电影的情节。这样的极端情况，反映的是不愿意暴露自己的内心，对测试十分警惕或者没有自信，而把从图版联想到的一般情境用电影故事代替，或者是不容易和从外界吸收的东西共情，或是故意炫耀知识等等。很有意思的是，不管是叙述到自己的情况，还是引用看过的故事的情况，都描述了一个具体存在的故事，这些都表明了这位来访者在适应新事物时的抽象概括能力上有障碍。

除了上述这三点外,还有一些有问题的形式特征例子。例如来访者在言语表达方面存在各种各样的欠缺,例如不合逻辑、随意用词等等。但是,这些其实都不是 TAT 测试特有的,另外也没有解释的必要。

还有一些可以看作是对图版的异常认知方法,所谓认知歪曲的形式特征。但是这种认知歪曲的判定必须结合各个图版的具体特征,另外很多内容包含在故事内容方面,在这里就不再举例说明了。

三　其他的形式特征

在下面,我们论述一下不能明确判断是正常或是异常(也许没必要判断)的形式特征。当然,任何一种特征程度过强的话就代表异常特征的出现。

a. 反应速度

某些人刚看到图版就迅速地叙述出了故事。有的人看到图版,沉默了很长时间,然后慢慢叙述出故事。这种种情况反映了每个人的精神节奏,平均反应时间反映了每个人的性格。大部分人的反应,思考开始的时间是 5 秒—20 秒,结束的时间是 1 分—2 分 30 秒。偶尔也会有反应异常敏捷的人。他们几乎在看到图版的同时就开始说出故事,也不能说故事不丰富,倒是内容齐全,令人吃惊。不过反应开始时间在 1—2 秒左右的话,应该说是反应异常亢进。反过来说,思考停顿达到 1 分钟的话,反应就太慢,也有些问题。反应的时间,3 分钟是长的,超过 5 分钟是非常长的。但是一旦超过 5 分钟,也不能仅凭此就判断为有问题,因为有喜欢叙述故事的人。当然故事啰嗦和反应时间过长的话可以判断为有异常倾向,另外对反应开始和结束时间也因图版而异,这一点需要充分考虑。

b. 故事形式

有的来访者把自己看作画中的一个人物,用那个人物独白的方式叙述出故事。如果图版上有两个以上的人,有的来访者用对话的形式叙述出故事;也有使用"很久很久以前"这样的故事形式作出反应的;也有都不是上面这些的,和咨询师一边保持对话形式一边叙述出故事的。最常见的是最后举的例子。和前面三者不同的是，最后一种往往是意识到咨询师是听故事的人，对自己的叙述做或者不做反应，一般来说是不做反应的，最多只回答一些类似"是，是"的应和，总之就是以一边和咨询师对话一边叙述故事的形式进行。与此相对的，前三种情况来访者都没考虑到咨询师的存在。比方说的话，就是直接和人通电话叙述，还是对着电话答录机说话的区别。不过，前三者也可能是由于过于强烈的感到咨询师的存在而导致的。也就是说，来访者觉得自己被强烈地约束着，这就好像不自觉地置身于电话答录机之前那样。

由上所述，以独白、对话、叙述故事形式反应的来访者，可以推测人际交往不太自然，但是它的意义也不仅仅是这些。独白和对话形式是把自己当作画中的人物了，所以也需要某种演技，而且那种演技，也包含了感情的产生和流动（其中也包括不安和焦虑）。

另外叙述故事的形式中，要赋予画中人物名字。描绘的人物是西方人物的话就是西方风格的故事。由此也可以判断来访者独有的人格。

最常见的是来访者意识到咨询师是听众，可以凭测试和咨询师交换有关联的信息。例如，边说故事边笑的来访者，这个笑就表示说的内容和来访者心理是有距离的。换句话说，自己表达了什么叙述了主观之后，意识到了才发笑的。这种叙述故事的方式，和会话、故事的叙述方式有很大不同，这种程度如果加剧的话，就会变成主观的观点。另外其他情况下，来访者会以语言的形式表达出对图版人物的好恶感，或者对图版本身的评判。直接表达感情的人，大体是对叙述故事很随便的人。

c. 使用言语

使用什么样的修辞，可以表现出来访者某方面的特征。

某些人使用尊敬的语气，某些人使用粗俗的语言。例如画中的女性，某个男性用"妇女"，对她的行动也用敬语表示，另外的男性用"老女人"，使用轻蔑的语言。这中间"女性"还是"女人"，两者有细微的差异。男性来访者怎么称呼画中的女性，可以表现他对女性的一般态度。

某个人一直使用书面语来表达故事，或者，某个人在不必要的时候使用外语。这两种情况，都可以看出是有点故弄玄虚的倾向。但是前面那种情况可以看出那个来访者的使用语言,吸收的多是书面语,在现实生活中缺乏和别人的交流。反应中出现一般人不知道的知识可以判断为故弄玄虚,当然诊断时也一定要考虑来访者的职业和趣味进行判断。

另外应该要注意是,使用十分尊敬的语言还是十分贬低的表现,是不是很平静地使用很刺耳的词汇,还是回避那样的词汇等等,这些当然都有进一步解释的必要。

d. 其他

① 反应系列中由质变产生的量变

某些人一开始叙述故事时不顺利,只能叙述出不完整的故事,随着咨询师的提问而渐渐地掌握节奏,慢慢可以叙述出种种质量更高的故事。某些人相反,一开始叙述得很顺利,渐渐地情况变糟,质量开始下降。这些都反映了来访者在接受新事物方式的一个方面。

② 介意图版内容的程度

某些人粗略地看了图版一下,马上想到画的是什么,于是就叙述出故事。叙述完故事之后视线就从画上移开,并把画放到一边。这种情况,说明来访者对图版描绘的内容很介意,因此给人不想展开故事的印象。事实上也有无法判断画的是什么,虽然觉得很在意,但就那样稀里糊涂叙述完故事的人。

图版对来访者的束缚度是因人而异的,因此可以进一步通过这个来判断来访者人格的重要侧面。

第五章

主题统觉测试(TAT)人格
——通过 TAT 测试明了的人格

第一节 诊断人格的框架

通过 TAT，我们到底明白了什么呢？TAT 人格，即通过 TAT 测试了解的人格是什么？对此任何人都无法回答。因此在这里，我们尝试着整理了前面章节中所提到的所有人格侧面，以及目前为止我们实际进行分析时提到的人格各个侧面。通过这个，让我们多多少少来展示一下由 TAT 测试了解到的人格的各个方面吧。

测试得出的结果，那只是暂定的 TAT 人格。我们不能肯定通过 TAT 可以了解人格的各个侧面，TAT 测试不是万能的，当然我们对 TAT 人格的理解也是有限的。因为我们理论知识的多少、深浅和我们自身的气质性格决定了我们认知的范围，我们没法超越这些而得出完全的 TAT 解释。另外，从人格的整体构造来说，现在还没有可能得出人格各个侧面的反应，我们只能对图版本身一个个的故事中的人格侧面进行分析。

因此，我们其实有时也会看漏一些 TAT 反应中得出的人格侧面。但是现阶段，我们期待的与其说是"完全的"，还不如说是"自然的"TAT 人格。

即使这样，TAT 人格还是涵盖了相当多的东西。如果分析一个来访者的实际反应，一定要研究反映的人格的各个侧面的话就太麻烦了。可能只要那么想想，就没有实施 TAT 测试的念头了。不过，其实没有必要那样想。下面显示的 TAT 人格，希望对 TAT 人格检索能提供一些帮助。不仅是 TAT 反映了人格的哪个方面，具体到人格是哪个图版哪个反应反映出的，对此详细叙述也是为了这个目的。

因此，为了把握人格的各个侧面，有必要建立 TAT 分析的大框架。这是一个很大的难题，我们没有什么理论依据，只能从临床经验中尽量叙述出最常见的通用组合框架。因为我们还没有明确建立自己的 TAT 人格概念，因此只能从公约数的观点，从常识的范围内来解释。另外人格的各个侧面有的重要有的不重要,因此对一个心理测试这个框架作为分析框架是不适合的。对心理测试,在建立理论前的理论素材很重要,也就是说,建立中立的通用的大框架很有必要。

人类经常是和客体(人、物、事)发生联系而生存的,联系分为三个部分或者说是三个阶段。首先,人类对事物想到了什么,是像饥饿一样的生理欲求,或者是像性冲动一样的本能冲动,或者就是想要实现的目标,或者是道德、伦理的要求? 当让人们对客体采取行为时,这时候就已经产生了动机。

第二,和客体发生实际的联系时,就是了解事物的开始。这个阶段分为感觉、知觉、认知、认识等等心理过程,可以说是了解客体的阶段。

第三,是把握事物,换句话说是了解客体反应的阶段。联系的这个部分是最高的,这个部分的开端就是所谓的感情和情动。这些为什么是复杂的呢? 这个问题可以说是因为至少它们超越了简单的感觉机能和认知机能,是生物整体的反应。

像上面说的那样,不把联系分为三个部分而是三个阶段的原因就很明白了,联系三个阶段那就是以前所说的知、情、意(按照顺序的话是意、知、情)。所以说这是常识性的范畴。

另外,联系三个部分相互渗透。强烈的欲望对认知事物的过程产生影响,对事物的认知同时也是人类对事物产生感情,反过来又加深了对事物的认知,这样不断地循环着。因此,和事物的联系虽然理论上可以分成各个阶段,其实是一个浑然一体的过程。

在我们设置的人格分析框架中,人的因素是最重要的,这个"人"也包括自己。而且,自己在"人"里面占有重要的位置,进而,我们把"人"划分成自己和他人比较合适。另外他人中间也有很多情况。有父母、兄弟姐妹这样与自己有亲缘关系的他人,也有纯粹的他人。在纯粹的他人中,异性比同性距离更远,是特别的存在。虽然统一称为他人,但是也有很多情况,调查每一类联系的存在情况很有必要。因此,一览表中设置了带有事物差别联系倾向的第三种框架。

基于上面的思考方式,尽可能地想设置具有综合性的人格分析分类。另外,为了补充完整添加了"人类生活中和重要的事物、现象的联系产生方式"和"病理问题"。

　　接下来，简略的添加了人格的特定侧面是通过哪个图版、哪个反应反映出来这样的内容。不过，可以把人格定位到这个分类框中，也可以定位到那个分类框架中，这时一定要找准合适的位置。

第二节　把握个性的人格分析框架

个性把握的框架一览

轴	简单描述
轴 I	与事物联系的基本侧面
轴 II	与人联系方面的一般倾向
轴 III	与不同事物的羁绊（对家庭、对异性）
轴 IV	与人类生活中重要事物、事件的联系方面
轴 V	病理问题

轴 I 的个性框架描述

类型	特征	描述
i　对事物的动机方面（"意"）	1　对事物动机的强弱和持续性	强烈密切联系←→脆弱肤浅联系
	2　想要和事物进一步发展联系的欲望和冲动	A　性爱 B　攻击性 C　获得欲望 D　知识探求心 E　其他欲望
	3　想拥有的自己或自我理想（理想自我）	
	4　应有的自己或者超我	

类型	特征	描述
ii　对对象把握的方面("知")	1　速度	迅速←→迟钝
	2　精确度	精致←→粗杂
	3　客观性和正确性	客观正确←→主观歪曲独断
	4　现实性	现实的←→游离现实的(非现实、超现实的)
	5　普遍性	普遍的、象征的、观念的←→个别的、现实生活的
iii　对对象反应的方面("情")	1　身体的联系	感受性
	2　基调情绪(反应的感性运动)	明(乐观的、美好的)←→暗(悲观的、悲剧嗜好的)
	3　不安的程度	高(过敏、恐怖症)←→低(钝感、沉着)
	4　压抑的强弱	强(感情抑制)←→弱(行为化)

轴 II 的个性框架描述

类型	特征	描述
i　对他人	1　对他人关心的强度	强　(对人的过敏、关系焦虑) 排除他人的(自己中心的)
	2　对他人感情的性质(肯定的/否定的)	A　对他人的肯定 给予方(敬爱、关怀、爱情、助力) 接受方(他人依赖)(对援助、爱情、庇护等欲望)
		B　对他人的否定 "支配"的能动(直接的支配、拘束、欺骗、操纵) 被动(服从、被支配感、被束缚感、逃脱愿望) "破坏"的能动(直接的加害、诽谤、非难、嫉妒) 被动(被害感、警戒心、被攻击)

续表

类型	特征	描述
ii 对自己	1 对自己内心世界关心的强度（内向性）	强（反省的、内部的）←→弱（过度外向的）
	2 对自己感情的性质和对他人的定位	A 对自己的肯定 对他人优势（夸大自己、自我膨胀、自己高估、自恋等） 对他人对等（有才能感、自信） B 对自己的否定 对他人劣势（自己不完全感、卑小感、劣等感、缺乏自信等） 能力的侧面（无能感） 美的侧面 伦理的侧面（自责的、自罚的、自虐的）
	3 自己一致程度	统一←→分裂
	4 显示自己的特性	A 显示自己 作为的、自我表现、夸耀的 自然的开放性、适度的自我主张 B 自我封闭 暴露恐怖、秘密主义、过度的羞耻心 适度的羞耻心、恭谨、幽雅
	5 自己形象（自己概念）	现实自己 理想自己

轴 III 的个性框架描述

类型	特征	描述
i 对家庭	1 家的印象	作为稳定坚固保护者的家 不稳定的、脆弱的家
	2 对"父母"	A 对"父母的爱情"的体验：丰富←→欠缺 B 自立性 自立 作为"子女"自己定位的强度

续表

类型	特征	描述
ⅰ　对家庭	3　对父亲	A　父性体验 丰富 贫乏:父亲形象不鲜明、渴求父性 B　对父亲(的人物)的感情 肯定的(支撑精神的父亲) 否定的、轻视(软弱的父亲) 敌视(有权利的凶恶的父亲) C　自立性:自立←→依赖、固恋
	4　对母亲	A　母性体验 丰富 贫乏(母亲形象不鲜明、希求母性) B　对母亲(的人物)的感情 肯定的(给予庇护的母亲) 否定的、轻视(无庇护能力的母亲) 敌视(过分干涉、支配的母亲) C　自立性:自立←→依赖、固恋
	5　对同胞	A　竞争心、对抗心:强←→弱 B　对同辈集团的适应力:适应←→孤立、疏离感
ⅱ　对异性	1　性别同一性	确立、坚固 未确立、脆弱(同性不接纳、强烈异性同一化)
	2　对异性的感情(男性情况 A、女性情况 B)	肯定的、同性肯定的 同性否定的(恐惧、嫌恶) 否定的 同性肯定的 轻视、蔑视、优越感 同性否定的 敌意、恐惧、对抗心、自卑感

轴 IV 的个性框架描述

轴 IV	与人类生活重要事物、时间联系的方面	i 与性爱有关的方面
		ii 与死亡有关的方面
		iii 与老、病相关的方面
		iv 对工作任务的羁绊
		v 与强大事物（权威等）有关的方面
		vi 与社会地位、身份和财富有关的方面
		vii 与罪恶和犯罪有关的方面
		viii 与自然有关的方面
		ix 与美有关的方面
		x 其他

轴 V 的个性框架描述

轴 V	病理问题	i 自杀倾向
		ii 强迫倾向
		iii 不安、恐怖症的倾向（阉割焦虑、黑暗不安）
		iv 妄想倾向
		v 药物成瘾（药物依赖）
		vi 人格解体

第三节　推测个性特定侧面的特定图版和反应

I　与事物联系的基本侧面

- Ii 对事物的动机方面（"意"）
- Ii1 对事物动机的强弱和持续性：如下的情况推测出和事物羁绊的弱小、肤浅。IIi1 特别是和他人联系的弱小、肤浅。

[1]①单单述说少年对小提琴的兴趣,不见少年关于小提琴产生的烦恼的情况。

[8BM]　面前的人物与背景场面(现实或意象)不能条理清楚地联系起来的情况。

[不特定图版]反应失败或相近的不充分反应的情况,知、情、意精神机能的一个或是所有都有可能低下。

[不特定图版]说出两种或以上情景解释,不能决定选择哪个的情况。

- Ｉi2 想要和事物进一步发展联系的欲望和冲动
- Ｉi2A 性爱:关于这点,Ⅳi举例。
- Ｉi2B 攻击性:区别谁都存在,必要时必须发挥的攻击性和平时就一直存在的显性的和潜伏的攻击性,在Ⅱi2B中(对他人否定)分析后面那种情况,这里研究攻击性本身。

研究的攻击性问题是,对与这个的容纳性和意识性、与这些有关的统制、甚至是升华冲动的程度等等。

对于攻击性容纳的态度,即容忍人类的攻击性,以下的情况说明多多少少意识到了自己的攻击冲动。

[1,3BM,4,8BM,9BM,11,13MF,15,18GF]这些图版中以攻击性行为作为题目,而且,来访者自己站在攻击主体的角度。

上面的图版(除1、4)中,来访者站在被攻击方的人物的角度,或自己置身于动物的情况[8BM,9GF,15]等,来访者同一化的人物只是他人攻击行为的目击者的情况,虽然来访者没有否认人类的攻击冲动,但是不能断定来访者意识到了自己的攻击冲动。

以下的情况,虽然冲动是很强的,但却很不重视这个。

[1]　小提琴误认为是枪或剑的情况。

[8BM]　"讨厌这个。这个人无表情地用步枪随意射杀人。后面的场景也是受伤的人腹部都被穿透了……"的反应。

---

① 用[　]加数字表示图版序号,如[1]表示图版1,本节均如此表示。——作者注

［9BM］　眼见大量虐杀的情况。

［11］　眼见投掷原子弹、地震等崩溃现象的情况。

［15］　掘墓者掘墓吃尸体的情况。

［19］　述说家和船舱内部的人悲惨命运的情况。

［20］　述说炸弹爆炸等破坏现象和受害人的情况，和人物持枪的情况。

由这些例子能够预想到压制冲动的坏处，虽然意识到冲动，但冲动太强有力时对他的压制就变成无效的。下面的例子能说明这点。

［1］　少年燃烧了小提琴的情况。

［15］　人物"太多的仇恨，用手枪对墓中尸体射击"等的情况。

也有否认、回避攻击性的情况，以下例子暗示这点。

［4］　男人不想做的危险的行为不是争夺、战争。

［8BM］　"这不是锋利的利器。为什么指着下腹呢？"不看作手术或者是加害行为。

［11］　把龙看作是温顺的不攻击的龙。

●Ⅰi2C 获得欲望：在得——失、抢夺——被抢夺、盗——被盗等等立场上理解事物，可以看出存在强烈欲望。

---

［1］　少年想要小提琴的情况。

［11］　人取来金、宝物、化石等的情况和捕来龙和鱼的情况。

［20］　人物（入山）捕猎、采集动植物的情况。

［5,6GF,12M,17GF,18BM,20］　叙述出偷盗和强夺主题的情况。

其他［7BM,8BM,9BM,12BG］等容易以事物的获得作为主题。但［15］给出了"自己想要的很多，但双手被束缚住了"的反应。

●Ⅰi2D 知识探求心：探索、调查、追求、秘密侦察等可以说都是和"求知欲"有关的行为，TAT 中"暴露（秘密）——被暴露"成为主题的很多。这是人际关系方面的问题，在Ⅱ ii4（自我显示性）中研究。

---

[2] 前景的女性来农村进行调查的情况。

[9BM,11,14,19] 探索、探险成为主题的情况。

这个欲望很强的人在[1]中说"少年觉得不可思议,小提琴是怎么发声的呢",在[15]中说主人公"来墓地调查家世"。

> ● I i2E 其他欲望:大体上说"想做～"的时候,假定为"欲望",也可能欲望的数量无限制地增加,对人状况中成为问题的"欲望"在 II 中研究。这里仅限于这种情况之外的问题。

应称为"观看欲望"的是:

[1] 不认识小提琴,认为少年在鉴赏画的情况。

[7BM] 一方观赏美术品和电影的情况。

[17BM] 男人为了窥视或者观赏而等上网的情况。

[18BM] 暗示着人物被人强迫看不愿看的东西的情况。

应称为"创造欲望"的是:

[1] 少年制作小提琴、作曲等的情况。

[13MF] 男性制作女性人偶或雕像的情况。(并不是把这些反应分析成欲望就
结束了)

> ● I i3 想拥有的自己或自我理想(理想自己):这就是所谓的达成欲望(或成就)以及同类的事物,作者认为这里的欲望虽是欲望,但是是不能与理想分离的特殊欲望。精神分析中,把它判定为和冲动不同级别(例子)的自我理想,一定有其理由。

关于这想在 II ii5(自己形象)中分析(参照 p. 185)。

> ● I i4 应有的自我或者超我:和"想做～"相对的指"应做～"符合道德、伦理要求的人的行为。程度越高人越失去自由,成为神经功能症。过于严厉的超我导致自责倾向将在 II ii2B 中分析,在这里列举一些超我不完整的例子。

［13MF］ 杀死女性的男性没有后悔、罪恶感、补偿的行为的情况。

［15］ 人物只接受处罚，没叙述悔改的情况。

● I ii 对象把握的方面（"知"）

● I ii1 速度：开始反应时间和对图画的理解速度没关系，但是从展示图版之后到来访者开始叙述故事的时间，可以看出来访者的认知速度。

● I ii2 精确度：观察的敏锐程度和仔细程度。

---

［2］ 说到远处的小人和马的情况。

［4］ 说到后面的半裸女性的海报的情况等，说到了一般人说不到的细节。但必须注意完成故事时对细节进行舍弃。也有精确描述无法看清的事物的人，这是下面将论述的欠缺客观性的问题。

● I ii3 客观性和正确性：过度的主观就成了整体的知觉歪曲，即表现为误认画中的事物。甚至还有判断画中人物赋予价值的情况，这都是过于主观的表现。例如以下情况。

---

［1］ 少年是"纯朴优秀孩子"的情况。

［2］ 靠在树上的女性是"架子大但无教养的人"的情况。

［3BM］ 人物是"天生的娇孩"的情况。

［5］ 人物是"很平易近人的老母亲"的情况。

［18BM］ 人物是"很精明、能做间谍等大事的人"的情况。

与过于主观相反，如果过度地追求客观性、正确性，缺乏自由度和通融性，比如［19］中叙述故事就陷入了叙述故事的困惑。

● I ii4 现实性：这里是综合认知的问题，有想象现实中不存在的、也不会发生的事和人以及对于想象有困难的人。两种人中任何极端的情况都是问题。至少联想［11］中的龙、［12F］中的魔女、［19］中的童话世界，表现出对非现实性或超现实性的容纳性、亲密性不是很好吗？

另一方面,联想[12M]中的超能力、[15]中的亡灵、幽魂、[18BM]中的怨鬼并不异常,这些以外的图版中谈到非现实性、超现实性的东西时,就是欠缺现实感。例如以下情况:

[13MF] 男子亲吻了亡妻,妻子复活的情况。

[17BM] 人物从地狱到天国的情况。

[20] 没脸的人、恶鬼丛生等的情况。

[12BG] 心灵写真中到处是死人脸面等的情况。

●Ⅰii5 普遍性:解读图版的方法中有两种态度,一是典型的状况。常见的普遍状况的解读方法和牵扯到个人的现实生活或仅一次的具体状况的解读方法。前者典型例子是,[14]中"从黑暗绝望的世界逃到光明有希望的世界"的场面解释。这个可以说是普遍化上升到象征化程度的例子。

另一方面,后者极端的例子是说到自己的反应,即直接列举自己的现实体验叙述故事。比如[3BM]中"喝醉了蹲在长椅角落的女人",自己也曾经这样过的反应。虽然自己没有体验,但联想到曾经看过的电影、读过的小说中的人物、情境,原样再现也是同样的方法。这些是极端的例子,非极端的例子是[14]中"早晨刚起床的人打开窗子呼吸新鲜空气"的反应。同前面举例的同样图版的反应比较,其特征显著。

这两种解读情境的方法,极端的情况就是过于主观或者相反的欠缺抽象能力。以下举出同一图版的各种例子。

【普遍的、象征的把握极端的例子】

[2] 说到平静的生活、幸福的家庭或象征劳动的可贵的情况。

[9GF] 这个人(树旁的女人)恶意已去除。自然的外出,女人的表情不是变温柔了吗? 的反应。

[11] 联想到"未来的地狱,不断退化的世界"的情况。

[17BM] 前面"Ⅰii4 现实性"中举过的例子。

[18BM] "想说因为有大家才有自己"的反应。

【解读成个别的、现实生活的例子】

[2] "儿媳工作回来,问婆婆,今天买什么菜回来好呢?"的反应。

[9GF] 女侍者在职场忙碌的情况。

[11] "蛇出现、攻击了正在玩耍的野鸡"的反应。

[13MF] 男女一个通宵没睡,男子去公司的情况。

[17BM] "家里太吵,从2楼下来去散步"的反应。

[18BM] "想谢谢帮忙穿衣服的人"的反应。

> ● Ⅰⅲ 对对象反应的方面("情")
>
> ● Ⅰⅲ1 身体的联系:感情以身体为基础,同感性等高度感情机能也是由体质的敏感产生。笔者认为[8BM]适用于了解体质的敏感程度。即对背景"被杀"人的强烈同一化反映了对于身体刺激的敏感程度。这里也有程度差异,如下面的情况就可以判断为过于敏感。

[8BM] 浮现面前的人物"被杀"(罕有"杀人")的心境形象,或者联想到生前风采或浮现面前人物对做手术(杀伤)的恐惧的情况。

> ● Ⅰⅲ2 基调情绪:喜怒哀乐是感情、情绪,可以判断习惯出现哪些感情反应的倾向,即是感情反应的习惯倾向。TAT中,幸福结局的故事和悲剧故事能判断为"喜乐"、"悲哀"的感情状态。这里特别表示判定为容易联想到悲剧或不幸的"悲哀"定向的感情状态的例子:

[3BM] 强调人物境遇和命运苦苦的情况。

[17GF] 桥上人物是病态环境世界的被害者、牺牲者的情况。

[18GF] 母亲杀死自己残疾的、或惹是生非的孩子的反应。

[20] "过度劳累病人出现幻觉冻死"的反应。

> ● Ⅰⅲ3 不安的程度:这是习惯产生恐怖的感情倾向,以下情况能直接得知。

[8BM] 表示不想看见、讨厌的、害怕的感情反应的情况。

[11] "天灾发生,引起大惨事,人类灭绝的画面已经不想再说"的反应。

[15] 反应情绪差、害怕等的情况。

[19] 看见地狱等恐怖场所的情况。

但也有因产生某种心理防御间接地判断为高度的焦虑的情况。例如:

[8BM] Ⅰi2B中把刀具不看作刀具的反应。

[11] 图版中场所看作是观光地场所、看作是舞台装置的情况和龙变成温顺的草
食动物或化石的情况。甚至有反应失败的情况。

[12F] 老婆看作是无聊的绘画的情况。

[13MF] 女性像死了,实际没死,但男性错误地认为已经死了等否定女性死亡的
情况。

[15] 表示"看了这图版坐立不安,想撕碎并烧了它"等感情反应的情况和把图版
中人物看作雕刻、人偶的情况。

[18BM] 人物的朋友嘲弄人物,人物惊讶、被袭击等的情况。

●Ⅰiii4 压抑的强弱:评论别人时喜怒哀乐感情过于激烈、说得很模糊等,压抑过
强过弱都是问题。压抑过弱导致随意行为化,特别是愤怒的情况易产生反社会行
为。另一方面,压抑过强会导致生活过得很拘束。

在Ⅱi2B和Ⅵ中揭示了行为化中成为问题的攻击行为和自杀企图的指标,这里
准备提一下其他的行为化指标。

[3BM] 人物自暴自弃,酒药伤身的情况。

[18BM] 人物要有自暴自弃的行为时,被身后人阻止的情况。

感情抑制,特别暗示偏重理智的感情抑制的例子如下。

[1] 解读成与其说少年是在烦恼不如说是在思考的情况。

[3BM] 解读成人物不是在悲叹、苦恼和即使是也没有特定原因的情况。

[6GF] 解读成女性不是在惊讶,而是男女进行实际对话的情况。

［8BM］ 把面前人物看作是手术解说者和报道者，或"女检查官解开密室杀人谜团"的反应。

［15］ "确认墓中人生前做了哪些事"的反应。

［18GF］ 对母亲的行为不看作是看护也不是攻击，解读成检查对方眼睛和牙齿的行为。

如以上，图版中人物感情本应那样解读却不那样解读这是问题，与其说这是理智抑制的结果，不如说是精神机能全盘低下的结果。

II　与人联系方面的一般倾向

> ● II i 对他人
> ● II i1 对他人关心的强度：换而言之，这是对人的敏感度、和人联系的强度、人际关系的重要程度等等。过度是指过于顾虑人际关系、进入失去自我的状态。相反，极端则是不顾他人、自我中心。也呈现因防卫过度，对他人漠不关心的状态。

虽然没到受害的程度，对人过于关心容易演变成比起一般人容易和朋友发生对立、纠葛的倾向。比如，以下的情况。

［2］ 前面的女性被后面的人所拒绝的情况。

［7BM］ "商谈中有分歧，互相不正面对视"等的反应。

［10］ 叙述出和解或关系破裂的故事。

［18GF］ 被看护方因心理因素崩溃的情况。

相反，虽然期待人物间的对立、纠葛但不承认的情况，判断为因对此过于敏感而采取回避对立的态度（但是不怀疑是精神机能的低下）。比如，以下情况。

［4］ 女性不违背男性意思的情况。

［7GF］ 少女坦率地答应同龄女性的请求。

［9GF］ 强调两位女性良好友谊的情况。

另一方面，下面情况暗示对人际关系漠不关心。

［5］ 画中人物在屋主不在时进屋拿东西的情况。

［9GF］　把树旁的女性看作单纯的旁观者的情况和不区分两个女性的情况。

［12F］　两人只看着同一件事物,没有相互关系的情况。

［15］　墓不是特定的别人的墓,是画中人物自己的墓,是死亡的象征的情况。

［19］　不认知房子和船的情况。

［20］　不认知为人物,看做是水下和宇宙等不住人的世界的情况,以及虽然认知了人,把他看作是来捕获、调查动植物的。

［12BG］　看见人未涉足的自然领域的情况。

上述的例子中,可以说能够感觉到对他人的不关心,也可以感觉到是积极的具有排他性的一种(自我中心的)对他人的不关心。比如:

［2］　三者各自做自己的工作,不关心他人的情况。

［2］　中前面的女性,［8BM］无视图版中面前的女性的情况。

［2］　中后面的男女、［4］中的男性、［8BM］中后面的人们、［9GF］中跑步的女性、［12F］中的老婆婆、［13MF］中的女性、［18GF］中拥抱双方看作是雕像和画像的情况。

［6BM］　男女是在医院按顺序等待的人等等,看作是全无关系的人的情况。

［9GF］　跑步女性是树旁女性的另外一种姿势。

［13MF］　男性发现女性的尸体,害怕自己成为犯罪嫌疑人的情况。

　●Ⅱi2A 对他人的肯定:信赖尊重他人的态度称为肯定他人的态度。给予立场中,对对方表示敬爱、情爱、关怀;接受立场中,期待对方给予情爱和关怀,两者是可以区别的。但是,同一人也可以同时处于这两个不同的立场。TAT 的故事中,某个人物对别人表示关心和爱情时可以推测来访者也具有这两种态度。

多数图版可以叙述出这种内容的故事,而有的图版,叙述出这种故事反而显得很夸张。比如,以下情况。

［1］　少年“患病的家人让他拉小提琴,鼓励他”等的情况。

另一方面,以下情况,虽不能说是对他人完全肯定,但也不是否定、或者说是期待他人援助和关怀的态度,总之可以推测来访者具有依赖性。

　　[1]　少年只能依赖自己拥有的小提琴的情况。

　　[3BM]　叙述出人物希望得到帮助的情况。

　　[13MF]　"男性有烦恼想找人商量,但想到女性睡着了不可以"等的情况。

　　[17GF]　"桥上的女性想对下面的人倾诉烦恼,一边大声叫着你明白吗一边向下
　　　　　　看"等的情况。

　　[18BM]　"男人叫唤着谁也不了解我"的反应。

接着,说一下不能完全说是对他人肯定的情况。这是故事中的人物发自内心地表
示出关怀、关心。比如:

　　[4]　护士照顾患病男子的情况。

　　[5]　"管理人来到房客的房间里,发现房客因病倒下,连忙去喊医生来急救"等的
　　　　反应。

　　[15]　神父和守墓人守护死者灵魂的情况。

　　● II i2B 对他人的否定:不把他人当作人来尊重,剥夺他人的自由,随意支配他
人的态度,敌视他人,攻击、伤害他人(物理的、社会的、精神的)的态度称为否定他人
的态度。

但是,人们不经常采取支配或攻击的行为。行为是点,点与点之间,行为与下一个
行为之间相隔了很长的时间,上述的否定他人的态度是以不信任他人,或者说被动的
行为存在的。更详细地说,支配的态度是由于害怕被拘束和被支配,攻击的态度是为
了防备自己被攻击。

对被拘束和被支配的敏感程度的指标,举例如下:

　　[2]　男性被靠在树上的女性所指使的情况。

[3BM,9BM,9GF,14,17BM,20]　监禁或(以及)逃脱成为主题的情况。

　　[7BM]　老人随心所欲地使唤年轻男子的情况。

　　[9BM]　男人们被强制劳动的情况。

［12M］ 老人使用催眠术操纵人的情况。

［12F］ 老婆婆向年轻人灌输不好的东西的情况。

［15］ 认识到人物被戴上手铐的情况。

［17GF］ 看见奴隶社会的情况。

［18BM］ 人物被坏朋友诱惑的情况。

下面,是容易产生担心被害心理和警戒心很强的例子。

［1］ 少年被他人弄坏小提琴的情况。

［2］ 前面的女性被后面的人虐待的情况。

［3BM］ 人物被他人加害的情况。

［5］ 眼见屋主不在时秘密侦察和偷盗。

［8BM］ 面前的人物有自己会被杀这样的妄想症,前面的人怀疑给自己或给自己亲戚做手术的医生,或者包括面前人物在内的三人或四人都是坏人的情况。

［9BM］ 逃跑者或逃亡者为了不被发现躲藏的情况。

［9GF］ 树旁的女性企图对跑步的女性干坏事的情况。

［10］ 一方欺骗、袭击另一方的情况。

［11］ 人类间的争斗成为主题的情况。

［12M］ 老人欲加害躺者的情况。

［12F］ 老婆婆揭露年轻人物丑陋真实模样的情况。

［15］ 人物有怨恨、怨念的情况。

［17GM］ 桥上的人物是盗贼同伙的情况,或桥上人被桥下人追缉的情况。

［18BM］ 受冤枉的人被逮捕的情况。

［20］ 看见警察的努力、守卫的警备的情况。

［12BG］ 被人类破坏、污染的自然环境。

另外,来访者虽然不是被攻击方,但自己置身于攻击方的主动攻击的情况。比如,以下例子。

［5］ 人物"杀了吵闹的居民并隐藏刀"等的情况。

［9GF］ "树旁的女性经常被跑步女性欺负,企图报复"的情况。

［13MF］ "男人想侵犯女人,女人反抗,结果男人杀死了女人"的情况。

［14］ 人物"为了杀憎恨的人潜入建筑内部"的情况。

这里如Ⅰi2B已述,可以推测出压抑强有力的冲动的坏处。

●Ⅱii 对自己

●Ⅱii1 对自己内心世界关心的强度:这里讨论的问题是内心世界,即对自己内部产生的想法和感情,对自我的关心和认知。特别是认知自我,不仅是外在的自我观察,也包含对于内心的了解,与其否定可以说这方面占的比重更大,意思就是认识内心是非常重要的侧面。

自我认知的发展表现为丰富的内心和优秀的自省力,另外自省方面的问题是对自我的否定认识。这和精神健康或不健康有密切的联系。

否定的自我形象用"恶"表示的话,现在成为问题的,可能给我们的形象就是超我,不过超我是善恶判断的基准,现在研究的问题应该是之前的促使超我判定为"恶"否定形象的具体事物。

作为相对发达的自省力的指标,举如下例子。参考价值稍微差一点的指标在括弧中表示。

［1］ 烦恼中少年的思绪在自己过去未来中游走的情况。（少年的烦恼不深、只是一时的烦恼）。

［12M］ 看见对心理疾病实施催眠疗法的情况。（看见对身体疾病的看护和用法术治疗怪病的情况）。

［12F］ 老婆婆是年轻人物潜在恶意的具体化形象等,理解为内在"恶"的情况。（魔女引起不幸等,理解为外在"恶"的情况）。

［14］ 以从心中烦恼"逃脱"为主题的情况。（物理上的逃脱和单单的情绪转换为主题的情况）。

［15］ 人物对死者谢罪的情况。（人物是吸血鬼等邪恶存在的情况）。

[18BM]　人物苦于"良心的谴责",做噩梦、产生幻觉等的情况。（解读为逮捕、袭击等场面的情况）。

接着,举一些表示缺乏对内心世界关心(内省)的例子。

[3BM]　人物受外伤而摔倒的情况。

[8GF,14]　人物眼睛被外界(火灾、祭祀、电视等)所吸引,不看到内部的情况。

[20]　人物找东西、调查、放烟火等行为的情况。

[不特定图版]　只述说人物行为,不说到动机的情况。

●Ⅱii2A 对自己的肯定:不只是只有才能感、自信心、主动性、自觉性等积极的自我肯定的态度,也含有否定他人而肯定自己的问题态度。后者可以看作是为了补偿比不上别人的自卑感而形成的。对自己肯定的态度和否定他人的态度是不可分的,应说是两者同时存在。知道这点之后,下面就可以分类分析。

夸大自我、高估自我、自我膨胀等,比他人强这样的自我肯定,通过愚弄别人或高姿态的检查态度表现出来的反应内容,强调某个人物的卓越和描述自恋型的人——来访者也不一定肯定那人。比如,以下情况。

[7BM]　年轻男子被老年男子照顾,是非常优秀人才的情况。

[8GF]　"非常自恋的设计师对自我感到满足的瞬间"等反应。

[9GF]　树旁的女性被自己的水中倒影所迷住的情况。

[15]　"杀了自己以外的所有人,最后唯独不杀自己爱的女人,把她弄到手的自恋者"等反应。

[18BM]　"魔术师在舞台上对自己催眠,这样奇妙的魔术,观众报以热烈的掌声"的反应。

以下的情况能推测到自我膨胀。

[11]　"龙的神圣领地被侵袭,所以袭击了侵犯的人类"等表示和龙同一化的情况。

[12BG]　能看到树木随时间改变,像老贤者那样的人物形象的情况。

> ● II ii2B 对自己的否定：对自己否定的态度一般表现为自己的不完美感、自卑感、劣等感、缺乏自信等，不同领域带有多多少少特殊的感情色调。比如能力领域是无能感，道德、伦理领域是强烈的罪恶感和自责、自罚的倾向，性领域是对性的同一性的不确定。

首先，深层次的自我不完全感、自卑感是自己的身体不完整感的表现。TAT 的以下的图版中，画中人物偶尔被看作是身体残疾者，这是表示来访者身体不完整感即基础的不完美感。

[1] 目、耳、手臂等有障碍的少年。

[3BM] 畸形的人或聋哑人。

[7GF] 眼睛看不见的少女。

[8BM] （关于面前的人物）少了一条手臂，眼睛看不见的人等。

[15] 手有残疾的人，异形的人等。

[18BM] 没有手臂的人。

其他作为一般的自我不完美感、自卑感的指标，如以下例子。

[1] 对少年而言，小提琴是不熟悉、掌握不了的东西的情况。

[11] 把明显地牛、马看作小动物（虫、蛙等）的情况。

[20,12BG] 失败照片的情况。

另一方面，道德、伦理领域中的自我不完美感，即常见罪恶感和自责、自罚的倾向，如以下情况。

[1] 少年弄坏了小提琴害怕受罚而不安的情况。

[3BM] 人物后悔自己所犯的恶行的情况。

[6GF] 男性对女性的接近是以追求，或裸露为目的的情况。

[8BM] 面前的人物后悔过去自己做的不是手术而是伤害行为的情况。

[11,19] 联想地狱和那里的裁决、责难的情况。

[18BM] 联想噩梦、幻觉体验等情况。

性领域的自我不完美感即性的同一性的不确定，这个将在 III ii 中论述。

> ● Ⅱ ii3 自我一致程度：对自己的否定必然招来内部的分裂。因为否定自己（的一部分），想要舍弃那样的自己也不能舍弃。可以说没有特意设定这一范畴的必要，想单单设定超越纠葛的感到自我分裂的反应。

[8BM]　面前的人物，"虽然是给自己人做手术，但是漠不关心冷淡的面孔"等，憎恨做手术的人，希望他死去的情况。

[9GF]　"自己反对心中的想法，悲伤地凝视另一个自己"的反应和不把树木看作树木而是当作世界的断裂部分等的反应。

[15]　"虽然在叩拜，但不真诚，给人冷淡的感觉"的反应。

[18BM]　"阻止自己去温暖的向阳处"的反应。

> ● Ⅱ ii4 显示自己的特性：与人发生联系的同时，了解对方的同时，对方也会了解自己。有积极地推进和对方联系的人，也有相反的隐藏自己的人。另外也有自然地显示自己，不加防卫真实地显示自己的人。
>
> ● Ⅱ ii4A 显示自己：上述的那样自然地显示和有意图地显示是有区别的，后者是向别人夸示优秀的自己，和谦虚地把自己置于劣势，让人家接受自己这两种显示是有区别的。

上述的比他人优秀的自我肯定的人，当然会积极地夸奖自己。所以举的反应例子必然有夸奖自己的方面。代表自我夸奖的例子如下：

[7BM]　年轻人物"在很多人前发表研究结果"的反应。

[11]　看见"像孔雀开屏"的样子的情况。

[12M]　魔术师自如地操纵人，令观众惊叹的情况。

[14]　"看见剪贴画师在电视节目中如此完美的表演"等的反应。

[18BM]　"摇滚音乐会的结束"等，人物摆造型和展示演技的情况。

[不特定图版]　使用不必要的外来语，炫耀知识、学问的倾向。

但也有设定画中人物自我的，以及对此表示否定态度的人。这种态度可以说是扭曲的显示性。

［2］ （关于农夫）说"虽然不是很满意,就普通的播种也行了"等的情况。

［17BM］ 不正常的人全裸着得意洋洋地登网的情况。

以下的情况暗示谦虚地自我显示的倾向。

［5］ （母亲窥视孩子房间时）"孩子实际在学习但是假装在睡觉。不想显示自己
优点的孩子"等的情况。

［17BM］ "喜欢开玩笑的个子矮小的网渡师。被人当傻瓜也不多想"的反应。

● II ii4B 自我封闭:自我封闭也分为自然的和有意图的。恭谨、优雅、适度的羞
耻心等属于前者,神秘主义、暴露恐怖、过度的羞耻心等属于后者。在 TAT 中,下
面的例子表示对显示自己的强烈恐怖。

［5,8BM,9GF,17GF］ 目击不能看的事（坏事、性行为等）作为主题的情况。

［6GF］ 男性以揭露女性秘密为目的接近她的情况和与男性意图无关,女性对秘
密被发现的恐惧的情况。

［14］ "罪犯躲起来"的反应。

［20］ 等待秘密,警察的努力等的情况。

顺便说一下,对被暴露的恐惧可以说是更深刻的暴露欲望,上面的例子存在着潜
在的窥视、暴露的欲望。

● II ii5 自我形象(自己概念):和故事中某个人物强烈的同一化,或者某个人物
对别的人物产生强烈的羡慕、尊敬、同情等,或者表现现实自我或理想自我的形象
(的一部分)。这是在所有图版中都能产生的。因此,这里只特别提一下容易表现自
我形象的图版。

［3BM］ （屡次表示"像自己那样的"说到自己的病态表现）

［8GF］ （来访者作为女性描绘出在期望的生活方式下生活的女性形象）

［9BM］ （男人们看作是逃亡者、失业者,显示出"掉队"的来访者形象）

［9GF］ （树旁的女性嫉妒主动的外向的另一女性,怀着羡慕谈论理想中的

自我)

［15］　（无意识地表现奇怪的自我形象）

［20］　（假借人物反映现实中孤独的自我）

［12BG］　（被抛弃的小艇,或和被抛弃的场所产生强烈的同一,显示出现实中孤独的自我）

III　与不同事物的羁绊(对家庭、对异性)

- IIIi 对家庭
- IIIi1 家的印象:首先与其说家庭不如说把"家"的整体意象作为测试主题。

"家"最重要的机能是保护我们的机能,一定要问对家是否有安全感。至少以下的情况很明确。

［19］　家和船里面的人抵御外面的威胁的情况。

相反的情况,即家和船内的人们成为严酷的自然和怪物的牺牲品的情况,反映来访者不认为家具有充分的守护功能。

［5］　因非常事件、事故的发生使(预兆)画中人物不安、恐惧的情况,或人物从外面回来,或迎接外来客,感觉家缺乏守护性的情况。

- IIIi2 对"父母":"家"之后,就是父亲,或母亲,或父母是问题,这个应该获得重视。
- IIIi2A 对"父母的爱情"的体验:对孩子照顾和教育关心的多寡,最重要的是否是"富有的家庭"。如下反应内容表现"不富有"。

---

［1］　小提琴不是少年熟悉的东西的情况。

［2］　述说家庭的团结、繁荣,不分别提到三个人物的情况,或对三人分别详细述说,但不提到相互间的关系。

［3BM］　"孩子没有吃的在挨饿"等的情况。

　　●Ⅲi2B 自立性：对父母而言子女永远是子女，屡次遇到过分的把自己定位为"子女"的反应。

［3BM］　"孩子被父母骂哭""孩子玩累了睡着了"等，人物看作是小孩的情况。

［4,10］　不称画中男女"夫妇"而称"父母"，导入孩子的情况。

［9GF］　二人是母女，母亲（树旁的女性）在追女儿（母亲好像好管闲事）的情况。

［10］　父亲（母亲）抱着孩子的情况和父母反对恋人交往、结婚的情况。

［12BG］　小孩在小船里或周围睡觉的情况。

　　●Ⅲi3 对父亲：这里的父性体验就是希望父亲像父亲样地对待自己，对父亲的感情和离开父亲的自立性。男性和女性对父亲关系的性质不同，本来应分述，因章节关系就不作分述了。以下的叙述中请留心男性用图版中男性，女性用图版中女性各自和父亲的关系。

　　●Ⅲi3A 父性体验：这种体验的缺乏表现为对父亲形象的不明确和对父性的强烈希求。

首先表现父亲形象不明确的情况如下。

［1］　少年有小提琴但没教他练琴的人的情况。

［7BM］　二人是朋友或父子只是简单聊天的情况。

［12M］　丈夫护理生病的妻子等，老人不看作是父亲的情况。

下面是表现对父性的希求的情况。

［1］　少年想要父亲的小提琴作为纪念品，或者随便摆弄、弄坏等的情况。

［6GF］　男性为了给女性精神上抚慰、鼓励而给她加油。

［7BM］　老年男性抚慰、激励苦恼的年轻男性的情况。

［10］　女性信徒向神父（左）寻求支持的情况。

［12M］　老人是贤者，拯救躺着的人的情况。

● III i3B 对父亲(的人物)的感情:如果在故事中描述出作为精神支撑的父亲那样的人物形象的话,至少可以说来访者对父亲形象是肯定的。但区分这是对现实不存在的父性希求的表现还是现实中与父亲就有非常良好的关系这两者并不简单。笔者在上述例子中多少有点出现对父性理想化时认为前者的可能性比较大。

否定的态度中应区别是轻视对手的弱小存在还是憎恶对手的强大。前者通过来访者谈到无能的软弱的父亲形象表现,如以下情况。

[2]　男性被靠在树上的女性所使唤的情况。

[3BM]　"妻子因为喝酒的丈夫而苦恼"等的反应。

[8BM]　"(面前的人物的)对开枪自杀的父亲做手术"等大情况。

[12M]　父亲(老人)无法帮助生病的儿子的情况,或叙述治疗者的催眠术无效或有部分效果的情况。

推测对父亲(那样的人物)怀有敌意的例子如下。

[6BM]　男性必须对决的对手不是画中的母亲(那样的存在),是画外的父亲(那样的存在)的情况,说到男性出走和父亲死亡的情况。

[6GF]　男性设定为坏人、恶人的情况。

[7BM]　年老的欺骗、威胁年轻人等的情况,和年轻人拒绝年老人帮助的情况,和"刑警对犯罪者调查取证"等的反应。

[8BM]　"儿子开枪袭击父亲,医生正在取出子弹"的反应。

● III i3C 自立性(脱离父亲而自立):研究的问题是女性对父亲的固恋,能成为分析的指标的反应不多。

[10]　失去母亲的女儿安慰父亲的情况。

[13MF]　父亲与女儿乱伦的情况和父亲悲叹女儿死亡的情况。

> - III i4 对母亲：叙述以上"对父亲"同样的观点。
>
> - III i4A 母性体验：缺乏这种体验不能形成明确的母亲形象，可以从以下反应内容得知。

[5]　不把人物看作是母亲的情况和房间不看作是孩子房间的情况。

[6BM]　女性对男性而言不是母亲或母亲般存在的情况，特别是两者是偶然出现
　　　　在同一场所的陌生人等的情况。

[7GF]　成年女性对少女的行动认知不明了的情况和不能认知少女手持的娃娃
　　　　（小孩）样东西的情况。

[18GF]　搂抱方是女儿或女佣，被搂抱方是母亲或女主人的情况。

[12BG]　小船中有个被遗弃的婴儿的情况。

另一方面，以下情况表示对现实中难以得到的母性体验的希求。

[6BM]　寻找生母成为主题的情况。

[7GF]　少女喜欢人偶或娃娃，母亲（的人物）劝说少女放手的情况。

[12F]　年轻人物守护亡母灵魂的情况。

[10]　左边的人物看作是"伟大的母亲"的情况。

[18GF]　因为孩子死亡而悲伤的母亲一直手拿孩子的亡骸或人偶等的情况。

> - III i4B 对母亲（的人物）的感情：这里把对母亲的否定态度作为测试主题，也
> 是区别轻视弱小母亲还是憎恶强有力的母亲。

暗示前者的情况如下。

[2]　不主动叙述靠在树上人物的情况。

[5]　画中人物是佣人或被使唤的人的情况。

[6BM]　女性是佣人的情况和虽然看作是母亲，但相对儿子和父亲（那样的人物）
　　　　而言一点帮助也没有的情况。

另一方面，对强有力的母亲的排斥、敌意在 TAT 中表现为，对母亲（那样的人物）攻击和过分干涉、被母亲支配的痛苦。首先是表示攻击的例子。

［5］　画中人物惊讶于屋内发生的意外(屋主的性行为等)的情况。

［6BM］　男性企图对女性做坏事(杀害、偷盗等)的情况。

［7GF］　少女讨厌成年女性的情况。

［8BM］　少年开枪袭击母亲的情况。

下面是暗示干涉和支配过度的母亲的例子。

［2］　儿子在母亲(女主人)的监督下工作的情况,和后面的女性(男性的母亲等)妨碍前面女性和男性谈恋爱的情况。

［5］　母亲寻找孩子的情况和母亲侦察孩子的情况。

［6BM］　男性因女性任性的要求而烦恼的情况。

［7GF］　成年女性诱惑少女做不好的事的情况。

●Ⅲ i4C 自立性(脱离母亲自立):实际有没有脱离母亲自立暂且不说,至少拥有(过)自立的意志,自立成为自己过去、现在、未来的主题,比如［6BM］中从家出发和回家乡为主题的反应。

下面是自立意识不明确的例子。

［6BM］　母亲代替儿子和画外的人物对峙;母亲和儿子为某人的死亡而悲伤的情况;儿子被母亲叱骂的情况;无视男女的年龄差距,男性向女性求婚的情况等。

［8BM］　做手术的是面前人物的母亲的情况。

［9GF］　母亲(树旁的女性)对女儿说话、递东西、照顾的情况。

［10］　孩子(右)向母亲(左)撒娇的情况。

［12F］　二人是母亲和女儿,她们间的关系是共生的、粘着的情况。

●Ⅲ i5 对同胞:主要的同胞纠葛和其派生的同事间的竞争意识成为测试主题。

以下例子至少表示存在着竞争意识。

［4］　男人向对自己恋人出手的别的男人挑战，或女人倚靠着已经移情别恋的男人等的情况。

［7GF］　少女因为弟弟妹妹抢去了父母对自己的疼爱而闹别扭的情况。

［9GF］　设置二人是竞争、敌对关系的情况。

［17BM］　设置为攀绳比赛的情况。

［18GF］　围绕一个男性女性间竞争的情况。

另一方面，以下例子暗示被朋友疏远、孤立。

［3BM］　人物被朋友、同僚欺负，正在哭泣的情况。

［9BM］　面前不戴帽子的男子是从朋友中逃离，或设置为完全的局外者的情况。

●Ⅲ ⅱ 对异性：某人对异性的态度和他/她的性别同一性密切相关。所以首先研究性别同一性的问题时，当然也要从对异性的态度中反映这方面的问题。

●Ⅲ ⅱ1 性别同一性：分男性情况和女性情况谈论，以下情况表示了男性的性别同一性的问题，尤其是反映男性特征不明显并且软弱的例子。

---

［1］　认为小提琴是枪或玩具枪的情况。

［4］　男性是人偶或死人的情况，或者男性因为疾病以及其他理由而软弱无力的状态，被女性照顾的情况。

［7BM］　设置两个男人都是坏人的情况和二人的对话不是男人间重要的商谈的情况，故事导入女性形象的情况。

［9BM］　强调男性世界优越和男性勇敢的情况，或画中不戴帽的男人是特殊存在的情况。

［13MF］　男性被女性撞哭的情况和性转换、性伪装等作为主题的情况。

［7BM，8BM，12M，14，20］　一般看成男性的画中人物设置为女性的情况。

女性的性别同一性的问题，也就是对女性特征的不自觉的抗拒、讨厌同性等的情况。反应例子如下。

［4］　设置画中女性是不诚实的女性、善于算计的女性、卖身女等的情况。

[8GF]　不叙述人物的身份、境遇，只述说她情绪、心理状态的情况。

[9GF]　不区分两个女性统称为"女孩子们"的情况。

[12F]　说年轻人物的心地很坏的情况。

[13MF]　否定地描述画中女性为性散漫、不诚实、歇斯底里、邪恶组织中的女性等情况。

[17GF]　关于桥上的女性述说"下面的人是男的吧，不是女的。"等情况。

● III ii2 对异性的感情：分为肯定的和否定的，必须结合不同情况考虑。肯定的情况伴随对同性肯定的态度，或对同性的恐惧、讨厌等和前面相反的感情；否定的情况是对异性的恐惧和自卑感，或轻视。分男性情况和女性情况谈论。

● III ii2A 男性对女性的态度：以下情况暗示和否定同性感情相对的和女性的同一化倾向。

[3BM]　设置女性人物是坏男人的牺牲品，表示对她的同情的情况。

[4,13MF]　男性对女性不诚实和冷淡，设置为算计的男人等情况。

[8BM]　"(后面的二人)像在吃女人的腹部。这个人(面前的人物)是被杀死女子的祖先"等反应。

[20]　"女人在寂寞地等待男友。即使不来也继续等待着。"的反应。

下面是暗示对女性的否定感情的例子。首先是表示优越、侮蔑的态度的例子。

[2]　前面的女性设置为可有可无的点缀，有了男性的存在才有价值，对女性们而言是多余的存在。

[8BM]　前面人物看作女性，她只是"附加"的人物。

[4,13MF]　画中女性是有算计的、诱惑人的、性自由散漫的、懒惰的、冷酷的，男性设置为是被害者、牺牲者的情况。

[8BM]　前面人物是不良组织的女老大的情况。

[13MF]　男性使精神兴奋、错乱女性安静后歇口气的情况。

最后，是暗示着对"女人世界"疏远的反应。男性特别是中年男性常见这样的反应。

　　［9GF］　母亲（树旁的女性）照顾女儿，或两个女人匆忙地做饭、洗衣、购物等做女
　　　　　　　性的工作。

> ● III ii2B 女性对男性的态度：表示对女性特征的不接纳、厌恶同性，而对男性相
> 对持肯定态度的例子，III ii1 中已经提出。总之就是"坏人是女的"那样的男女故事。
> 把男性理想化的故事中显示了这种态度。

　　以下情况暗示男性比女性劣等、弱小，或者想这么认为的欲望和态度。

　　［4,13MF］　已在 III ii1"男性的性别同一性问题"中提出的，描绘无力软弱男性的
　　　　　　　　故事。

　　［6GF］　男性只是传达事情、事件的人，和做侦探的男性接受女性委托调查事件
　　　　　　　等，女性作为支配的主人的情况，女性议论男性的情况。

　　［8BM］　"女警官（前面的人物）胆怯的开枪阻止要切某人腹部的男人们"的反应。

　　下面例子暗示对男性恐惧和嫌恶。

　　［6GF］　男性不怀好意地接近女性的情况。

　　［4,13MF］　设定男性为随便的、狡猾的男人的情况。

　　最后，以下情况中虽然不是直接表明对男性的态度，但是也能感觉到对同性的强
烈肯定和与此相对的对男性的否定态度。

　　［10,13MF,14,20］　平时看作男性的人物被看作女性的情况。

　　IV　与人类生活中重要事物、事件的联系方面

> ● IV i 与性爱有关的方面：异性爱方面的分化、发展的程度是测试主题。分化、
> 发展中包含有对性的容纳和由性到爱的迁移。

　　主要表示对性的防卫态度的是，

　　［13MF］　不认可男女间的性交往的情况。

　　另一方面，表示缺乏精神层面的只停留于低层次的性爱的例子。

〔4〕　男女要接吻的情况。

〔10〕　男女互舔、之后性行为等情况。

以下的情况疑有对异性间爱和信赖关系的怀疑、不信任感。

〔4〕　演员演戏的情况。

〔10〕　一方或双方人物装作有爱情的情况和男女的拥抱是习惯性的、问候性的情况。

〔13MF〕　男女继续有惰性关系的情况。

没有对异性爱的不信任，只是未分化的例子如下。

〔4〕　只认知相爱的幸福夫妻的情况。

〔10〕　年轻人无阴影地幸福相恋的情况。

不是异性爱，同性爱在〔7BM，9BM，9GF，12F，18BM，18GF〕中偶尔成为主题，这种情况多多少少暗示着同性爱的倾向。

> ·Ⅳⅱ与死亡相关的方面：临床上，自杀倾向是第一大问题，我们将在Ⅴ中讨论。

以下的情况表示对死的恐怖心。

〔13MF〕　男性叹息恋人的死亡，实际上是男性的错误判断，女性其实没死的情况。

〔15〕　受到死刑的犯人，想到自己死后害怕的情况和来墓场的人想到人必须死的情况。

> ·Ⅳⅲ与老、病相关的方面：〔12F〕中，对画中老婆婆的肯定，或否定的态度表现了对老丑的态度；〔15〕中，不能对人物投入感情反映了对衰老的否定的态度；〔17BM〕中老杂技师技艺衰退，可以说反映了肯定也可以说否定了年老。
>
> ·Ⅳⅳ对工作任务的羁绊：下面的例子说明了对工作任务还没有形成固定的观念。

［2］ 男性的行为看作是农耕以外的散步、乘马等行为的情况。

［9BM］ 男人们没有完成任务在休息的情况。

职业的高度定位表现在［2,7BM,8GF］提到画中人物的职业，［20］中看作是失业的人。

● IV v 与强大事物（权威等）有关的方面：对强大事物的服从或反抗是测试主题。

以下情况暗示服从、忍耐的态度。

［11］ 人们给恐怖的龙提供供品的情况。

［19］ 家中人一动不动地等待袭来的怪物离开的情况。

另一方面，以下感觉对权力、权威的反抗心、不信任感。

［7BM］ 老人使唤年轻男子，青年人不能拒绝的情况。

［8BM,12M］ 人物怀疑医学和催眠术效果的情况。

［11］ 消灭怪物的故事。

［17GF］ 奴隶攻打并消灭支配阶级的情况。

● IV vi 与社会地位、身份和财富有关的方面：对歧视、上下关系的敏感程度是测试主题。

［2,9GF,17GF］ 说到地主的女儿和佃农、小姐和佣人、支配者和奴隶等人物间身份差距的情况。

［5,6BM,7GF,8GF,13B］ 说到贫穷或富裕的情况。

［8BM］中前面的人物，［9BM］中的中央人物是领导的情况。

● IV vii 与罪恶和犯罪有关的方面：关于内部"邪恶"自我意识的问题已在 II ii1 中述说，这里探讨对不正当的犯罪的敏感程度及正义感的问题。故事中人物因正义感出现英雄行为的情况，能推测到来访者本身具有强烈的正义感。

比如：

[8BM]　年轻医生看见同事的人体实验,孤军奋斗但是失败了。

[17GF]　桥上的人物为废除奴隶制度而尽力的情况。

其他[4,11,17BM]说到英勇的正义行为。

[7BM,8BM,9BM,12F,15,17GF,20]等故事中人物都是坏人、犯罪者,不是正义之士的情况,判断投射不正确、对犯罪过于敏感。

> ● IV viii 与自然有关的方面:对自然的亲和和憧憬在[2,14,12BG,16]中容易成为主题。有时对自然的倾倒是相对讨厌人类的反应。

比如,如以下情况。

[12BG]　自然被人类破坏、污染的情况。

> ● IV ix 与美有关的方面:这里测试对美丽外观、外形的敏感程度的主题。

比如：

[8GF]　画中人物是模特,说到她美丽容貌的情况。

[12F]　对两个人物进行对比分述美丑的情况。

[18BM]　说到人物太肥和服装太乱的情况。

[20]　关于人物设置成"脸被晒黑戴着帽子"等。

> ● IV x 其他:对艺术品的关心和憧憬容易在[2,8GF,9GF,14,18BM,19]得到叙述。但也有联想到[5]中小说家房间、[7BM]中鉴赏美术品的情况。

V　病理问题

> ● V i 自杀倾向:谈及人物的想死和自杀企图在[3BM,13MF,14,17GF]反应中并不罕见。因此自杀的可能性很高,排除决心进行自杀的情节和相反的结局,保留自杀的情节,以及以不自杀的否定形式谈论的情况,这些不是什么大问题,不过[8GF,9GF,10,11,15,17BM,20]中谈及企图自杀的话一定要充分留意。

即使人物的自杀企图没有成为问题，如下谈及人物死亡或死亡印象的情况，也能感受到来访者对死亡的纠葛。

[9BM]　战死的男人们，[11]人和动物跌落而死，[18BM]诅咒死，[19]墓地，[20]
　　　　灵魂，[12BG]小船乘客溺水、船中的尸体、棺材（小船）出现幽灵的恐怖
　　　　场所等。

● Ⅴⅱ 强迫倾向：以下反应表示一丝不苟、对遵守秩序的固执等例子。

---

[5]　人物为了检查室内来到房间的情况。

[12BG]　"以前的名地至今残留着，以这种状态保存着"等反应。

以下的例子表示强迫行为。

[2]　强调劳动的意义、重要性的情况。

[3BM]　人物因工作疲惫的情况。

[9BM]　男人们偷懒的情况。

[14,20,13B]　画中人物在从事什么活动的情况。

下面是表示不确定感、疑惑癖、无法决断的例子。

[1]　少年不知道眼前是什么，怎么处理，沉思等情况。

[17BM]　说是网的张开的样子，很奇怪。

[不特定图版]　可以表示这样那样的多种情况，不能确定为一个情况和"这样的
　　　　　　　话""好像不是那样的"等言语表述为多。

以下情况推测到完美主义倾向。

[15]　所有坟墓是被画中人物杀死的人的坟墓的情况。

● Ⅴ3 不安，恐怖症的倾向：下面是表示对阉割感到焦虑的例子。

[8BM]　设置前面的人物是一只胳膊没有的，设置"被手术的人"胳膊是没有的，
　　　　"助手"是一条胳膊没有的。

[11]　吊桥断了，人和动物掉了下去。

黑色部分很多的图版表示来访者有像幼儿那样对黑暗的恐怖的例子,例如:

［14］　因为停电,感到困扰的情况。

［18BM,20］　心灵写真的情况。

●Ⅴ ⅳ 妄想倾向:不用说的,明显的奇怪场面解释成妄想倾向的存在。其他,过分的象征把握、误认画中事物(认知歪曲)、认知画中没有的事物等妄想倾向。

比如:

［11］　"石头能看到脸。教主在场,所以大家聚集在一起"的反应。

［12BM］　认知画中有人、动物、骸骨、妖精等。

●Ⅴ ⅴ 药物成瘾:设定画中人物是酒精依赖者和药物乱用者的情况,也可以怀疑来访者自己有药物成瘾倾向。易产生的是［3BM,4,18BM,18GF］。

［18BM］　"此男性容易被毒品诱惑,像被恶魔附身"的反应。

●Ⅴ ⅵ 人格解体:故事中只存在旁观者的情况和无动于衷的人物的情况,怀疑来访者有人格解体的倾向。

比如:

［2］　设定前景的人物在美术馆画前的情况。

［8BM］　已在Ⅱ ⅱ3 中提起,前面人物对自己亲戚的手术不关心。

［9GF］　树旁的女性穿越时空看到以前模样的情况。

TAT 中明确得出的个性诸侧面和表示这些的反应例子到此结束,最后再强调一下,这些例子只不过是比较常见的代表,仅凭这些并不能作为反应解释的线索,另外,一个具体反应可以含有若干要素,可以做出多种解释。

第二部分

主题统觉测试
(TAT)案例分析

第六章

个案：焦虑心脏病发作的亮亮

分析 TAT 的个案面临诸多的困难。第一，把叙述出来的 TAT 故事转换成文字，这个工作量很大。第二，进行分析时，不像罗夏墨迹测试那样有现成的模式可以套用。TAT 分析过程非常直观，明确说明哪个部分用哪个操作过程十分困难。第三，更深刻的是在 TAT 解释的过程中，言语化之前，对故事的意象的品味是一个内化的过程，这个过程和中间的一些细节是无法用文字表述的。第四，文字化后的 TAT 故事，由于缺少了从来访者的语调和说话气氛这些非言语的过程中得到的信息，就像让人品尝已经失去香味的咖啡一样。

即使有这些难点，在能力允许的范围内，我们也要尽可能地努力说明通过 TAT 故事分析出的含义。我们在这里介绍相关人格分析和 TAT 面试回顾配套的个案。

1　TAT 反馈的目的

为什么要回顾测试的结果，目的何在呢？

心理测试是引出来访者内心世界，同时也是共同观察那个世界，明确来访者对自己的世界是怎样认识的手段。基于为了治疗目的理解来访者进行 TAT 测试分析的观点，正说明了这点。

当然，施行 TAT 测试的目的，对心理咨询师而言是为了得到对帮助来访者有用的信息。对来访者也一样，他们能从叙述出的 TAT 故事中，了解自己的内心世界，洞察自己的人格。如果能够这样的话，那么就达到了使用 TAT 测试的治疗目的。

根据我们的经验，接受 TAT 测试，使之成为了解自己的契机，明确认识至今为止模糊不清的自我，很多学生和来访者都有这样的经验和体会。至今为止很多来访者只叙述了身体的病症，并没有面对自己内心，以接受 TAT 测试为契机说出自己内心的想法，而进一步认识自己的过程，这样的情况很多。对接受心理临床训练的学生而言也能促使他们更加深层次地了解自我。

当然 TAT 反馈，不仅仅是为了得到这些效果。实施 TAT 测试本身，就是为了共同地理解和接受来访者的世界，确认或者说至少了解来访者。当然作为实施测试原则，对测试中获得的理解，回馈给来访者，这是理所当然必不可少的。

回馈给来访者，不是说要把 TAT 测试中分析出的所有信息都回馈给来访者，至少要控制在来访者能够接受的范围之内。关于这一点，在以下的 TAT 回顾原则和方法中会介绍到。

2 TAT 回顾的原则

有可能在读了个案中的回顾咨询记录后，感觉这只是在阅读对方叙述的 TAT 故事而已。实际上并非如此，我们是在品味 TAT 故事中展示的人物特征、情境和氛围，并留下了对来访者描述的情节的意象。

另外也可能有人质疑这不是什么都没分析吗？确实，没有所谓的分析和解释。只是使 TAT 故事世界中的总体结构更丰富地表现出来，并且明确故事中的重要的人物特征，反复出现的状况以及来访者处理问题的模式和故事气氛。总之，与其说是对故事进行分析和解释，不如说是使故事本身表达得更加明确。

在反馈 TAT 故事的时候，一定不要使用专业术语和抽象的词汇，要使用来访者自己采用的描述方法和词汇。因为这项工作是为了帮助来访者确认心中对自身世界的认识。

反馈 TAT 时，测试者不要把分析到的结果就那样直接地告诉来访者。这种专业式的咨询本身，就构筑了一种测试者高高地凌驾于来访者之上的做法，来访者成了测试专家的依赖和附属方。这破坏了和来访者一起确认内心世界的平等的姿态。另外，心理测试不是占卜也不是猜谜。不要和来访者说你是什么样的，你将来会成为什么样等等。

接受 TAT 回顾咨询的来访者，心中会有讨厌的东西，恐惧的东西，自身隐藏的东西，不希望看到的东西，他们对那些东西也许会被直接说出来而感到紧张和不安。另外，自己的内心被测试者分析，来访者心中拥有自己被别人如何看待的好奇。另一方面，来访者认为自身不具有的特征和内心活动，即使把它们指出来，他们听了之后也不会认同，并表示拒否。甚至使用专业术语说出分析得到的结论，大多也只会以不被认可而告终。

反馈 TAT 时采取的态度，是"在这里叙述出来的故事，是你的内心世界。让我们一起来体会一下吧"这样的态度，决不是把 TAT 故事作为分析解释的对象，而是一种一起来体会来访者用自己的语言描述出来的意象世界这样的态度。以这样的态度为基础，"首先，来看一下这个意象世界有怎样的结构和特征吧。然后，让我们一起来好好体会一下。在此基础上，请你告诉我，对这个意象世界你自己是如何体会的呢？"总之，以从这个 TAT 故事的意象中，感受到什么，联想到什么这样的提问形式进行回顾。

这个反馈 TAT 的过程，和基本的心理治疗的过程是一样的。无论如何，在来访者当前可以感受到的范围内，以来访者自身的认识问题的方法，和来访者一起认识他/她的独特的意象世界。这些基本结构中，TAT 故事展示的意象，是来自于来访者内心世界强烈的羁绊而产生的，在意识到这个的基础上和来访者一起感受 TAT 故事。但是，测试者不要立刻就把故事和来访者的内心联系起来，或者说测试者或者咨询师不要采取试图把他们马上单纯联系起来的主观态度。在来访者自身可以认识的范围内，能够使 TAT 故事意象和来访者的内心联系起来的话，心理治疗就有了意义。因此，一边回顾 TAT 故事意象，和各个 TAT 故事的特征，来访者把其中的一些信息和自身的内面联系起来，也会有毫不在意地说出来的时候。毫不在意地说出，不是由测试者一个人说出，而是来访者自己说出，这就是在体会的过程中再次进行确认。在这个过程中，如果来访者把一部分信息和自身联系起来的话，测试的效果就达到了。以联系为契机，引出来访者的联想，能够和自己内心进行沟通理解就可以了。能够把所有的 TAT 故事意象和自己内心进行沟通，如果拥有这样的能力的话，也就可以不必接受治疗了；也就是说可以结束治疗了。另一方面，也有想要从理论方面进行解释和分析的来访者，这个反而会妨碍来访者的自省和自我洞察。而把意象当作影响，实事求是地感受，则更能触发对自己内心的观察和觉悟。

3 TAT 回顾的方法

I 回顾的准备

① 预先准备来访者叙述的 TAT 故事的文字誊写副本，一份交给来访者，一边看

着 TAT 故事材料一边进行讨论。

② 测试者预先将所有的 20 个 TAT 故事的情境、氛围、人物的特征、故事怎样展开在头脑中留下意象。把所有故事的特征关键词预先记为笔记的话会更方便。

③ 采用"串联"的操作顺序，把情境、人物、氛围共通的故事归类，从测试这些归类的故事，可以得出来访者的基本人格相关构造的主要框架。

Ⅱ 回顾面试的方法

① 基本方法是，一个一个回顾 TAT 故事中的场面进行体会，和来访者共同体会意象和氛围。实际上，这个过程在实施 TAT 测试的过程中已经和来访者一起进行过。

② 另外，不仅是一个一个的场景，举出若干个共通的场景，一起体会和品味很重要。而且，要明确提出那些共通的故事情境中的特征关键词。不仅是同样意义的关键词，还有相反意义的关键词。通过这个过程，那些情境和登场重要人物的主要基本结构就会自然地鲜明起来。这时候，不是一开始就急着说出关键词，而是在体会一个一个故事的过程中，有了足够的认识后再提出关键词，这样的方式比较合适。另外，不宜用断定式"是什么什么"这样的解释，更建议采取"在某某方面，很相似吧"，"这样的词汇经常出现啊"，"这个女性和那个女性具有完全相反的特征吧"这样婉转的方式说出。这个和箱庭（沙盘）疗法相似，和来访者一起体会箱庭作品的态度一样，不是为了做出解释分析，而是为了指出某种意象的结构特点。

③ 指出故事的特征时，实际上总是在传达一个"这里似乎和你很像啊"这样的信息。也就是说，一边以 TAT 故事为重点进行回顾，一边在面谈时传达一种在某些地方"这是你叙述出的你的世界吗？是不是有点像你的思维方式和做法呢？"这样的信息。

④ 表达并指出了上面叙述的信息之后，直接向来访者提出诸如："你感觉怎么样？"，"自己感觉到了这些吗？"，"试着联系你的母亲（或者父亲）表达一下怎么样？"这样直接面对来访者内心的意象和相关羁绊的问题。通过这样的方式，可以自然地使来访者看到自己的内心，说出联想到的和注意到的事物。这样的过程，可以使来访者对一些模糊的事物认识得更明确，再次确认一些无意识中联想到的内容。

⑤ 有时随着上面过程的顺利展开，来访者渐渐地以 TAT 故事为契机，说出自己的经历和心中的想法，达到很好的治疗效果。但是，也不一定。在对来访者而言不合

适的时候，即使指出那些应该被承认的信息，也有无论如何也无法接受的情况。这个时候，顺其自然地探讨其他方面的内容就可以了。或者，"还有那样的事啊？"，"还有这样的特征啊？"，等等不深入下去暂时放在一边即可。在回顾面试结束之后，下一步深入到心理治疗中，很多时候会突然意识到"啊，原来是那样啊"。认为反馈 TAT 是万能的，足以解决所有问题，这样的焦躁和急于求成的心态是很不对的。

⑥ 言语措辞，一定要避免断定式的口吻。进一步说，是不能进行断定。在对故事意象化，仔细品味的过程中，不能思考得太绝对，只能模糊的思考，只能使用"似乎"，"感觉"，"这(那)样的氛围"这样缓和的语言。

⑦ 另外，在品味一个个 TAT 故事时，无论如何要使用来访者的词汇，不要使用咨询师自己的词汇。这是因为来访者的世界蕴含在来访者自己的语言中，一旦转换成咨询师自己的词汇，理解就可能发生偏差。但是，在说明来访者故事的结构和特征时，一定要用敏锐准确的词汇概括。通过使用的描述词汇，使来访者的故事结构变得鲜明，也就是说重要的是把握"模糊"和"明确"度。

⑧ 故事的回顾，没有必要对所有的 TAT 故事都进行一遍。只要对基本的相关人格构造中的重要部分进行回顾就可以了。故事回顾当然也不是从头读到尾一遍，一板一眼地像进行测试报告那样解释。反而，回顾过程中和来访者的谈话，是治疗过程中的重要部分。不明白的东西，模棱两可的东西也可以暂时放在那里。勉强的解释比肤浅的解释更加不好。随着咨询过程的深入，会出现"啊，那样啊，原来是那样啊"这样的略加思考突然明白的情况。测试者/治疗者也不是一定要什么都弄明白的。反馈 TAT 故事的过程，是一个一起确认来访者内心的旅行过程。

4 反馈 TAT 故事的作用和有效范围

亮亮，以及后面要接触到的小梅这两个个案的共同之处是来访者都处在 22—24 岁的青年期，有贫血、心脏病症状发作和对它的恐惧，经常伴有 37 度 5 的低烧。对他们来说，重要的是能否具有维持和谐的人际关系和继续工作学习的能力。

在咨询中，经过 TAT 测试，这两个例子的共通特征是心理健康程度提高了。这种所谓的心理健康体现在，第一次咨询时就建立起了比较稳定的咨询关系。虽然咨询的起因是自己的身心疾病，但对自己的一些内心情况也可以畅所欲言，在情感方面也变得丰富了。甚至不能忽视智慧得到了提高，超出了一般人的水平。

另外通过 TAT 故事，我们可以很容易地体会到故事的内容没有什么特别长的或者特别短的，结构上也没有特别夸张的，变得直率易懂。他们结合着自身体验，把它和图版特性互换，叙述出结构合适的故事。

结合以上所述，从来访者的角度来考虑，可以看出反馈 TAT 故事具有以下的作用和有效范围。

这两个来访者，一开始都是不知道如何看待自己身体上的病症和不知道如何通过自己的内心来看待自己。但是，施行 TAT 测试后，在回顾 TAT 故事的过程中，触发他们开始认识自己的内心，和看到自己充分具备认识自己内心的潜在能力，可以说这些都是回顾 TAT 故事过程中出现的治疗效果。当然他们都是咨询过程中容易和治疗者保持稳定关系的人，所以对 TAT 故事的现象世界和对它的意象世界能够比较容易地在咨询关系中一同体会。

反馈 TAT 故事的效果，也因情况而异。总之，建立起了信任关系，在理解来访者的大致情况的基础上，相对越早施行 TAT 测试，就越能得到较好的反馈。不过，亮亮的咨询持续了大约 3 个月，小梅的咨询则持续了 1 年 6 个月。他们不仅症状消失了，而且来访者能够重新认识自己目前为止的生活方式，觉察到自身的变化。当然达到这样的效果是因来访者自身而异的。

还有一个要点是，通过咨询，甚至在实施 TAT 测试的过程中，可以了解来访者的基本人格的相关情况，还可以重新确认来访者的心理健康状况。这个对心理咨询师来说是一个很大的帮助，给了我们一定能够通过治疗产生效果的自信和希望。治疗者的这种积极的心态，也会在咨询的过程中以潜在的形式传达给来访者。从这个角度说，一定要看到有了 TAT 测试，对进行心理咨询的人们也会产生巨大的影响。

测试效果也会发现使用它的有效界限。当然在目前为止的反馈 TAT 故事治疗体验中，也遇到过一些效果不好的，没什么积极效果的病例。

① 实施 TAT 测试，来访者虽然表面上答应，但是内心有强烈的抵抗；测试者虽然能感受到这一点，还是勉强地施行。可以说这种情况，测试者和来访者之间还没有建

立起完全的信任关系，来访者对测试者有可能产生不好的情绪时，实施心理测试是不合适的。这种时候，接受 TAT 故事回顾的来访者会采取相当警戒的态度，对实施心理测试的测试者或咨询师所说的内容，所指出的矛盾不会感兴趣和仔细体会。这时，如果治疗者用深奥的口吻做一些解释的话，恐怕还会有让咨询双方关系恶化的危险。我们曾经遇到过，已经接受长达 6 个多月心理咨询，依然不能说出自己内心想法的来访者，在他有点不情愿时，拜托他接受 TAT 故事回顾，其结果是反而使来访者的警戒心理进一步加重了，非常地失败。可以说，在咨询双方还没有建立起良好的信赖关系时，实施 TAT 故事回顾的话，有可能会使来访者感到危险和恐惧。

②虽然来访者说过自己愿意接受心理测试，但是在心理治疗的过程中却一点也不主动，这个时候也不会有效果。来访者本身，虽然想了解自己，但是把心理治疗只当作猜谜或者占卜之类的东西，对测试者的反馈 TAT 故事的提示，只表示了一些类似于"说中了"，或者"没说中"的这类意见，也就是说来访者自己不参与思考，只是希望根据测试者说的话，判断是不是符合自己的情况，这甚至可以说只是在考验测试者的能力。当然，也有从反馈 TAT 故事的方法，延伸到顺利展开心理治疗的情况。但是，对心理治疗的过程不能充分地参与，或者在不熟悉那个过程就开始回顾的话，一般来说都会招致失败。

③还有实施 TAT 测试时，有必须中止反馈 TAT 故事的时候。一般，TAT 故事回顾是用来显示一些轻微的人格特征，当症状过于严重的时候是不适用的。尤其是症状很严重时，试图通过实施 TAT 测试确认症状严重到何种程度是不合适的。另外还有来访者叙述出的 TAT 故事内容中很多都是阴暗残酷的形象时，或者来访者防御心理极强，一点也不说自己内心想法时都要中止。故事内容中充斥着相当可怕的内容，也有可能造成测试者/治疗者自身的恐慌。这种情况下，还是尽量不要接触这些东西，只指出能够反映来访者的心理健康方面的内容即可。另外，实施 TAT 时不说出自己内心想法的情况，不一定是来访者本人存在问题，有时是由于咨询双方的关系存在问题而导致的。换言之，可以说问题存在于反馈 TAT 故事之前的步骤中。

在这里要说明的是，没有必要拘泥于 TAT 故事回顾。和箱庭（沙盘）治疗中测试者可以切身地感受到来访者箱庭中的意象世界，不需要过多的言语表达一样，在实施

TAT 测试时，测试者（同时也是治疗者）也理应可以切身感受到来访者的意象世界和他/她叙述的故事，那么就停留在那个阶段好了。另外，也可以说是必须要停留在那个阶段。那时制定的大致回顾咨询过程是，像来访者本人转交根据他/她叙述的 TAT 故事誊写的副本，稍微说一下他/她叙述出的故事，然后说请他/她本人也放在心上就可以了。至少通过这个，向来访者传达了测试者誊写的辛苦。副本上几乎都是测试者亲手写的邋遢字迹。通过这些至少能够传达测试者对来访者的内心世界的重视吧。

总结一下，在双方没有建立充分的信赖关系，有可能使来访者产生负面情绪时，或者 TAT 故事的内容和含义过于深刻时，可以说不进行 TAT 回顾为好。另一方面，建立了充分的信任关系，TAT 故事也是比较健康的、坦率的、容易明白的时候，可以说反馈 TAT 故事能够发挥充分的效果。这个，以前曾经提到过，心理测试是访问来访者内心世界的过程，如果来访者欢迎访问者，想要和他/她一起探寻自己的内心时，这个反馈 TAT 故事的效果才会开始显现。心理咨询的过程，不是所有的个案都能建立这种积极良好的关系的，从这个角度说，反馈 TAT 故事有时确实有效的同时，有时的确效果非常有限。

5 反馈 TAT 故事的过程

在这里展示实施 TAT 测试后，反馈 TAT 故事的咨询个案的过程。首先介绍"强迫症亮亮"，之后，介绍亮亮叙述出的 TAT 故事、咨询笔记。还有回顾 TAT 面试的记录。在回顾面试记录中，以解说的形式说明反馈 TAT 过程中话题的转变动向。希望以此为参考来考察测试者的内心活动。

个案

亮亮的介绍

亮亮是一个 22 岁读经济学的大学本科三年级学生，看上去不是很呆板，但隐约让人觉得有点严肃。两周前他心脏病发作过一次，此后由于一直担心会不会复发，使得其他什么事都不能做，处于抑郁状态。在 A 附属医院的神经科接受了 3 次诊断，被确定为强迫性神经症并开始服药。某次病情发作时在很短的时间内突然感觉心跳加快、头晕、不能站立，被救护车送到 B 医疗中心。

在 B 医疗中心被诊断为癔病症，之后他服用心脏外科医生开的治疗突发性心跳加快药物。医生告诉他要按照正常规律生活，他病情不严重，只是他的体质比较特殊。也就是说，针对亮亮的病情，不同的医生给了不同的诊断。但是亮亮总是担心还会复发，从此变得很神经质、出现强迫症和抑郁症的症状。上一周还出现了轻微头晕和心跳加快。

亮亮有一个 59 岁在大公司做会计的父亲和 55 岁的母亲。他是家里的独子。他从附属高中顺利考入大学，做过本科班的班长，当别人拜托什么事情的时候，他总是不好意思拒绝。自从中学和朋友吵架后，他决心绝不违背朋友。他曾经加入游泳班，但自从 4 月开始不去上学以后，游泳班也不好意思去了。他的爱好是坐火车旅行，从中学开始就坐过很多线路，有时还会没目的的一个人乘车旅游。他有时饮酒，酒后有时会一个人胡闹，比如说在车站睡觉过夜，或者搭讪女孩子，因此他自己也担心酒后犯事。

在心脏病发作后，亮亮曾经做了这样一个梦："睡觉时心脏跳动得厉害。呼唤别人，但是没人回应，于是失去了意识"。醒来时他觉得直冒冷汗。也有朋友邀请："去打网球吧。"他回答说："我有心脏病，不好意思，打不了。"自那以后他觉得朋友知道他有些神经质之后，就渐渐开始和他们疏远了。

亮亮平时总是担心大门没有锁好。高二打工之后，他对自己的零花钱开始记账。他热衷记笔记，笔记本上用细小的字写得满满的。大二时因为必修科目不及格留了一级。进入大三后基本不去上课，这次心脏病发作后向学校提出休学申请。

亮亮在 3 次咨询以后，接受了 TAT 测试，并在一个月后进行了 TAT 故事反馈。TAT 回顾治疗结束一个月后，来访者对自己的变化是这样描述的：

"变得开朗了。不多考虑以后的种种事情，而是怀着活在当下的态度生活着。一开始有些自暴自弃的态度，现在这种态度也消失了。在人际交往方面，即使不是同班同学也能毫不介意地交往了，于是朋友们也能和自己轻松自由地交往了。现在自己关心朋友，所以朋友也关心我。我也经常邀请朋友，和同班的同学也常常聚在一起，感到活着是快乐的。在俱乐部野营时，虽然列出了每个人负责的清单，但是发现有人没带米，当问到是谁没带的时候，突然意识到那其实是自己的责任。以前有时候忘记复印，拖三拉四的时候，觉得很抑郁，就好像世界会到此结束似的。而现在对此可以一笑置之了。没想到自己现在可以变成这样的心境，实在是从 TAT 中学会了很多，让人感觉很惊奇。之前告诉了妈妈一些和医生的谈话内容，妈妈也感到很能接受。"

亮亮的 TAT 测试

图版 1：

（3 秒钟），母亲说拉小提琴，嗯，感觉很厌烦啊，但是没办法，嗯，想着要不要拉。然后……①自己开始练习了……好了……练完了。（还有什么其他的吗？）②之后，啊，拉小提琴时碰到了麻烦，嗯，怎么办呢？自己想了很多，在想着新点子。（嗯，怎么办好呢？）想着有谁能教我一下就好了。之后，想要编曲，想着如何编曲。结果，什么也没想出来，厌烦了就放弃了，放弃了。（放弃了啊。）完毕。

---

① ……省略号在这里表示来访者叙述中短暂的停顿和思考。
② 括号里的话表示咨询师插入的提问语。

图版2:

（5秒钟）从学校回来的女学生，嗯，在等着谁。但是那个人怎么也不来。嗯，没有感觉特别烦躁还是等着。还有等的人，是自己的未婚妻那样的人，应该这样说，心里充满期待的喜悦。然后，那个人来了，然后我想，他们一起离开了那个地方。（谁是订婚者？）嗯，之后来的，在这个图版中没有出现。那个人来了之后两人快乐地离开了那里，看上去是那样。（这个人？）嗯，这个女人和这里没关系。（噢，和这里没关系的人吗？）对，只是背景。（嗯，嗯。）

图版3BM:

（5秒钟）喝醉的……醉酒之后意识朦胧了（停顿）成了烂醉如泥的状态（停顿）自己的事情都搞不清楚了（停顿）这样的状态。之后发生了什么呢，只是酒醒的时候眼睛开了，然后一个人蹒跚地回家……我这样想。（在哪里醉酒的呢？）啊，总觉得，这幅画的长椅——后面的，椅子样的东西，看起来像长椅。可能像在路上，在那里，面朝下躺着的状态，可以看成这样。完毕。（大约多少岁呢？）这个啊，我认为是二十五六岁的女性（女性吗？）是的。

图版4:

（2秒钟）嗯，这个啊，首先，这两个人是夫妇。然后丈夫要去战场的时候，妻子想阻止他。但是，丈夫依然坚决地走了，妻子担心地阻止，说不能去，男的还是走了。结果，男的平安回来了，两人幸福地生活下去。（平安回来了吗?）是，然后生活下去。完毕。

图版 5：

（6 秒钟）嗯，这是这个女人的女儿或是谁的房间。然后，她问"怎么了?"开门进入了房间，然后做完了该做的事情。我想这个人，嗯，是很平常地回到了自己的房间。（这里有谁呢?）嗯，女儿或者儿子，这个人的孩子。（感觉这个人怎么样?）嗯，一开始，看到她觉得很吃惊。可能发生了什么事情吧。比如说窗玻璃碎了，什么东西掉下来了，也就是发生了什么事情听到了声音，觉得屋里发生了什么。完毕。

图版 6BM：

（4 秒钟）嗯，这是母亲和儿子。两人在想着父亲的事情。这个父亲，不知道因为什么，使得这两个人担心了。然后这两个人，看上去在围绕父亲谈一些深刻的话题。（父亲让两个人担心了?）嗯，两人都担心着父亲的事情，对母亲来说是丈夫，对那个男人来说是父亲，看上去他们在思考着关于他的什么事情……母亲没有办法想放弃了，儿子还不放弃在劝说母亲。（父亲身上发生了什么呢?）大概是重病，生重病等，或者行踪不明。嗯，觉得是那样。（担心啊?）嗯。完毕。

图版 7BM：

（4秒钟）这是恩师和弟子，两人产生了分歧。嗯，结果弟子还是听从了恩师的意见，嗯，感觉弟子有一些不情愿，还是听从了恩师。这之后，恩师一边说着"好好"安慰弟子，同时觉得有一种优越感，这样看待这个恩师。（觉得是一个什么样的老师呢？）大概是大学教授，看上去很敦厚。（觉得弟子怎么样？）弟子很有野心，然后，有一种觉得一定要贯彻自己意见的年轻气势。但是老师说："不是那样的。"弟子不高兴但还是接受了。但是我觉得他还是没有改变自己的信念。

图版 8BM：

（3秒钟）这个，首先，这里清楚的人物是医生。这后面的背景是这个人的想象，想到了自己过去的治疗情况。那个时候，这个人中了来复枪，在战场上，要设法把弹壳取出，回想到这个事情。结果，自己帮助了别人，觉得很开心，这样的情景。（回想以前自己帮助别人啊？）对，是。

图版 9BM：

（5秒钟）这是某处的战场，战士们休息的场景。以后要参加残酷的大战，大家都在休息，然后再出发。（之后要去战斗？）嗯！（向战场？）不得不去战场。（什么样的士兵们呢？）啊，都是非常优秀刚健的武士，这样的士兵。完毕。

图版 10：

（5 秒钟）啊，这个是……情侣啊。两人很长一段时间不理解对方，现在总算互相理解了，现在两人结合了。两人非常喜悦，感觉进入了童话世界。（很长一段时间不能理解？）嗯。很长一段时间两人之间有障碍，或者两人一直错过说话沟通的机会，克服了这样的难题，终于结合了。因此松了一口气的同时，可以说以后幸福了（语言稍停顿）感觉有积极向前的姿态。（感觉以后会幸福吗？）嗯。完毕。（觉得这里的人怎么样？下面的这个人）觉得下面的女性高兴极了。（上面的人呢？）上面的人啊，也觉得很高兴，同时想带给女方幸福，尽力使她满足。

图版 11：

（15 秒钟）这是，某个深山中的场景，几个人想要努力踏入未知领域。之后，这个地方变得很可怕，有非常大的风，距离到达目的地还有很多困难，要超越他们，去先人没去过的地方。（几个人去啊？是什么样的人去呢？）一个人大概是宗教信徒，我想大概是基督教信徒，是神父或者祭司，其他人是他的弟子们，大家受到神的指示，想去那个地方。（遵照神的指示？）嗯……（将来怎么样呢？）非常的艰苦，嗯，我想达成之后受到了神的恩赐。

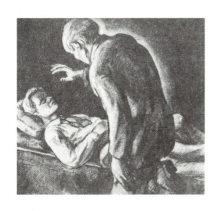

图版 12M：

（17 秒钟）首先，这个睡着的人，嗯……我想多半由于精神上的疲劳所以躺着。手朝向他的这个老人，好像是他的父亲，来这里安抚他的。我想这个青年以后会重新振作起来努力下去。（父亲想干什么呢？）我想他举着手说着各种话语……让我换个故事，这是精神心理学者，这里躺着的人是来访者，场景是正在对他实施催眠疗法。不知道之后故事会怎么发展。

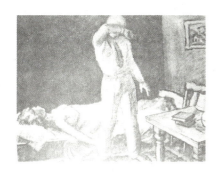

图版 13MF：

（5 秒钟）这里躺着的是娼妇。这里起身的人是那个嫖客。早上了，一夜过去，结束了。早晨来临了，女的还是什么也不做的睡着，男的在穿衣服，虽然很困但一边克服疲倦，一边准备上班，或者准备回家。两人之间很冷淡，只是为了玩玩。（觉得这个女的怎样？）十分精明的会为自己考虑的女性，颓废的女性。对什么都无所谓了。（像自暴自弃吗？）她只对金钱感兴趣，心变得冷漠了。（这里的男性呢？）这里的男性，总之为了消除疲劳玩弄女性，我这样想。十分平常的，前几天工作时偶然认识了外面的女性，就变成了现在这样。

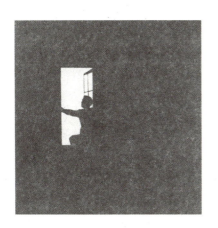

图版 14：

（4 秒钟）这个大概是想要放松，然后打开窗户看外面，使内心平静。或者，被封闭在某

个地方的男性凭着自己的力量寻找出口，然后逃了出去，结果成功进入了自由地世界。（觉得逃脱成功了吗？）嗯……这一刻，"成功了！成功啦！"觉得很高兴。完毕。

图版 15:
（2 秒钟）这里，是墓地。觉得大概是老人来到了几个友人的墓地。以前的朋友死了，这个情景，觉得看上去像虽然死了很久了，但还像以前一样，一直无法忘记他们，来这里祈祷。觉得祈祷结束后，老人去了别的地方。完毕。（老人吗？）嗯。

图版 16:
（白纸图版）（6 秒钟）嗯，一望无际的原野，茂盛的青青小草，没有树木。天气像春天一样，但是没有什么鲜花。时间是下午。天空是金黄色的，我一个人躺在那里。躺了一天，太阳下山后我也回家了。（放松的感觉吗？）嗯。有牧歌的感觉，没人也没有动物。（自己一人？）嗯，傍晚天空是金黄色的。

图版 17BM:
（4 秒钟）这是人逃走时的场景。想凭借自己的力量逃脱谁的追捕，借助绳子滑降到下面。现在是万分紧急的时刻，之后也不知道故事会怎么样。（从什么地方逃脱呢？）大概是建筑物，

这个男的想从建筑物中用绳子逃脱。（发生了什么？）大概，这个人被凶恶的同伙捉住了，从那里逃脱。这样的场景……现在是十分紧急的时刻，觉得一定要从那里逃脱。完毕。

图版 18BM：

（3 秒钟）这是舞台，在舞台上演出，这个男的是男主演。自己在舞台上的表演结束了，表演得很好，成为了获得荣誉的明星，沉浸在这样的状态中。四周扬起的手是祝福，大家对他的祝福这样的情境。（大获成功？）嗯，大获成功。完毕。

图版 19：

（11 秒钟）这里是雪国。这里恐怕是，海岸边，在波浪中。天空中，不知道飘着什么东西，鸟看上去好像被淋湿了。（哪个是鸟？）这个黑东西。天空阴沉，雪也降落到这片海岸，非常寒冷，觉得是非常悲凉的场景。春天还没来到，成了更严酷的冬天。（更严酷的冬天？）嗯……我是这么认为的。完毕。（非常严峻的悲凉的景色吗？）嗯。是的。

图版 20：

（3 秒钟）嗯，我认为他是埋伏着的刑警。但是，深夜埋伏，多少有点讨厌，但是，了不起的执着……嗯，燃起了一定要找到证据捉到犯人的斗志，这个人是安静的。但是怎么说呢，又是非常执着的人物……结局，我想他找到了追捕的犯人的犯罪证据和捉到了他，然后回到了自己的警察署。（能捉到啊?）嗯……时间是寒冬。但是觉得他是能忍受寒冬的。非常有忍耐力的优秀刑警。

最喜欢的图版：

图版10——因为觉得这是让他获得最多幸福的图版。

最讨厌的图版：

图版15——总觉得讨厌那个墓地场景。恶心并且悲凉，老人的表情也很悲凉。周围到处都充满了死亡这样的气氛。讨厌悲伤。

喜欢的图版：

喜欢图版11、图版18BM、图版16、图版4、图版7BM、图版2、图版14，剩下的图版都不喜欢。

测试时的笔记

为了能够回想起一个一个的故事，把故事中的关键词罗列出来记成笔记。以此为线索，在回顾面谈时使用。

图版1：母亲让拉小提琴，没办法。想要得到别人的指导。厌烦之后停止了。

图版2：女性学生，在等着某个人。（图版中的两个人是背景）

图版3BM：二十五六岁的女性，烂醉如泥，一个人蹒跚回家。

图版4：夫妇，战场，丈夫一定要战斗，妻子劝阻，丈夫平安回来，两人幸福地生活下去。

图版5：女人，女儿的房间，很吃惊，窗玻璃碎了，出了大事。

图版6BM：儿子和母亲，回想父亲的事情。深入地交谈。对女性来说是丈夫，对男人来说是父亲。母亲已经放弃，一筹莫展。儿子还没放弃，想劝说母亲。父亲生病，或者行踪不明。

图版7BM：恩师和弟子，意见对立，弟子听从了恩师。恩师在劝说的同时有一种优越感。大学教授，弟子有野心。

图版 8BM：医生。背景是想象出来的。在战场取出弹壳。自己救了人，觉得很高兴。

图版 9BM：战士们在战场上休息。还要去残酷的战场。优秀勇猛的队伍。

图版 10：情侣，很长时间无法相互理解，终于明白了对方，很开心，进入童话般的世界。害怕开口沟通，克服困难。

图版 11：深山的场面，一些人想去前人没去过的地方。困难，神父和祭司，其他人是他的弟子，神的指示。到达之后神给予恩赐。

图版 12M：精神疲惫的青年和老人。老人是青年的父亲，劝慰激励青年努力。‖精神学家和来访者，催眠疗法，不知道之后怎么样。(‖之后是第二个故事)

图版 13MF：睡着的娼妓，冷淡的和玩弄的。合理的、精明的、生活颓废、只在乎金钱、堕落的女性。

图版 14：因为疲劳，打开窗户，放松心情。被封闭的男性，凭借自己的力量寻找出口，逃脱。去自由的世界，做到了，成功了

图版 15：墓地，老人，认识的朋友，无法忘记。

图版 16：可以看见地平线的原野，春天，夕阳，没有树和花，金黄色的天空，我一个人睡在那里。突然放松的安心感觉。

图版 17BM：男人在逃跑，想自己逃出去，被凶恶的人追捕，拼命想要逃出去。

图版 18BM：舞台，演出，主演的男性，演得很好，得到荣誉，成为明星。沉浸在其中。祝福的手，大获成功。

图版 19：雪国，海岸线，波浪中，淋湿的乌鸦。寒冷凄凉的情景，严冬。

图版 20：埋伏的刑警，执著，斗志，忍耐力，穷追。

回顾面谈

咨询师(therapist)的发言标记为 T，T 后面的数字是咨询师发言的次数。来访者的发言标记为 C(client)，C 后面的数字是来访者发言的次数。

T1：还记得自己以前叙述的故事吗？

■ 解说 ■ 实施 TAT 测试时，来访者对接受 TAT 测试也很感兴趣，没那么紧张，

很快投入在测试里。通过之前的两次面谈和咨询师建立起良好的关系,在一个月后的 TAT 故事回顾时感觉气氛很轻松。预先交给来访者 TAT 故事副本,测试者看着手里拿的副本和笔记开始回顾。以回顾 TAT 测试时叙述出的一个一个故事场景的形式开始。下面,"……"表示说话中停顿下来思考的间隙。

C1:嗯,大体……

T2:这个……感觉叙述出了很符合你的故事呢。

C2:嗯,那个……我想自己是直率地叙述故事的。

T3:说到直率,作为自己的特征,觉得哪些地方像自己呢,想过没有?

C3:嗯,那个……情绪波动……情绪有起伏。

T4:那样啊……让我们来看一下你的 TAT 故事吧。

■ 解说 ■　从这里最明显的特征开始。图版 4、9BM、8BM、20 的战场场景,图版 11 的困难场景等等,从具有紧张氛围的故事开始引出话题。

首先说图版 4,有男女两人,你曾经说过男的一定要去战场的吧。这里出现了一个战场,出现战场的故事很多。图版 9BM 故事中有很多男人到处睡着,是休息的战士们。像要去打大战的民间优秀勇猛的武士……这个也是战场吧?(对。)还有其他的战场。图版 8BM 故事是关于医师的手术的想象,是取出子弹的场景。(嗯。)那也是战场吧。(对。)感觉和战场差不多的,之后的……最后的图版 20,埋伏的刑警,站在那里一天又一天,忍耐力很强,感觉气氛很紧张。之后是图版 14 中像肖像一样的画讲述逃脱的故事。(嗯。)那个,目前被困住的男人,用自己的力量寻找出口想要逃脱吧。然后还有图版 17 中的悬在绳子上的男性也是在逃跑吧。被凶恶的人盯上了想要逃跑吧,把这些罗列出来看一下,都非常紧张,像准备好要战斗的紧张的故事很多呢。(对,是啊。)之后的图版 11 中,也是一样的,下边是神,神父在神的指示下行动。这次是在困难条件下,想要踏入前人没有去过的领域……充满干劲啊。(嗯,对的。)感觉之后去了谁也不知道的地方呢。说到遇到难题的图版 11 和图版 10 的情侣也出现了。提到克服困难重新相遇了。(嗯。)有很多,战斗啊,做好准备啊。感觉有很多充满紧张感的故事呢。(嗯,就是。)这好像是一个模式。让我们再看看一些别的故事吧。

■ 解说 ■　这里想测试其他方面,比如女性特征方面的内容。在图版 2 中,请注意把这个图版中的两个人物看作背景这个特征,首先需要研究这个问题。在后面的C6的发言中,来访者说导入这两个人物很麻烦,使问题更加鲜明。

关于女性,图版2中的女学生在等谁,等未婚夫还是谁,心中充满了期待,是吧?未婚夫终于来了。两人一起去了别的地方。后面有年长的妇女和使唤马的男性,你好像忽视了这些东西呢,当然你后来处理成了背景的形式。不过你觉得那两个人怎么样呢?(嗯……)是不是加入了那两个人,就感觉不好叙述故事了啊。

C4:一开始看的时候……前面那个女性的表情和姿态给我留下了深刻意象。(嗯。)然后就以她为中心思考了。

T5:是应该那样想啊。那么其他两个人呢?

C5:背景,只是理解成单纯的背景了。

T6:你这样处理了啊。把那两个人,年长的女人导入编成三人的故事,感觉稍微有点麻烦,对吧?(嗯。)

C6:嗯,觉得很麻烦。

T7:会成为复杂的人际关系呢。

C7:嗯,所以最后故事中只有那个女的。(就好像把她裁剪出来了似的。)

T8:感觉这个真有点像你呢。(嗯。是。)……那么,看一下你的故事中出现父亲和母亲的情况吧……出现母亲的故事是图版1。

■ 解说 ■　图版2的故事中只出现了恋人的年轻人世界,而忽略和删去了后面的成人形象的特征,于是从这里转向测试来访者的父母意象。像这样灵活流动的,不死板的测试方式有时在回顾过程中会出现。回顾中进行探索时,即使一开始不明确,但后来渐渐开始觉察到来访者的人格构造。测试者方面也同样,一开始感到很模糊,之后开始着眼于母亲和父亲意象测试,举出了图版1、图版5、图版6BM还有图版19。

母亲命令去拉小提琴……命令拉琴,这是很强硬的母亲形象呢。(嗯。)结果没办法只能去做了……最后停止了……出现了一个强硬的母亲,后面的图版5中又出现了类似母亲那样的人物。(对。)……某个夫人的女儿,这是女孩的母亲吧。这里的说法有些绕口……(嗯。)……总之,觉得这里出现了比较严重的事情,想要过去看……总觉得有点奇怪，女儿和母亲的关系，总觉得有点不协调。觉得有点……比起普通人来说……觉得关系有点不对劲。（嗯。）……下面的图版6很有意思……母亲和儿子两人在担心父亲。（嗯。）……深入地在谈论着什么。并专门提到对女人来说是丈夫，对儿子来说是父亲的这种说法，比起日常家中"父亲"的说法，总觉得有点区别呢，因此感觉和家里母亲的关系很有意思。（啊。）……结果，父亲是生病或失踪……两人正担心着吧……但是，那个时候，母亲已经一筹莫展，表示放弃了父亲。但是儿子还没有放弃。在这里，母亲对父亲的态度和儿子对父亲的态度存在着差异。这个，和对孩子来说是父亲，而对母亲来说是丈夫的说法有着共通之处。另外出现母亲那样的人物的是……图版19虽然完全没有出现母亲的言语，雪国海岸边的波涛中被淋湿的鸟……这个稍微有点凄凉的景色……寂寞的……这种感觉总觉得反映了你和母亲的关系吧。（嗯。）……总觉得母亲对你来说，并不是一个积极的人物和意象。（嗯。）……能告诉我一些关于这一点的信息吗？谈论一下怎么样？

> ▪ 解说 ▪ 在 TAT 图版的特征说明中，我们已经提到，图版19是表示和母亲关系的一张图版。而这里出现的雪国的海岸边淋湿的鸟的形象，也同样表现的是他和母亲的关系。因此 T8 的最后，和来访者说"总觉得母亲对你来说，并不是一个积极的人物和意象。（嗯）……能告诉我一些关于这一点的信息吗？谈论一下怎么样？"。

C8：嗯，关于母亲的意象……嗯，确实，总觉得，没有温暖的感觉……（嗯。）总觉得一直像要去前线战斗一样……我觉得这是由于我母亲的性格吧。

> ▪ 解说 ▪ 对 T8 的反问，来访者作出了回应，然后进一步开始了对自己母亲意象的描述。

T9：母亲在做什么工作啊？

C9：嗯，4月左右，确切说是7月为止在百货商场工作……她不是家庭主妇类型。

T10：关于父亲，图版12M中，精神疲劳的青年那张图版，一个老人或者是父亲来安慰他。因此青年又振作起来……努力下去……感觉是支持鼓励自己的父亲形象。（嗯。）……父亲对你来说，是这样一种感觉吗？像图版12M那样？

> ▪ 解说 ▪ 不局限于母亲形象，也着眼于父亲的形象，在图版12M中得到了表达。

在 T11 中，也开始着眼于父亲和母亲的差异，以及两个人的关系。到 C17 为止，一直围绕父母意象和这两人关系进行谈话。

C10：就是啊。平时什么都不说的。（是个安静的父亲。）嗯，……开口的时候，大致是生气的时候，总之沉默的时候很多。一旦开口，就是发火或者和母亲吵架……那个，我曾经生病得了胃溃疡的时候，父亲半夜陪我一起去见医生。后来我心脏病发作的时候，和我一起乘坐救护车。一旦发生了什么的时候，父亲就变得非常体贴。

T11：那时感觉母亲怎么样呢？

C11：妈妈是那样的，感觉她很惊慌，不仅想到此时此刻，还会想如果我以后怎么怎么的话，就不好办了……是一个会想得很远很远的母亲。

T12：你母亲在你小的时候就工作了吧？

C12：嗯，在我小学 3 年级的时候开始工作的。小学一二年级的时候也是繁忙地工作……不怎么待在家里。（不怎么喜欢待家里吧。）对，她自己也说过不怎么喜欢待家里……（中途切断）

■ 解说 ■　在那以后的咨询中，亮亮对父母关系不和展开了叙述。亮亮谈到了父亲和母亲之间最根本的分歧：父亲希望母亲待在家里做家庭主妇，而母亲想和男性一样去工作。这里略去从 C13 开始到 C17 的对话。

T18：父亲和母亲在家里不是很融洽啊……像图版 2 中忽略两个成人，把他们看作背景，只叙述出你们年轻人的世界，果然感觉像你的风格呢。在这样的家中，为了使自己能够保持平静，一定有努力把自己封闭在自己的城堡中的想法和感觉吧。（嗯。）母亲可能经常抱怨父亲吧。为了不被这些困扰，（嗯。）希望自己能够完全独立出去……

■ 解说 ■　我们可以关注在这样的父母关系的氛围中，作为独子的他是怎么去适应的。再次看一下他叙述出的图版 2 中只有恋人，没有后面两个成人的故事。在 T18 中测试者做出了分析"在这样的家中，为了使自己能够保持平静，一定有努力把自己封闭在自己的城堡中的想法和感觉吧"。这个解释对不对呢？作为回顾者，在面谈中想到了这个解释，于是就把它叙述了出来。这并不是有意安排的。那个时候，把这种感觉和意象就那样直接说了出来。

C18：那个啊。一次也没有和母亲商量过什么事情。（从来没有过啊。）母亲经常教育我什么事情都要自己去做……

■解说■　C18中，来访者以咨询师说出的意象为基础，叙述出了自己在家庭中的情况，以及孤独的感受。

T19：基本上，即使待在家里，感觉还是一个人……

C19：嗯，从以前就一直是那样的啊……总是一个人在做着什么。

T20：在图版19中有淋湿的鸟，很凄凉的寂寞的氛围。图版16中，有闲适的可以看到地平线的原野，春天的夕阳，没有树和花，……松了一口气。这个真是一人世界啊，……这里没有其他人吧？（对，对。）没有花和树那样的一切多余的东西。在这个地方才最快乐不是吗？（是这样啊。）

C20：尽量想避开烦恼啊。（有想逃避的感觉。）

■解说■　从图版11的淋湿的鸟联想到图版16中的世界。接下去继续共同体会来访者一个人的世界。

T21：……这样啊，刚才战场啊埋伏啊，感觉都是很紧张呢。（嗯。）在家里也是吧？（嗯，觉得也是很紧张。）有紧张的感觉吧。虽然还是个孩子。（嗯。）

■解说■　在这里的意象世界中，已经出现了很多战场啊埋伏啊之类的紧张的场面，同时来访者的基本人格也渐渐显现渐渐明确了。接下来的C22和C23中谈到了来自父母的期待。

C21：父母年纪都大了，如果他们辞职的话，以后我将不得不撑起这个家。

T22：母亲一直指望你吧……

C22：不，母亲没指望我，父亲倒是对我很期待。虽然母亲没说，但是不是在经济方面，在我身上寄托了她的梦想……

T23：什么样的梦想？

C23：从普通的大学毕业，参加工作，过普通的稳定的生活，毕业然后找工作然后结婚生孩子，无灾无难地……不成为伟大的人也可以，担当一定的社会责任……寄托了这样的梦想。

T24：原来如此……那样的，快点稳定下来，踏实地找工作（嗯，工作），踏实地结婚。

C24:结婚不是特别晚的话稍微晚点也没关系……当然,希望我找到好工作。

T25:然后……对你来说很重要的……图版 10 中,说到情侣互相不了解对方,终于互相沟通理解之后很开心吧。(嗯。)感觉相了解花了很长时间,克服了很多困难呢。感觉害怕交流,为了相互理解费了很大周折。(嗯,对。)这是个幸福的故事,另一方面同样出现男女关系的图版 13 中,女性设定为娼妇,冷漠的、算计的、颓废的、只对金钱感兴趣……这个女性不好,是吗?……在你对女性的认识中,有这样的感觉吗?

■ 解说 ■　在 C23 和 C24 都说到了结婚,并以此为契机,从 T25 开始转入男女关系的讨论。和来访者一起确认图版 10 和图版 13MF 中的女性形象。

C25:有啊……总觉得女性不温暖。

■ 解说 ■　C25 中的"觉得女性不温暖"这样的情绪,和 C26 中的"对女性没兴趣"这样的叙述让人联想到在 T27 中说的,图版 16 中没有树和花的原野风景。

T26:没有被包容和包容的感觉。

C26:是,没有这样的气氛和意象。因此,女性对男性来说是寻找快乐的对象,只是玩玩的……因此对结婚这种事,没有兴趣,……不过我现在,觉得什么事情都没意思。

T27:这么说的话,图版 16 中没有花和树……没有花的原野,感觉好像没有女子的气息似的。(嗯。)

C27:确实没有女子的气息呢。一般人的话,都能感到温暖的爱情……绝不会因为对方外表的美丽,就对她产生兴趣。对任何女性都觉得是像图版 13MF 中的那样坏……(是这样啊,原来如此。)

T28:不认为女性是温柔的吗?(嗯。)

C28:大概,是受了母亲的影响吧。(对母亲的意象非常强烈。)

■ 解说 ■　来访者自身意识到了自己心中女性形象的形成是受了母亲的影响。然后,开始着眼于和周围人交往的方式,以及现在的朋友关系。

因为是独子的关系以前一直黏着母亲……母亲出去工作之前……母亲工作以后,就变成什么都必须一个人面对……虽然也和别人交往……不过没有深交……最后……疑心一些多余的事情……有点像不好的欧洲个人主义的……就是这样的感觉。和别人交往时，也是同样的循环。大学之后，一离开学校就不再和原来的同学交往，又要适应新的环境。虽说如此，但是也不重视家庭……总觉得像是一个人在战斗。

T29：这就是所说的像一个人战斗，像一个人埋伏那样的不能松懈的气氛。（嗯。）是那种气氛吧。从这个角度说，图版 11 中出现了去前人没去过的地方的故事……这里多亏有神或者宗教信仰那样的支持……为了孤身一人生活，以前你曾经告诉过我你是基督教徒吧？……对你来说这样的支持很有必要呢。（嗯，是这样的。）

C29：有某种无形的东西支持才能走下去，是吗……

T30：虽然你一直是一个人，但是去前人都没去过的地方的话，一个人是不行的。这里的基督教徒是复数吧？（带领着。）那样啊，虽然是一个人生活，不过对你来说重要的是一起生活的人们吧？（是那样啊。）果然还是需要朋友的吧。（嗯。）

■ 解说 ■ 虽然他一直是一个人战斗，但是他不是一个人，T29 中确实出现了神的支持，而且他没有一个人去前人都没去过的地方。

C30：因此渐渐的，觉得自己的想法在改变。

■ 解说 ■ 指出这点之后，来访者开始确实感受到自己目前为止对他人和自己的认识一点点地在转变。

以前，真的是一个人在战斗很鲁莽，虽然走过来了……自己是自己，别人是别人。做好自己的事，互不干涉……每个人有自己的隐私。不去说别人的隐私，也不希望别人干涉自己的隐私……（不要插手，不要干涉我。）嗯，是那么想的。但是现在，尽可能轻松直率地，和别人……目前为止，不是换了一种想法吗？

T31：那样啊，越是制造屏障不让别人插手，别人还越要插手呢。（嗯。）感觉好像稍微只要有一点隙缝，别人就会钻进来……于是总想着把门关上，守着。（嗯。）非常紧张，对吧？（嗯。）我们可以稍微把屏障弄得薄一点……感觉不是很好吗？（嗯，是感觉很不错。）

C31："有来者不拒，离者不追"你听过这样的话吗？我想那样不是很好吗？（那样做的话，会轻松很多啊。）以前因为一直制造屏障……总之，那样的话就，就像自己预想好的那样……预想好将来的事，事情也应该像预想着那样发展……但是我想实际生活中,事情并不是那样的。(嗯。)

　　■解说■　C31 中的"预想好将来的事,事情也应该像预想着那样发展"这样的自我认识,真可能是他目前为止基本的生活方式。"但是我想实际生活中,事情不是那样的",开始意识到这一点了。

T32:不是都像预料的那样发展吧。

C32:嗯,果然还是不能考虑得那么远,觉得应该走一步看一步了。(嗯,嗯。)

T33:过于计划,甚至包括自己的将来都想要控制,越是这样……我想越是会出现计划之外的事情。这个就像你的心脏病。(嗯。)是最无法控制的事吧。因为无法知道什么时候会发作。(嗯,是这样的。)

　　■解说■　进行 TAT 回顾时,开始涉及到他的咨询目的,消除对心脏病发作的不安。

C33:这个,不在自己控制的事情中,是最可怕的东西,麻烦的东西。(想法完全改变了呢。)嗯,不过,怎么做也解决不了。(害怕吗?)

T34:即使心脏病不会发作,将来总是不可预知的。(嗯。)是不能预知的吧,比起预测未来,走一步算一步更好啊。事情发生之前是不好处理的吧。(是啊。)等它发生的时候,再想办法处理更好吧。(嗯。)……在这些方面你不觉得自己发生了一些变化吗?(是的,是有一些。)不过反过来说,如果不对自己进行规划,不控制自己的话……也确实不能成为现在的自己吧。(嗯。)如果不对自己进行控制的话,就会被周围打扰,造成混乱。完全被牵着鼻子走。(是那样。)

　　建立起符合自己要求的自己,是需要好好地自我控制的……高中到现在进大学,都能做到的吧。不然的话,不能自我控制的话……中途会很混乱。不知道做什么事好。(是那样的啊。)

　　■解说■　确实感受到他的内心的想法,测试者有点开心,于是说的多了起来。"确实是那样"可以说这里也引起了来访者对自我形象的共鸣和反思。

C34:形成这种性格,恐怕是小时候家里的影响……现在听了你的话,觉得真是这样。(嗯,是这样啊。)

T35:因此,你有一个人十分努力奋斗的一面,也确实渴望和他人交往吧。

▪ 解说 ▪　一方面自我约束，努力，另一方面，也渴望和他人交往，着眼于这个扩展开来的意象，然后提到图版 10，图版 15，图版 11 的故事意象。

图版 10 那样的情侣的心情，维持原状或者想要相见。图版 15 中墓地上的老人，前来祭拜难以忘怀的死去的友人。（嗯。）果然无法忘记吧。然后，图版 11 中去前人没去过的地方，是很多人一起去的。然后，图版 18BM，很有意思的故事……舞台主演的男性获得成功和荣耀，收到大家的祝福。你的心中是怎么想的呢？

▪ 解说 ▪　这里作为渴望他人的例子，引出了图版 18BM 叙述出的舞台上受到别人祝福的故事。

C35：嗯……回想起很久以前，校园文化节的时候，小时候学艺会上的主演，至今还有印象，于是想起来编进了故事。现在也想成为舞台上的演员。因此，突然就想到了。

T36：现在，还参加演剧社团吗？

C36：没有啊。

T37：成为演员很有趣吧。

C37：嗯，有机会的话……现在稍微闲暇的时候，还想参加一些招募。班里有宴会的话，马上被拖着做些什么……（因为有很多拿手节目。）……嗯，满足了。唱歌啊，模仿，啊……（原来如此啊。）

T38：图版 7BM 是关于恩师和弟子的关系，出现了大学教授那样的内容，虽然有分歧，结果弟子还是保留自己的想法听从了恩师。虽然不是违心的，但是老师还是象征性的安慰弟子显示了一种优越感。这种感觉是怎么回事呢？

▪ 解说 ▪　图版 7BM 的恩师和弟子的关系，也以某种形式被提出了。这里象征着父亲和儿子的关系。来访者一开始说的是大学研究班的教授，在 T41 中测试者问"和父亲的关系也是这样吗？"来访者就开始叙述父亲和自己的关系。确实如图版 7BM 的意象世界中说的那样。

C38：是现在在研究班的感觉。

T39：对研究班的老师是这么觉得的吗？

C39：真的是不怎么说话的老师……因此，真的是一直放任学生……正好那个时候举行校园文化节,作为研究班的代表,不卖力地表演不行,感到压力很大,不过,老师什么也不说,只是在表演的时候看着,我还希望他能给点各方面的意见呢,嗯,那样的,交流再多一点就好了⋯⋯

T40:有意见的话商量一下,什么都可以,想交流再多一点吧。

C40:应该有意见的啊。

T41:和父亲的关系也这样吗? 和父亲,⋯⋯不怎么交换意见吧。

C41:完全没有。

T42:父亲的意见和自己的意见⋯⋯

C42:没有啊,一碰到的话我就躲开了(逃避),唉。

T43:逃避麻烦,还是⋯⋯

C43:嗯,以前一直是,好好的说话最后以吵架告终⋯⋯父亲很急躁⋯⋯总是把自己的意见强加于人。一旦与他意见相背,就大发雷霆压倒别人。我一直都知道这点⋯⋯因此和他交流结果也就是那样⋯⋯退让。也有那样的事情。小的时候,我和别人吵架就退让了。

T44:这个也能在图版7BM的弟子身上感觉到呢。(嗯。)一旦有分歧马上退让,自己其实不想委屈自己但是暂且隐忍了吧,(嗯。)成为行为模式了呢。图版3BM中出现了喝得烂醉的 26 岁女人(嗯。)跌跌撞撞地回家(嗯。)这个是⋯⋯

■ 解说 ■　说到图版3BM时,主要的人格相关特征都测试完了,想从剩下的故事中,看看还有什么其他的特征。

C44:自己也有过一次这样的经历。还有意象⋯⋯看到覆在长凳上就想到了⋯⋯

T45:因为平时紧张,有喝酒之后相当放肆的时候吧。(嗯。)

C45:一喝酒的话真的是很放肆。有一晚上睡在长椅上⋯⋯最近没喝酒到这种程度。

T46:最近没有吗?

C46:最近,到目前为止没喝到这种程度,稍微去喝过几次,上课结束之后⋯⋯这种经历只能有一次(意象深刻),两次的话就不好玩了。为此受到了父母狠狠的训斥。(那样啊,父亲和母亲一起。)

T47:父亲喝酒吗？

C47:嗯，喝的。但是他说那样的事情一次也没发生过。还有自己总是准时回家的。（有过一次不准时吧。）

T48:噢……有过一两次那样的经历也好。那样的话，能够检讨自己。（嗯。）图版17和图版14中，有感到封闭，想从那里逃出去的共同特征，你自己是怎么看的呢？觉得一直很封闭吗？……到目前为止，觉得稍微轻松点了吧……

■ 解说 ■ 图版17和图版14是关于从封闭空间逃脱的主题，在T4中已经提到过。但是，那时没有深入讨论，但它是重要的主题，所以这时重新提起。在C48，C49中，谈到了中学时，自己一直很压抑自己，进入私立高中，生活没有变得如自己预想的那样轻松，觉得很够呛。

C48:嗯，高中时，希望早点毕业。不喜欢私立高中，因为……（学校，学校的氛围）嗯……但是进了，没办法了，只能忍耐……为什么会变成现在这样，在公立学校读初中时自己的预测总是……（预测实现。）嗯，……因为从高中开始环境一下从普通的公立学校变成了私立学校，变化很大，自己的预想没有实现。总之初中时，只要想着考试其他事情不管……进入私立高校的话，可以做自己喜欢做的事，但是还是和预想的不一样。

T49:哪里不一样啊？

C49:感觉公立学校的氛围是一定要和周围的同学交流。……而在私立学校，自己只想做自己的事，也不希望别人干涉，因此经常和人家冲突……所以想快点上大学……是这样一种心情。

T50:中学时的学习是最容易规划的。（嗯。）自己的计划经常能够实现。不过高中和同学在一起，和同学的交往是不可预测的。（嗯。）不知道会发生什么。（嗯。）……这是最不舒服的地方……无法规划……

C50:现在进了大学……大学里能够按照自己的节奏前进很不错……这样想着进了社团。以此为契机，开始频繁的与人交往……但是由于自己的个性和高年级的人吵架了……于是退出了社团……

T51:果然人际关系是很难控制的啊。（嗯。）需要体贴别人，需要感觉当时当地的氛围。如果想不到的话，就会出现问题。和对方友好相处，没有基本的沟通不行啊（是那样啊）。

C51：所以经常害怕会吵架……因为讨厌，从一开始，就……心中想过要没有人际交往的话就好了。但是与人交往不是那样的……现在觉得有争吵，（是啊。）也有快乐和伤悲吧。

T52：人与人的距离，有很多种吧。（嗯。）有走的很近的，也有处在中间的，也有很远的。（嗯。）它是不停变化的吧。（嗯。）保持各种距离很重要啊。（嗯。）不黏也不远离（嗯。）……有不同程度吧。……所有的距离都是有意义的……（嗯。）……所以出现图版 10 中的幸福瞬间的故事很像你的作风呢。

C52：是那样吗？

T53：幸福还没有成为现实吧。（嗯。）理想的世界呢……对你来说可能很理想……

C53：我感觉自己以前很冷漠。看电影或者读书，都不会感动……最近，……这种时候会哭了会笑了……自己和以前不同了。

T54：……TAT 的故事看到现在，已经出现了很多只属于你自己的东西……谈话的方式，是保持距离的谈话方式。（嗯，是，是。）不是十分投入到图版的世界中，看一下言语的表现方式就知道了，"……看出是这样的"（嗯。）……"可以看作是那样的"。场景始终和自己保持一定的距离，不是整个人都投入进去。

■ 解说 ■　不希望别人干涉，卷入到别的事情中，保持距离的特征，从描述 TAT 的言语特征中可以充分地体现出来。这时，一小时的面谈录音带用完了，治疗过程的记录中断了。剩下大约 10 分钟时间。

第七章

个案:重复贪食和呕吐,
从来没有和丈夫一起共进晚餐的女性

个案

24 岁的进食障碍（eating disorder）女性美惠，自 18 岁的夏天开始出现如下症状。只要一开始吃就停不下来，吃饱了就开始呕吐。发展到现在，美惠甚至只要一低头就呕吐。19 岁的时候她曾经去看过一次内科医生。23岁的时候症状开始恶化，只要是食物，哪怕是生萝卜和生芋头，她都不能控制地吃下去。

21 岁的时候美惠认识了现在的先生，经过短暂的恋爱后结婚，并育有一个女儿。因为每天傍晚都会出现过食症状，因此从来没有和先生一起进过晚餐。由于睡眠不好，美惠有时在先生吃晚饭的时候和他一起喝点酒。她感觉和先生一起喝酒很愉快。

美惠中学的时候父母离婚，她和妹妹都归母亲抚养。现在美惠一家三口住在离母亲很近的地方，每天都有往来。母亲认为美惠是因为失眠而去接受心理咨询的。

测试的目的

为了了解美惠的人格特征对其实施了成套测试，TAT 是其中一个。

测试的态度

美惠对测试表现出积极合作的态度。在测试结束的时候说喜欢写故事，觉得测试很轻松。

TAT 测试实录

图版 1

反应时间:2 秒

这是个什么样的场景呢？这个男孩很想得到一个乐器,可能就是这个小提琴吧。由于很想要,虽然实际上还没有得到,他在想象着如果在这里有个小提琴该有多好啊。为什么想要小提琴呢？因为父亲带着这个孩子去听音乐会了,音乐会很成功,他尤其对小提琴有兴趣。如果自己也能拉小提琴的话,那就太棒了。他正在想象这个小提琴就在自己眼前,心里在演奏呢,觉得自己拉得不错,周围出现了管弦乐团,自己就站在乐团的中间演奏着,感觉真好……正在这个时候突然门被打开了,父亲走了进来,给男孩买来了小提琴。这是个美好的结局。

陈述耗时:1 分 47 秒

图版 1 的解释

1. 小提琴是个想象的产物

这是非常少见的反应。小提琴实际不在那里,而作为少年的想象物放在面前,这意味着什么呢？我们可以尝试着做以下的解释:

（a）由于父亲带着孩子去听音乐会，因此孩子对乐器有了兴趣，而父亲给孩子买来了小提琴。这个小提琴是孩子渴望得到父亲的养育的一个象征物。

（b）拉小提琴很成功是少年的空想，而且是故事的中心，但是故事里缺少了对现实中少年和小提琴关系的描述，这说明来访者实现欲望的能量比较低下。

（c）也许测试者应该提问："你从图版的什么地方认为小提琴是想象出来的呢？"但有可能是来访者根据图版中少年的表情而设定的情节。如果是这样的话，那么来访者对图版中少年的表情的认知可能存在一些扭曲，对外界事物比较敏感。

2. 作为养育压力源泉的父亲

在这张图版中导入画面中不存在的人物是常有的反应。被导入的人物通常是父母或者老师，其人物特征是支配压力或者是模范压力的源泉。对来访者而言，父亲是"带自己去听音乐会"和"给自己买小提琴"的双重支持的养育源泉。毫无疑问，在这个故事中父亲形象是积极肯定的，但是我们不能直接就假设在现实中来访者拥有积极的父亲意象。因为"双重支持"反而让我们觉得这个养育意象有可能只是愿望。

3. 逃避到空想中

少年在管弦乐团中演奏着，这是空想的世界，故事没有反映少年对此付出任何努力，说明美惠有着较强的自恋情结和自我显示欲望。"感觉真好"的描述意味着美惠是个重视感觉的人。从故事的展开来看，"美好的结局"好像来得有些突然，完全没有提到在这个过程中应该付出的努力。从这一点来说，也可以推测美惠不是踏踏实实地面对现实，并具有逃避到空想中的倾向。

4. 初次反应时间很短

对来访者呈现图版后，来访者在很短的反应时间以后说："这是个什么样的场景呢？"接着她开始叙述故事。这说明美惠很焦虑，美惠一看到图版就让自己马上作出反应，这是一种强迫倾向。她能够根据图版的特征写出故事，说明美惠的智商偏高。

对图版1反应的总结：智商偏高，但是缺乏应对现实的实际行为，空想逃避行为比较明显，自恋情结和自我显示欲望也比较强烈，而且强烈期待有一个支持自己的理想父亲。

图版 2

反应时间:1 秒

这是一个农耕的场景……在这个场景中出现的人物,这个是少女的母亲,而这个是少女的父亲或者哥哥。家人都在农作,只有这个女孩能够上学。这天一大早一家人都去农地里干活了,女孩在去上学的路上,经过农田时看到父母在耕作。女孩觉得很内疚和矛盾,于是拿起锄头也干了起来。父母看到了就过来阻止她,可是女孩说"我也想帮你们"。听到女孩这样说,父亲和母亲觉得比较欣慰,于是大家和解了。

陈述耗时:1 分 53 秒

图版 2 的解释

1. 和家人的对立

少女和家庭的对立是这张图版常见的反应之一,但是美惠的故事主题不是关于自立、成功和亲密,而是内疚感,这是美惠故事的一个特征。这意味着罪恶感和害怕孤立。和图版 1 反应中的养育性父亲成了强烈的对照。

2. 缺乏现实感的思考过程

故事中的少女因为只有自己能够去上学,于是感到内疚而拿起锄头劳作,这是个不自然的做作的行为,说明美惠在遇到问题时,不能采取现实的行为,而是在自己的空想中转圈圈。这个反应和图版1反应中的空想逃避行为相似。

3. 过于简单的结局

故事中主人公很轻易地就被家人原谅和接受了,这个结局回避了强烈的对立。

4. 强迫倾向

美惠对画面上人的关系反应为"少女—父亲—母亲",这个反应也和图版1相似,表现出美惠一定的强迫倾向。

5. 活跃的思维活动

从故事的长度和叙述来看,可以认为美惠不拒绝测试,可以推测她对治疗也是合作协力的。

对图版2反应的总结:对家人感到内疚和拥有罪恶感,并回避明显的对立。虽然思维活跃,但是空想回避倾向仍然占优势,并且有强迫性行为。

图版 3BM

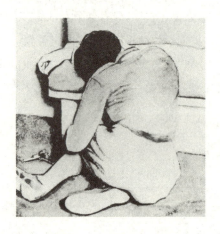

反应时间:10 秒

这个人由于某种原因不得不工作,她孩子还小,而且孩子的父亲由于某种原因不能负起养育的责任,所以她必须工作(停顿)为了得到高额的工资,她的工作是陪客人喝酒,跳舞。虽然她很讨厌这个工作,但是为了生活不得不坚持着。有一天,当她从工作地回来时(停顿)她有两个孩子(笑),一个女孩一个男孩,当她回到家时发现男孩发着高烧,女孩也脸色苍白着不舒服。看着孩子们,她觉得工作的疲劳和至今为止的不幸一下子把她打倒了(笑)。这是她进门时开门的钥匙,随手扔在一边,她就倒下了(停顿)故事还没有结束,这个人辛辛苦苦把孩子培养成人以后,还在工作。她变得不知道为了什么这样拼命工作,感到很绝望(笑)。她觉得头脑中一片空白,最后的场景就是这个老太太倒下了,故事结束了。

陈述耗时:2 分 15 秒

图版 3BM 的解释

1. 对男性的不信任感,敌意和厌恶

对图版中主人公的姿势进行描述,并对这个否定的状态赋予情节是通常的反应,而美惠的设定是因为家庭的不圆满。这和她自己的家庭背景是一致的。特别是首先说:"孩子的父亲由于某种原因不能负起养育的责任",这意味着她对男性的不信任。所以我们可以推断在图版 1 中美惠表现出了对父亲的强烈愿望。她的男性意象,故事中说陪男性喝酒是"很讨厌的工作"来贬低男性的价值。此外,她还通过生病来表现对孩子的敌意,尤其"发着高烧的男孩"意味着对男孩的攻击。从这些反应中我们可以看到美惠对男性的强烈敌意和厌恶情绪。

2. 他罚性

表面上描述的是感到绝望的主人公,但是绝望的原因是由于孩子生病,这其实是他罚性的表现。和图版 2 让家人觉得自己有罪恶感,而让家人来安慰自己的行为相似,也就是说把责任推到别人身上来强调自己的困难。

3. 对成熟女性的厌恶感和拒绝

在故事里,主人公在与男性和与孩子的关系中感到绝望,这不仅仅说明了在前面表现出来的对男性的敌意和厌恶,同时也体现了美惠拒绝成长为和男性孩子共同成长的成熟女性。

对图版 3 反应的总结:对男性拥有敌意和厌恶感,而且对孩子也抱有敌意。从这些方面可以看出，美惠对成长为成熟女性的厌恶和拒绝。

图版 4

反应时间：13 秒

这是一个喝酒的地方……这个女人是个妓女，觉得自己找到了一个很好的猎物（笑）。这个男人好像很富裕，没有太太，只有一个很小的孩子。这个女人正在想办法如何让这个男人掏钱呢。（停顿）这个男人开始还觉得这个女人不错，但是后来慢慢觉得这个女人的目的是自己的财产，所以有些烦了想拒绝这个女人，所以他的眼睛看着别处。（停顿）在这之前，他们两个人都过着普通的生活。后来女的失恋了，男的太太生病过世了，他们在命运变得疯狂时认识了对方。（停顿）最后男人甩开了女人，女人一个人呆呆地站在那里（笑）。（停顿）女人回到家以后开始反省，为什么开始的时候两个人还相处得不错，后来怎么就不行了呢（笑）？"开始时相处得不错吗？"是啊，开始的时候那个男人还给她买衣服买戒指呢。为什么慢慢地就不好了呢？（停顿）有一天，她遇到了男人带着孩子。于是她开始和孩子游戏，慢慢地在和孩子的游戏中她找到了原来的真实的自己。男人看着这些，心里觉得有母亲有父亲有孩子才是一个完美的家。两个人都同时认识到了这一点，于是他们结婚了。Happy End。

陈述耗时：2 分 30 秒

图版 4 的解释

1. 对女性性的拒绝和否定

在这张图版中,主人公和图版 3BM 中的主人公相似被设定得很负面,"讨厌的工作""为了得到高工资",而在图版 4 中对女性的形容是"把男人作为猎物"的人,这是十分低下的女性的价值。同时对男性的描述是"猎物",不仅仅表现出对女性的拒绝,也表现出对男性的敌意和厌恶。并认为由于失恋了女性从此变得不幸,也就是说认为和异性的接触会招来不幸。

2. 对物质和形式完整的幸福家庭的憧憬

在故事中出现了孩子,从"慢慢地在和孩子的游戏中她找到了原来的真实的自己","有母亲有父亲有孩子才是一个完美的家"的描述中可以得知对来访者来说,孩子是带来幸福的存在,并让人感觉到美惠对幸福家庭的强烈憧憬。但同时对来访者而言,父母双全还有孩子的存在,以及物质上的富裕才是幸福的标准度。

对图版 4 反应的总结:女性性不够成熟。虽然对幸福家庭拥有强烈的憧憬,但是认为表面形式完整,物质稳定的家庭才是幸福的基准。

图版 5

反应时间:3 秒

这个故事不是发生在我自己身上的。有一天早上醒来时发现自己变成了一个毒虫，在图版的这里，我已经变成了毒虫（笑）。这个毒虫已经长得有些大了，妈妈觉得有些奇怪，于是慢慢打开门偷偷往里面看。看到那么大的毒虫在房间正中（笑），她急忙把门关上了……她马上命令家里所有人禁止打开那个房间的门。于是，房间慢慢地腐化，这里的书架都腐化坏了变成了废墟。就这样这个毒虫被关在房间里几十年，一切都没有变化。

陈述耗时：1 分 40 秒

图版 5 的解释

1. 坚固的防卫

由于在这张图版空白着的右侧，可以由来访者随意设定一个情况，并以这个情况为中心赋予合适的情节，因此可以说这张图版是 TAT 前半部分中最能够测出深层心理的一张图版。可能来访者已经无意识地觉察到了这张图版容易探测到自己的内心，以"这不是我自己的故事"开头，创作了"变成毒虫"的故事。这说明美惠不愿意显示真正的自我和内在的同时，也表现了她的高智商，敏捷的思维，以及猜疑心很重的一面。

2. 否定的自我概念和对母亲的间接攻击

把自己比喻成毒虫，并且越长越大，最后被关在房间里，甚至把家具都腐化了，这虽然不是对母亲的直接攻击，但是可以感觉到通过强烈的自我否定和破坏来表达对母亲的攻击。

3. 冷漠的母亲概念

通常这个图版中的女性被设定为母亲，故事也围着母子展开。但是这个故事中的母亲不但不惊讶孩子变成了毒虫，而且"马上命令家里所有人禁止打开那个房间的门"。这个冷漠的母亲对孩子是拒绝的，同时也表现了冷漠的母子关系。

4. 对家庭的不信任和否定

在这个故事中，关于未来的描绘是"这里的书架都腐化坏了变成废墟"，这不仅仅是自我破坏的表现，同时也是对温暖家庭的不信任和否定。这和图版 4 的对幸福家庭的憧憬相矛盾，说明美惠对家庭的感情复杂。

对图版 5 反应的总结:否定的自我概念,强烈的自我破坏情绪。在母子关系中,看到的是冷漠的不关心的母亲概念和对母亲间接的攻击。但是为了使得这些内面不表现出来,在美惠身上还出现了抵触和知识性防卫。

图版 6BM

反应时间:10 秒

这个女性是他的母亲。他一直瞒着妈妈,这边(指着图版的外面,左侧)站着的是他的恋人。他们抱着孩子看奶奶来了,孩子在大声地哭着。(停顿)对这个宠爱着长大的独生子的"丑闻",老妇人觉得很羞耻,闭口不说话了(笑)。(停顿)在这里,故事的主人公不再是这三个人,奶奶,爸爸和妈妈,而转移到孩子身上。这个刚才还在大声哭着的孩子是个四五岁大可爱的女孩,她走到奶奶面前,很礼貌地说"您好"。为了让不讲道理的奶奶高兴,她摘野花,捉蝴蝶给奶奶。奶奶很感动(停顿)。慢慢地,慢慢地一家人觉得心在靠近,在不久的将来大家变得很融洽了。

陈述耗时:2 分 15 秒

图版 6BM 的解释

1. 把画面上不存在的人物设定为主人公

这张图版中的男性和老妇人通常被设定为母亲和儿子,但是在美惠的故事中出现了两个图版中没有的人物，并且在故事的前半部分，美惠把自己投射在画中不存在的"恋人"身上。也就是说，当画中没有合适的人物让自己投射的时候，美惠能够设定一个实际不存在的人物，从这一点我们可以感受到她强烈的自我意识。在图版5中美惠不愿意表现自己，可是这一张图版美惠表现得自我显示欲望很强烈，这和图版1的结果一致。

2. 处理现实问题的不成熟

在故事的前半部分中，母亲、儿子和恋人是主人公，描述的是他们之间的矛盾，可是这个矛盾却靠年轻夫妇的孩子得到了解决。故事的后半部分的主人公就变成了小女孩。也就是说，大人不能调整和解决相互之间的困难，却把这个重大的任务放在了孩子的身上。这和图版4相似。这说明大人的未成熟的心理，以及处理现实问题的能力极差。

3. 对未来的描绘偏多

在故事整体的叙述中，对未来的描绘占着极大的比例。这个不平衡同样也表现了很差的处理现实问题的能力。

4. 对性的洁癖

来访者认为年轻的恋人之间有了孩子是"丑闻"，说明美惠认为对性应该禁欲，有洁癖倾向。

5. 否定的母亲意象

把男性的母亲描绘成"不讲道理"的奶奶，这和图版5的"冷漠母亲"一致。

对图版6BM反应的总结：不想表现自己和想表现自己的想法同时存在。虽然处理现实问题的能力比较差，但是美惠的自我功能有较强的一面。不表达自己，被动地处理问题可能是美惠独特的适应方式。对融洽的家庭关系的憧憬很强烈，但是对母亲的意象却是负面的。图版3BM和图版4中表现的对男性的厌恶和敌意，可能来自从这张图版中看到的对性的洁癖。

图版 7GF

反应时间:10 秒

这个是母亲,这个是老二或者老三,也就是中间的一个女儿,然后这个是最小的刚出生不久的一个女孩。上面的哥哥姐姐对这个妹妹的诞生非常高兴,一直很照顾她。给小妹妹买东西啊,哥哥还给妹妹做了一个小床。但是这个老三对妹妹的出生并不是很高兴,觉得妈妈要被妹妹夺走了,心情比较复杂。抱着妹妹的时候确实也觉得妹妹很可爱,但是她不愿意看妈妈,所以眼睛看着别处。(停顿)这个老三的下面还有两个孩子,老三已经照顾了很多,总算都长大了可以松一口气的时候,现在又有了一个小的(笑)。她觉得为什么自己总是要照顾别人,感觉自己很不幸。妈妈虽然有了孩子,但是知道这个老三不高兴,所以妈妈也不是很开心,(停顿)结果还是由老三照顾这个妹妹,(停顿)但是她怎么也不觉得这个妹妹可爱,有时甚至会欺负她(笑)。(停顿)比如说给妹妹洗澡时,会故意手松开(笑)。于是这个妹妹变得很胆小。这个姐姐觉得很内疚,(停顿)每次看到这个妹妹,都会在心里不断地说"对不起,对不起。"

陈述耗时:3 分 07 秒

图版 7GF 的解释

1. 现实的自我和理想的自我分裂

这是 TAT 中的母女图版，但是在故事中完全没有出现母亲和女儿的交流，描述的都是女儿的感情和行为。由于妹妹的诞生而引起的"感觉不幸"，欺负妹妹的"现实的自我"显得非常负面。但是请注意在故事中还出现了女孩的哥哥姐姐和弟弟妹妹。哥哥姐姐对婴儿的诞生表现的是喜悦并照顾着婴儿，而弟弟妹妹得到了这个女孩的照顾。因此哥哥姐姐是这个女孩的"理想自我"，而弟弟妹妹的存在更是女孩的"理想自我"形成的一个必须因素。

2. 母性的剥夺

图版 5 中把变成毒虫的孩子置之不顾的"冷漠母亲"和这个图版中不能充分照顾孩子的母亲一致。

3. 对母亲的间接攻击

母亲觉察到了女孩"妈妈要被妹妹夺走"的嫉妒情绪，"所以妈妈也不是很开心"。让妈妈不能因为婴儿的诞生而高兴，以及对妹妹的欺负行为都是对母亲的间接攻击。这和图版 3，图版 5 一致，美惠没有表现出对母亲的直接攻击。

4. 未成熟的母性

一方面对孩子说"对不起"，一方面又欺负孩子，这是虐待孩子的母亲最常见的心理。故事中的母亲不能够自己照顾孩子，而让还是孩子的主人公照顾，这意味着美惠的母性不够成熟。

5. 投射在婴儿上的自我概念

"胆小的女孩"会不会是美惠的自我投射？

对图版 7GF 反应的总结：现实的自我和理想的自我分裂。不能直接表达攻击性。担心母亲被剥夺的同时，自己的母性也不够成熟。

图版 8BM

反应时间:8 秒

这是一个渴望和平的青年,他正在竞选议员。他认为战争让很多人负伤,医疗也到了极限,这样的事情难道是允许发生的吗?(停顿)他为什么这么想呢? 是因为他的父亲也死于战争,他下决心一定要改变这样的状况(笑)。(停顿)他当了政治家以后一直致力于停止战争的改革。但是由于周围的反对和弹劾,他一次一次地遇到挫折(停顿)最后他自己也不得不去战场,在战地上他还坚持自己的主张,但是最后他战死了,很悲惨。

陈述耗时:2 分 25 秒

从图版的什么地方让你觉得是战争呢?

首先这是一个手术的场景,接受手术的患者在呻吟着惨叫着。一般来说手术如果不是极端的局部麻醉不会这样的,所以觉得可能是没有麻醉的条件,或者没有充分的药物,所以这个患者一直在呻吟着。还有,这里有一支枪。一般在手术室或者病房里是不可能有枪的,所以很明显这是个野战医院,简陋的手术室,所以是战争造成的。

图版 8BM 的解释

1. 攻击性的处理

这张图版中画着刀枪，从来访者的故事中分析攻击性是如何得到解决的，是这张图版最重要的要点。如果从这个观点来看美惠的故事，我们发现她没有怎么描绘情绪，只是罗列了很多事实，并且以"一定要"的口气来叙述的。在图版3BM，图版5和图版7GF中攻击性都没有直接表现出来，而这张图版中的刀枪实在引人注目，所以美惠没有办法回避了。作为第二种可能性，美惠通过"没有麻醉地做手术"这样残虐的表现，回避了绘画中的刺激。另外作为第三种可能性，回避攻击性的原因可能是由于画中的人物都是男性，对女性来说不是那么容易投射。图版6BM中美惠发挥了自我功能导入了一个在画面上不存在的人物来投射自己，而在这一张图版的时候，她没有余力了。

2. 对父亲的敌意

故事描绘了父亲在战争中死亡，潜在的对父亲的敌意得到了间接的表达。但是如果这张图版中出现父亲的话，通常都是手术台上的患者是父亲的设定比较多，所以说美惠对父亲的敌意表现是非常间接的。

3. 攻击性的回避

主人公是"渴望和平"的致力于"停止战争的改革"的男性，这些都意味着否定攻击性。另外，把主人公和父亲的死都归结于战争，而不是有一个特定的人物，这些都说明美惠对攻击性的处理很慎重。

4. 悲观性

最后主人公战死，这多少表现了美惠的悲观思维。

对图版8BM反应的总结：对攻击性的处理很慎重，甚至由于回避攻击，自我功能都不能得到充分的发挥。对父亲的敌意也表达得很间接。美惠的悲观思维也得到一定的表现。

图版 10

反应时间:15 秒

这两个人非常相爱。他们由于一些甚至自己都记不太清楚的小事吵架了,这两三个月都在闹脾气。他们心里都很想和好,正好马上就要过圣诞节了,他们开始为对方计划礼物(注:这个测试是在 1 月实施的),但是他们两个都很穷(笑)。(停顿)女方一直在思考买个什么样的礼物好呢? 于是她到教会搜集了一些碎蜡烛,熔化了以后做成了一个可爱的小蜡烛。(停顿)男方也在想给她准备一个什么礼物呢? 故事有些牵强啊(笑)。他在铁板工厂工作,他收集了一些小的金属碎片,熔化了以后做成了一个小戒指。到了圣诞节的那一天,他们聚到了一起。虽然是粗糙的戒指,小小的蜡烛,在柔和的烛光下戒指也显得很好看(笑)。他们觉得这是一个非常美好的圣诞节,互相拥抱着发誓一起变老。完美的结局。

陈述耗时:3 分 05 秒

图版 10 的解释

1. 强调异性爱中的精神层面

在图版 4 中肯定的异性爱没有得到描绘,而在这张图版中得到了表现。在这张图版中,通常描绘很多异性之间的精神爱和崇高的情操,但是请注意在美惠的故事中她过度地强调了精神爱,而排除了肉体的性。在图版 4 中虽然允许了家庭的存在,但是否定了男女之间的关系。意味着在美惠的内心，虽然对异性的爱表现得比较关心，但是她把爱分为肉体的和精神的。"戒指""教会"体现了美惠心中的结婚愿望。

2. 对"过去"的描绘偏多

故事中大篇幅地描绘了过去，场景在"现在"中结束，而没有叙述未来。并且，过度丰富的情绪反应说明了美惠对现实的处理能力低下，拥有逃避到空想中的倾向。

3. 强迫倾向

对"碎蜡烛""金属碎片"的描绘过于具体，表现了一定的强迫倾向。

对图版10反应的总结：过度强调异性爱中的精神部分。美惠把自我意象投射在幸福的异性关系中，并得到美化。从这一点也同样可以看到美惠对现实问题的处理能力偏低。

图版 11

反应时间：1 秒

这个是什么呢？（停顿）好像不是很清楚，（停顿）从前这里有一条山道，常常有恐龙出没。只有通过这条山路才能去赶集。这个"很美味"（笑）的集市非常热闹，物品丰富，人们在那里物物交换。（停顿）有两个好朋友，他们发誓什么时候都要在一起。两个人一起去赶集，故事有些牵强，这个时候恐龙可能闻到了人的味道，想吃人了，于是突然出现了。其中一个马上就逃跑了,另外一个急中生智,把手中的橡胶(笑)塞到恐龙的嘴里。结果恐龙的牙齿陷进了橡胶里,拔不出来了。恐龙拔又拔不出来,咬又咬不到。最后很气恼地放开了那个男的。那个逃跑的朋友返回来,"对不起!"他不住地道歉。"生命没有危险,没事。""你快看看这个。"(笑)把恐龙留在橡胶上的牙齿给那个朋友看。他们高高兴兴地把恐龙的牙齿拿到集市上去卖,物以稀为贵,他们卖到了很好的价钱。恐龙也害怕了,再也没有出现过。村庄和村庄之间的交流变得更加频繁(笑),大家都很高兴。

陈述耗时:3 分 45 秒

图版 11 的解释

1. 口唇期的课题

"美味的"集市,"吃人","卖了恐龙的牙齿赚了一大笔",在这个故事中出现这样的描述,故事童话化是整体的基调。幼儿的心理是故事的根本,由此可以认为在美惠的深层心理中有着强烈的依赖愿望。

2. 威胁的无力化

用橡胶把恐龙的牙齿拔了下来是这个故事中最奇特的部分。不是面对对方,而是以奇特的方式让威胁突然失去威力。这和图版 3BM,图版 4 中出现的把男人作为猎物是同样的思维模式,是弱者对强者的攻击,表现了美惠的幼儿行为形式。

3. 回避矛盾

发誓永远在一起但遇到危险就离开自己逃跑了的朋友,这样的故事设定表现了对人际关系的不信任。马上表示"没事"而轻易地原谅对方,这是维持表面的肤浅人际关系,回避矛盾的行为。

4. 能量的缺乏

用橡胶得到恐龙的牙齿,买了好价钱而获得了幸福,这样的结局在某种程度上体现了美惠的能量缺乏。

5. 对不安的忍耐度偏低

在看到图版的时候,对绘画的复杂和非现实性表现出困惑。因此初次反应时间非常短，说明美惠面对这样复杂的图版和情形时，表现出较高的不安和焦虑。

对图版 11 反应的总结：幼儿性行为，思考处于优势，对现实的处理能力偏低，以及能量的低下。这样的倾向也同时表现在对他人的不信任，回避矛盾的行为之中。

图版 13MF

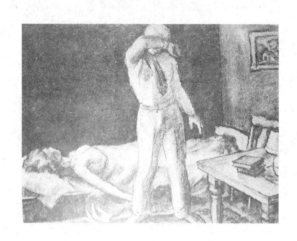

反应时间：15 秒

这个男人是个很有名的石匠，忙着工作完全不顾家庭。不是一般的石匠，是那种雕刻作品的雕刻家。（停顿）石头和木头不同，雕刻很花时间，有的时候忙得晚上都回不了家。（停顿）但是他很热爱他的雕刻事业，现在正忙着雕刻一个维纳斯裸像。（停顿）他对这个作品很有信心，雕了很大的石像，准备拿到竞赛中获奖。如果获奖了，就会有一大笔奖金。有了这笔钱，可以让他太太把破房子修一下，可以买好衣服，过上好日子。于是他每天埋头在雕刻，很长时间没有回家。后来他的作品真的获奖了，他高高兴兴地回家了（笑）。（停顿）当他拿着那一大笔奖金回到那个破破烂烂，甚至布满了蜘蛛网的家中，他太太一个人躺在床上，（停顿）身体都已经变冷了，（停顿）旁边放着遗书，"你为什么一直不回家呢？好像你更喜欢冰冷的人，于是我变冷了，请你要珍惜啊。"那个男人正觉得现在开始大家可以过上幸福生活的时候呢，他不知道如何是好了,呆呆地站在那里。

陈述耗时:3 分 37 秒

图版 13MF 的解释

1. 对女性性的不完全感和禁止感情

可能受到图版中的女性自杀,裸体的影响,在故事中出现了裸体雕像。这张图版标准反应是性,而美惠故事里的细节属于特异反应。这意味着美惠对自己的女性性拥有不完全感,或者来自于她强烈的禁止感情。这和图版 4 中的对异性爱的否定,图版 10 中强调的精神侧面是一致的,否定重视肉体的男性。美惠把自己投射到美丽的,但是冰冷的裸体石像上了。

2. 对"过去的"描绘偏多

故事描绘大多都是关于过去的而结束于现在。这和图版 10 一致,意味着美惠处理现实问题的能力较差。

3. 强烈的自我显示欲望

"有名的石匠""在竞赛中获奖",这都是强烈的自我显示欲望的表现,和图版 1 相同。

4. 强烈的口唇欲望

获得奖金,过上好日子,这都是口唇欲望的表现。

5. 间接的攻击

让妻子自杀,使丈夫不知道如何是好。让男人成为恶人,而自己始终是被害者的角色,这都是攻击性的间接表现。

对图版 13MF 反应的总结:对女性性的不完全感,或者禁止感情,使得重视性的男性处于劣势,被称为恶人。这和前面的图版测试结果相似,处理现实问题能力偏低,有强烈的自我显示欲望、口唇欲望和间接的攻击表现。

图版 14

反应时间：9 秒

　　这是屋顶上的小阁楼，少年在这个小阁楼上仰望着天空。这是个非常大的宅子，有多少个房间都数不清，房子里摆着很多古董，主人甚至都不清楚屋子里放着什么。这个少年是这个巨大古董店店主的养子，可能是他远亲的孩子。刚来这里的时候，他很高兴。可是慢慢地他开始不喜欢一个人的生活了，（停顿）他自己也不知道为什么。（停顿）学习是在家里学，平时也没有人跟他玩，总是一个人，只能在院子里玩，他觉得有些窒息了。他把房间一个一个地打开，看看里面有没有什么有趣的东西。终于有一天，他发现了这个通向阁楼的楼梯。于是他爬了上去，到了屋顶把窗户打开，外面是有着喷水的公园（笑），有奔跑游戏着的孩子，有小狗小猫。原来自由是这么的美好，他被感动了。但是他仍然出不去。（停顿）他从别的地方搬来梯子，爬了下去，（停顿）他马上就有了很多朋友，玩得很高兴，并把小朋友们请到那个小阁楼里游戏。但是很快就被养父发现了（笑）。他对养父说"你看，我们玩得很高兴！"本来养父很生气的，可是这些开心的孩子们让养父也融入了他们中间。

陈述耗时：4 分 03 秒

图版 14 的解释

1. 对家人,朋友温暖友好关系的渴望

在故事的最后,来访者设定了宽容的养父这个角色,这和图版 1 的父亲相似,而和图版 5,图版 6BM,图版 7GF 中的对子女漠不关心的母亲形象相反。而养子的微妙和尴尬的处境,和图版 2 中的家庭相似。在这张图版中同样期待着家人的承认和理解,并且流露出强烈的获得朋友的愿望。从中可以得知,人和人之间的温暖关系,特别是和家人之间的信任是美惠的强烈愿望。

2. 作为成人,处理现实问题的能力偏低

在这张图版中导入了父亲,并且把主人公设定为儿子,我们如何来理解呢? 把自己退行并投射到孩子身上,这样可以更加方便表达自己的愿望。采取孩子的行为并获得成功,这和图版 6BM 相似。也就是说,由于作为成人处理现实问题的能力低下,把自己退行到孩子的话,很多问题都得以迎刃而解。

3. 对未来的描绘

和图版 6BM 同样,对现在到未来的描绘偏多。图版 10 中我们看到对过去的描述过多意味着处理现实问题的能力低下,在这张图版中对未来的描述比重过大,同样也意味着处理现实问题的能力差。

4. 没有被满足的感情

"大宅子""古董"等细节设定是空想世界中的补偿满足。这和图版 14 中对财物的重视相似,和图版 13MF 一样过于追求精神方面的幸福。

对图版 14 反应的总结:表现出对亲情,朋友间温暖友好关系和财务的渴望,这么多的欲望意味着美惠总是得不到满足,也和美惠自己获得这些温暖关系的能力偏低有关。

图版 16(白板)

"这张图版中没有绘画,请你自己想象。""啊,如果有绘画就好了。""自己想象,然后说故事吧"。啊,好吧。这是一片雪白的,一望无际的沙漠。(手指轻轻地摸着图版)一望无际的沙漠,不是说地球上的沙漠,而是沙漠的星球。在这个星球上没有石头,没有湖泊,没有水潭。在这样的星球上当然不会住着人。有个漫画中经常出现的小东西,只有眼睛和嘴巴(笑),一步一摆地走过来走过去(笑),它的足迹风一吹就都不见了。突然有一天从天上降下好多人,人类觉得这个星球很美丽,说不定能改造成第二个地球,并决定从地球把水运到这里来。可是很奇怪,这些人一落地就好像什么都忘了(笑),连自己的任务是什么都不记得了,都和那个小东西一样,大家走过来走过去(笑)。结果地球上的人认为这个沙漠星球很危险就放弃了。可是到了这个星球上的人都回不去了。他们和这个星球一起永远没有变化,也没有必要变化。

陈述耗时:3 分 55 秒

图版 16 的解释

1. 对白色的反应中看到单纯的精神构造

从图版的白色联想到沙漠,虽然故事是一点点地展开了,但故事的开始是对白色的直接单纯反应。这样的反应,通常意味着单纯的精神构造。让人觉得美惠的想象力虽然很丰富,但是带有逃避性,不富有生产性。

2. 不信任母性的哺育

沙漠是不毛的象征,从地球(象征着"母亲")那里运来水,也以失败而结束。而且从地球派遣来的人类突然变得好像什么都忘了,这是对养育的不信任而产生的猜疑心和消极的拒绝,最终被地球本部放弃也同样意味着对母性的不信任。

3. 猜疑的,依赖性的自我意象

把只有眼睛和嘴巴的小动物设定为主人公,他的脸上只有眼睛和张得大大的嘴巴。从象征性来看,眼睛意味着猜疑,而嘴巴意味着依赖。难道美惠的自我意象就是这两点吗? 这个小东西,在沙漠中走来走去,并且脚印给风一吹都消失了,这些单调的非生产性活动的描绘,都让人觉得美惠的自我概念是否定的,自我成就感十分低下。

4. 无力感

沙漠星球没有必要变化,意味着对这种环境抱有宿命感。也就是面对这样的状况感到无力,并逃避努力。也可以说美惠对心理治疗可能没有动力。

对图版16反应的总结:和丰富的想象力相比,精神构造很单纯,而且重要的资源没有得到生产性的使用。对养育,支持有强烈的猜疑心理。以及对荒漠的周围状况有宿命感,不想有变化,意味着对心理治疗缺乏动机。

图版 18GF

反应时间:9秒

这是两个非常要好的姊妹。(停顿)先是右边的这个女性,先生去世了,孩子们都长大离开家了,她一个人生活。这时候她妹妹也同样变成了一个人,于是她们一起在这个大房子里生活。(停顿)突然有一天,妹妹在楼梯上一脚踩空摔了下来,在楼下的妈妈连忙跑了过来问:"你怎么啦? 你没事吧?"虽然马上叫来了医生,但是由于摔到了头部,妹妹就这么去世了。于是老太太成一个人了,每天坐在这里喝茶,每次都泡两杯茶,喝着茶发着呆(笑)。

陈述耗时:2 分 10 秒

图版 18GF 的解释

1. 对母亲和妹妹的间接攻击

故事虽然以"非常要好的姊妹"开头,但是故事的中间"姐姐"突然变成了"妈妈"。所以这个故事表达的还是母女关系。为什么在开始的时候设定的是姊妹呢? 这是为了回避母女之间的直接攻击。在这个女儿身上,投射了来访者自身,还有她的妹妹的双重投射。也就是说,在故事中表达了母亲对女儿的攻击,以及对妹妹的间接攻击。让母亲失去丈夫和孩子,女儿(妹妹)突然死去,这是美惠对不能救助自己的母亲的间接报复。

对图版 18GF 反应的总结:对母亲的复杂感情,以及和母亲、妹妹的关系充满敌意,通过十分间接的方式表达出来。

图版 19

反应时间:1 秒

这是个房子吧,(停顿)又像房子又像是电车呢,(停顿)嗯,还是电车吧(笑)。这不是一般的电车,只有特殊的人才能看到的电车,(停顿)只有在心里十分想念一个人的时候,这个电车就载着这个人去见她/他想念的那个人。当然不是真的载着,而是载着思念,并让对方感觉到。(停顿)在千叶工作的老爷爷思念远方的妻子时,挂念着老伴那里是不是很冷了,今天有没有下雪。于是这个思念就像特急列车似的奔向妻子所在的北方。电车在房子前面停了下来,老伴觉得门外好像有声响,于是打开门,只看到满眼的大雪缤纷。这时候突然脑子里闪过现在爷爷在做什么这样的念头。

陈述耗时:2 分 30 秒

图版 19 的解释

1. 正面积极的情爱

这张图版通常被看成是大雪中的一栋别墅,房子里面显得很温暖。或者被看成是河流,或者是大海中的一艘船。美惠的故事虽然不是以上两种,但是本质上有些相似之处,也就是体现了"心情相通"的主题。夫妻之间相互思念的时候,可以感觉到对方的存在。这是美惠美好愿望的表现。

2. 期待温暖的人际关系

故事中描绘的老夫妇的感情和美惠没有直接关系,所以这只能说是美惠的美好愿望。和图版 4,图版 10 和图版 13MF 中对异性爱的精神侧面的重视相似,老夫妇这种设定让美惠的抵触少一些。

3. 被动的人际关系

故事中两个人的感情能否相通,取决于对方的这种设定,可以认为美惠的情绪交流缺乏现实性。也就是对美惠来说,情绪的交流与其说是现实的,不如说是愿望。

对图版 19 反应的总结:美惠期待着和他人进行感情和情绪上的交流,但并不表现于自己的行为,而是依赖于对方的主动。在现实中,美惠可能在行为上表现出被动和萎缩。

图版 20

反应时间：8 秒

这个人在等人。这里有路灯,有些朦胧。手里拿的是野玫瑰吧(笑)。他和他的朋友,小时候的朋友,也就是青梅竹马吧,一个女孩子预定多少年以后,在你的或者我的生日那天,啊,就算 20 年以后,在生日那天再会,说好不见不散。到了预定的那一天,由于男孩在服兵役,他不能到那个约定的地方去了(笑)。但是他很想去,于是夜里偷偷地从兵营里溜出来,穿着军装,把帽子扣得深深的,避开人的耳目跑到了预定的地方。啊,就是这棵树的下面,这棵树以前还是那么小,现在长得这么高了。树下,但是(停顿)比约定的时候晚到了一点,应该没关系吧。就这样一直等着,可是女孩没有来。她也许忘了吧。虽然遗憾但也没有办法。(停顿)就在这个时候,她朝着这边走了过来(笑),旁边还有一位男士(笑),她挽着男士的手臂走了过来。当走到他前面的时候,她没有认出他来,而他认出了她,一直看着那两个人。男士注意到了他,还说这么晚了,士兵怎么还在外面瞎逛。他转身跑了,回到兵营,换了衣服重新回到被窝里。时间的流逝是无情的,他不知不觉地流下了眼泪。

陈述耗时：3 分 17 秒

图版 20 的解释

1. 否定的女性形象

女孩忘记了约定,和新男友表现得很亲密,忘记了儿时的纯洁感情,说明了美惠对女性的不信任。这和图版 3BM,图版 4 的结果一致。

2. 处理现实问题的能力偏低

主人公最后哭着入睡,和前面的图版测试结果一致,都是处理现实问题的能力偏差的表现。

3. 对细部的描绘说明了强迫倾向

对图版的细部描绘,表现了美惠的强迫倾向,或者是过度敏锐的感性。强烈的猜疑心在图版 16 中也曾经出现,以及不信任感在许多图版中都多次表现。

对图版 20 反应的总结:和前面的结果相重复,说明美惠对成熟女性的拒绝,处理现实问题的能力偏低,以及强迫倾向的表现。

综合解释

虽然美惠的自我功能很好,联想力也很丰富,但是处理现实问题的能力偏低,精神构造很单纯,因此在人格的结构上显得不太平衡。丰富的天资被消耗在空想和逃避现实方面了。

通过测试,美惠对家庭的意象显得很明确。对母亲的养育和支持怀有不安和焦虑,同时憧憬着父亲的养育,但从整体上来看她对爱情抱有强烈的猜疑心理,并表现出对家人的内疚感、罪恶感和孤立感。一方面想建立良好的关系,一方面又很犹豫和萎缩。美惠和妹妹争夺母亲感情的三角关系,以及对母亲的攻击和对父亲的敌意,但她有意识地不让这些感情表面化,并回避对立。因为想回避的意识过于强烈,使得美惠甚至牺牲了自我,不能很好地面对现实,只能在幻想中安慰自己,爱情饥饿感一直伴随左右。

美惠的行为方式主要体现出幼儿性行为,这和她依赖于形式上的、物质上的稳定也有关。

现实的自我和理想的自我分裂，理想的自我由幻想支撑，而现实的自我被强迫症状遮蔽。在美惠的内心，她很担心现实的自我暴露出来，而用知性防卫。天资较高的人往往比较偏好这种自我防卫方式。但是由于美惠有时也很想表达自我，于是显得自我表现欲望很强烈。

以上是美惠的家庭意象，关于她的个人内在，我们可以作出以下的总结。她对成熟女性表现出厌恶感和拒绝，并且对自己的"女性性"的禁止情绪也很强烈。但是同时她也追求亲近的人际关系，尤其过度强调异性爱中的精神侧面。拥有丰富幻想世界的人，常常美化异性爱的精神方面，并竭力保持自己被爱着的感觉。但是由于对女性性持有否定印象，因此对爱护女性的男性不容易产生好感。所以，现实中美惠和异性的关系总是比较曲折。在现实生活中虽然美惠是个母亲，但是她的女性性不是很成熟。

美惠对自己所处的状态抱有宿命思维。她虽然很期待和他人的情绪方面的交流，但是并不是自己主动，而是依赖于对方的主动。在现实中，美惠可能在行为上表现出被动和放弃。

正像口唇期象征的爱情饥饿感而诱发的贪食症状，消除了美惠的不满，让她的欲望得到了一定的满足。她的性格属于无责型。她对治疗的动机不是很高。

第八章

个案:经常突然发烧的小梅

作为相关分析的实际例子，在这里将介绍相关分析的解释，以及反馈小梅的个案。

个案

小梅的介绍

小梅是高中毕业以后在某大企业工作了 6 年的优秀女员工。科长觉得她刚进公司实习时，就像公司的宣传录像里那位典型的优秀女员工一样，是周围人的楷模。大家觉得她性格爽朗，工作麻利，有教养，是公司里的佼佼者。但是，从今年一月左右她一直持续 37.5 以上的低烧，有疲劳感，于是到医院就诊。虽然做了内科的检查，可是也没有找到什么发烧的原因，暂且以"不明热"的诊断向公司请了假，进行休养。与此同时她觉得可能是不是有什么心理方面的问题，于是来到了心理咨询中心。

第一次来咨询的她，看起来像一个十八九岁的年轻女孩，穿的衣服也很像小孩，说话方式也很娇滴滴，虽然表情看似很疲劳，但还时不时地露出笑脸。她对咨询师诉说自己持续发烧，也接受了内科的各种检查，没有查出结果，自己也不知道什么原因。

她家里有父亲母亲和去年离婚的哥哥。爷爷 10 年卧床不起之后于 8 年前去世了。奶奶住在别的地方。哥哥有个四岁的男孩。

由于想和小梅进一步沟通交流，特别是想跟她说明 TAT 测试的心理治疗效果，于是在第五次咨询的时候，我跟小梅解释了 TAT 测试的原理和可以期待的治疗效果，很顺利地获得了她的许可，而且约好了下次咨询的时候进行了 TAT 测试。第一次咨询的两周后我们进行了 TAT 的反馈面谈。

在这里记载了小梅的 TAT 测试的过程和反馈面谈的经过。但是很遗憾在这样的文字记载中不能很好地表达交谈时对方的语气。

小梅的 TAT 测试实录

下面是小梅的 TAT 测试中叙述的故事。

图版 1:

(15 秒钟)好像很苦恼……是因为琴弹得不好而苦恼呢? ……还是把琴搞坏了? 到底是怎么了呢? (小提琴吗?)嗯……之后就不知道了……看起来非常的忧郁。(是因为在考虑事情吗?)……啊,嗯……不知道。

图版 2:

(什么样呢?)(1 分 20 秒钟)(这里有人吧? 这个人在干什么呢?)……这个人(来访者手指着左边的女性),跟这幅画很不协调……(好像另外一个世界的人?)嗯……这个人看起来很不协调。(这个人是个什么人呢?)是这个女的吗? (是什么样的人呢?)……这看起来虽然像是乡下……只有这个人看起来像是从城市出来的。(看起来像是从城市出来的。)……(请按照这种感觉继续说,可以吗?)……实在什么都想不出来。

图版 3GF：

（这一张怎么样呢？）……（1 分 20 秒钟）……（这个人好像是个女的？）嗯，看到这个女的。……她在哭……（为什么在哭呢？）……不知道啊。（叹息）

图版 4：

（15 秒钟）……这个女的仍然喜欢那个男的……啊，这两个人是恋人，但是虽然女的还是喜欢男的，但是男的已经变心了。（两个人是恋人，女的还喜欢男的。）……（这个男的怎么想呢？）……（女的是一个什么样的人呢？）这个女的好像很坚强。（男的呢？）性格不太稳定，对女的已经厌烦了……（这两个人会怎么样呢？）……男的出来了，可能是这个女的房间吧，所以女的跟着追出来了。

图版 5：

（20 秒钟）……夜里，这在哪里呀？……夜里有声音呢……这家的女人出来看看……（怎么了？）什么，根本不认识的人呀。小偷吗？啊。（看到一个不认识的人。）……声音，也有光呢……这边比较暗，这个屋却亮着……（小偷在那里？）看着，现在什么也不好说。（不能动的感觉？）嗯……

图版 6GF:

(18 秒钟)……在某处,室外。突然被这个男性的叫住,对于这个女人来说,这个男的不怀什么好意,比较令人讨厌……被不想看到的人叫住了……感觉有些害怕……(这两个人是什么关系呢?)……不管怎样,这个人都不是好人(笑)……这个女人又胆怯又害怕,但好像还逮到了男的什么把柄。(笑)……啊啊,不是在外面,这个男人偷偷地进到这个女人的房间里来了……(怎么办? ……之后)……这个男的是来恐吓这个女的,后来走了。这个女人……非常的伤心……(这个女的怎么想呢?)这个女人是好人家出来的,为人老实……害怕那个男人不知道什么时候又会回来……

图版 7GF:

(17 秒钟)……这个人是后妈,这个孩子是男主人的孩子……这个孩子很叛逆,尤其对很照顾她的那些人……这个人在认真地读书给她听,来安慰她。(来安慰她。)……(为什么叛逆呢?)……嗯,自己以前的妈妈……没有什么对妈妈的印象吧,一直是爸爸照顾的……突然自己和爸爸两个人之间,又插进来一个人……这个人虽然不算什么,但就是看不顺眼。(不算什么,就是看不顺眼。)……(这个女孩是个什么样的女孩呢?)……她很孤傲,是个娇娇女,虽然是个好孩子,但不是那么率真。(很孤傲,是个娇娇女,但不是那么率真。)……

图版 8GF：

(14 秒钟)……和自己想的一样……正在笑……(在想什么呢?)……在想一些坏事吧……(是什么事呢?)嗯……感觉好像骗了这个男的,为此在那里窃笑……(骗了这个人吗?)嗯,可能是为了诱惑他而约了这个软弱的男的,然后……结果戏弄了那个男的,就这样看着那个男的孤零零的背影,在那里嗤笑他……(戏弄了那个男的吗?)……(还有什么别的吗?)这个女的不是个普通人,是个做小姐的……(她骗了这个男的吗?)嗯(所谓的小姐?)说她是小姐呢……应该是那样吧……还是个应召女郎呢(笑)……(应召女郎。)……用甜言蜜语约男的,对男的说些漂亮的话……然后提出了很高的价钱,反正感觉那个男的不是什么有钱人吧……实际上也真是没有……如果是那样……好像有点不合时宜,于是被赶了出去……

图版 9GF：

(22 秒钟)……嗯,这是条小河呢? 还是什么呢? 女的正在玩水,这个人……是什么呢? 是女佣人呢? 还是什么呢? 从树上面……正在看呢……(是什么心情呢?)……

感觉这个人很任性,想到的事情非得马上就做……这个人(上面的女的)被小姐使唤……(这个小姐很任性,是吗?)嗯……嗯,很羡慕……如果和自己的身份交换一下,处境就完全不同了……真好……(女佣可能在忍气吞声,被随便使唤吧。)嗯,这个人一定很软弱,即使心里觉得很不舒服……因为自己是女佣也不能反抗……

图版 10:

(5 秒钟)……嗯,久别重逢的情侣……女的忠贞不渝地爱……但是男的已经变心了,在这分开的这几年里又和别人交往,但是这个女的一点都不知情,……还在感激能够再见面呢……(虽然男的变心了,但是女的并不知道。)……(这个男的多少岁呢?)……大约 30 岁左右吧……(这个女的多少岁呢?)……大约 28 岁左右吧〔笑〕……一直等着这个人,结果错过了婚期……(等着这个人错过了婚期。)……(这个男的是个什么样的人呢?)……本来是个诚实的人,两个人也非常相爱,但是这个女的住在乡下,男的去了城市工作,渐渐在打拼中被揉搓,性格因此变得放荡不羁吧,失去了本来的自我,变得自私了。……(失去了自我,变得自私了。)……(两个人将来会成怎么样呢?)男的还是要回到城市去,虽然暂时

现在在女的身边，但最终还是要回去的……女的就那样被撒下了……于是她就一直单身着。（被撒下了。）……（被抛弃了。）嗯……那个男的后来也并不是多么幸福，只是开始拥有了婚姻生活，后来就那样日子千篇一律地过下去……

图版 11:

（33秒钟）……嗯，这是在山里面……（山里面，什么呢？）……这里虽然是森林，但岩石峭立……这是秃鹰呢？还是什么呢？……抓了什么东西，正在吃……这是什么呢？（指着图版的中间部分）不知道……

图版 12F:

（20秒钟）……这个人是个男的，这两个人是母子……这个人一定很聪明……人品也不错，很受欢迎……这是个老奶奶吧，也可能是母亲……这个男士只要和女的交往，就一定会被母亲捣乱……可能是害怕吧，因此为了母亲而不太和人交往，他虽然是个好人……但是因为害怕奶奶而不能保持正常的人际交往……这个男的……一定是欺负了谁，但是又用悲伤的目光追随着对方。但母亲却在偷偷地笑……

图版 13MF：

（26秒钟）……这两个人是婚外恋的关系，这个男的有自己的家人，……但是却来到了这个女的房间……这个男的已经厌倦了，这个女的肮脏凌乱不检点……他想要结束他们之间的关系……（感觉这个女的不检点。）可能是这样吧……（是个什么样的人呢?）开始可能是个可爱的女孩，和这个男的交往以后，也不是她的错，渐渐两个人彼此熟悉了，以前要伪装自己，要表现得理性，要打扮自己吧，可现在这些都没了。也许是因为对这个男的不戒备了的缘故。男的原本是想从她这里得到家人不能给自己的欢乐，但和这个女的交往了，却看到了这个女的不检点的一面……

图版 14：

（26秒钟）……嗯……夜空里的星星……男的在睁大眼睛眺望夜空里的星星……虽然有些烦恼，睡不着觉……但是望着天空心情就平静了……啊，可能原来想跳下来的，但是打开窗户，夜空太漂亮了，不知不觉地就眺望着……还是再努力一次吧……（烦恼是什么呢?）在工作方面犯了很大的错误……于是变得非常厌世……可能要被解雇了……

图版 15:

（28 秒钟）……墓地，大楼的墓地……这个老人没有亲人，即使活着好像也没有目标……在墓地中徘徊……一定是到妻子的坟墓……想还是死了算了吧……（太寂寞了。）而且身体已经不能动了……完全不能自己生活了……终于来到了自己家的坟墓……一定会突然倒下，真是衰老不饶人啊……（就那样倒下了。）嗯……

图版 16:

（这虽然是一个空白的图版，请你说出浮现在头脑中意象，什么也可以。）（20 秒钟）……一个非常宽敞的房子……不像教会一样的街道，而是很低的墙，两边都是很低的墙所包围，春天温暖的阳光照射过来……道路一直延伸下去……乡间小道吧，还有白色的土墙……

图版 17GF:

（35 秒钟）……虽然原来约好的，这个女的等的人会坐船回来，但是船回来了，等的人却没回来……就那样一直等着……但是和心情截然相反，天气很好，阳光十分灿烂。于是心情也变得更加悲伤起来……（下面的这些人正在做什么呢？）正在用船运货物……可能这个女的等的那个男人也是乘坐这样的船……像这样乘船的人，一年只能回来几次……虽说这个男人干得不错，其实也没有什么了不起的事情……自高自大,即使回来一次,也只不过还得马上去进货……就这样生活被束缚着……真是可悲啊……

图版 18GF:

(23 秒钟)……这是一对夫妇,丈夫喝了酒……醉着回来了,摇摇晃晃走在台阶上,站不稳的样子,妻子已经厌烦了,厌烦得忍受不了了……恨不得要掐着对方的脖子……他们过去是非常好的夫妇……丈夫从来没有喝酒醉成这个样子……妻子在想:"他原来不是这样的啊。"非常地伤心难过。

图版 19:

(26 秒钟)……这是大海,这里是潜水艇……大海在猖狂地簸动……嗯,但是,如果要是潜水艇的话,大海怎么猖狂都应该没有关系的……嗯,这是个海船,眼看着就要被海浪吞噬了……(什么样的船呢?)这是一个普通的海轮,坐了很多的乘客,大家都是想来度假娱乐的,没想到遭到了灾难……(这种氛围是什么感觉呢?)……眼看着天空变得漆黑,好像船马上就要沉下去了似的……船上的人在摇晃着……还觉得摇晃着很舒服呢……并没有觉得十分害怕或者恐怖。他们在什么都不知道的情况下,就遇难了。

图版 20：

（21 秒钟）……杂木丛生的树林，在路灯下，这条道很黑暗，两旁茂盛的树木，他一个人在很晚的时间，蹒跚着走回家。这个男的一个人住……也没有朋友……非常的孤独……可怜的人……（他的家是怎么样的感觉呢？）自己的家，租的很便宜的房子，只有一个房间的小公寓……也没有什么吃的东西……好像没有什么钱……也没有什么亲戚……（这样啊？真的很可怜呀。）嗯，兜里装的钱……只有一个硬币，这样的话什么也买不了，今天吃的东西已经没有了……（只有一个硬币啊。）……是。他今天去找工作了。很努力地找工作，但是没有一个人要录用他，走了很多家都不行，今天也没有钱了，很失落地回来了。

最喜欢的图版：

图版 10——这个女的是世间最傻的人，虽然得不到任何回报可还是认真地爱着，结果被抛弃可还是继续爱着那个男的。

最讨厌的图版：

图版 18GF——这个男的醉得不省人事。多少喝一点当然是可以谅解的，但他的妻子和孩子太痛苦了……这个人的本性并不坏，第二天早上一定会道歉说不好意思，可还是会依然犯同样的错误……

相关分析的解释

1. 孤独的内心

作为故事的叙述人，对前面的 3 幅图版，并不能完全进入到图版的世界中，也不能展开故事的叙述。但是,从第四幅图版开始就能够非常丰富生动地展开叙述了。通过这个变化,我们可以看出小梅对周围的环境非常敏感,如果不确定周围的环境是否安全,就不能很到位地表达自己的内心世界。她在习惯 TAT 测试之前表现得稍微有点焦虑,而在感觉放心之后就能够很自然地叙述自己的事情了。从这点我们可以看到小梅虽然感觉把自己展示出来有些害怕,但是另一方面她希望别人能够完全理解自己,她的内心其实是十分孤独的。随着 TAT 故事的变化,我们可以很清楚地看到这一点。

2. 关于男女关系的解释

在小梅的 20 个图版故事中,最引人注目的内容是关于男女关系的故事。图版 4、6GF、8GF、10、13MF、17GF,一共有 6 幅。为什么出现了这么多的男女关系的故事呢?

图版 4、10 和 13MF 故事的共通点是男的对女的变心。图版 10,去了城市的男的变了心和别的女人交往了,可是女的在乡下仍然等着他回来和她见面,故事的进展是最后男的又走了,她就一直单身等着他;图版 17GF 也是女的一直等着男的回来。可不同的是,在这张图版中,在展示了女的独自一个人等待的样子的同时也表达了对男的责备的一面;在图版 6GF 中,对向自己打招呼的、令人讨厌的男的感到害怕的同时,也抓住了男的弱点;还有图版 8GF,主动约没有钱的男的,让他感觉被欺辱后而自己在背后窃笑;还有图版 4,将变了心的男的从房间里赶了出去;图版 10 中,离去的男的也不会幸福;图版 17GF 中男的即使回来也要被工作所束缚等等。小梅在冷冷地看着这些男性的弱点。男的形象比较软弱、无依无靠的是图版 18GF 中出现的喝得烂醉如泥回家的父亲形象。在图版 7GF 中,虽然和父亲的联系比较紧密,可还是出现了想要依靠,却不能依靠的不信任感。还有像图版 13MF 那样,放纵自己,任由自己把自己令人厌恶的地方都表现出来,最后男的厌倦了,离开了。所以小梅认为在男的面前还是要打扮自己,理性点比较安全,有点勉力撑着的感觉。在追求和男性保持稳定关系的同时,也表露出当愿望实现不了的时候的焦躁感。

3. 和母亲的关系解释

第二个主轴是和母亲的关系。小梅的故事中出现了母亲的图版是图版 7GF、12F、19 的故事,还有图版 16 中也能读出母亲的世界。图版 7GF 是父亲和女儿的世界中插入了继母。感觉不是很坦率。还有在图版 12F 中出现了妨碍和异性交往的母亲,而且是个心肠很坏的母亲形象，并且好像和奶奶的形象重叠在一起了。从根本上来说，就像图版 19 的世界一样，像潜水艇一样坚固保护的母亲世界，而另一方面，在轻松娱乐的气氛中却不知什么时候遭难的不安全的观光船，这两个母亲世界是共存的。图版 16 的世界里，田间路上被白色的墙包围着的春天世界。这说明，应该稳定安全的母亲世界，却不能完全依靠，不能十分熟悉，展现的是一个十分复杂的母亲意象。让人感觉这样的母亲意象，缺乏真正母性的温暖、包容和坚韧。

4. 小梅的内心世界

小梅自己的内心世界，体现在图版 9GF、11、14、15、20 的故事中，同样在图版 16 的故事里也能感觉到。图版 9GF 里出现的任性的大小姐和软弱不敢反抗的女人，小梅的两面性很好地展现出来了。图版 11 是她的心底世界，就好像一片还没有被开拓的森林世界，被一只有攻击性的秃鹫啄食。从其他的图版中也能很清楚地看到，孤独中也有些不满。图版 14、图版 15、图版 20 的共同处是一个人在眺望夜空的样子，身边无人慢慢地老去，最后在杂木林中，在路灯下晃晃悠悠的一个人回家的样子，让小梅的孤独得到了充分的流露。便宜的公寓里只有一个房间，一点吃的都没有，身边没有一个人，口袋里只有一个硬币，无力无所依靠的样子清晰地浮现出来。

在这里呈现在我们面前的是，一个人没有活着的自信，虽然想要依靠力量强大的男性，却没有找到，无奈地依赖于一个不稳定的母亲世界的女性形象。

反馈 TAT 故事的过程

下面展示的是实施 TAT 测试后，反馈 TAT 故事的咨询个案的过程。咨询师（Therapist）的发言标记为 T，T 后面的数字是咨询师发言的次数。来访者的发言标记为 C(client)，C 后面的数字是来访者发言的次数。面谈刚开始的时候，咨询师和来访者先随便交谈了几句以后进入正题。

T1：嗯，首先我想请你回想一下你所叙述的故事……我感觉你在述说图版 1、2 和 3GF 的时候，好像一时怎么也浮现不出什么意象，对吧？（是的。）……在图版 1 中，虽然前面好像放着一个小提琴，有个男孩子。（嗯。）好像在烦恼什么，因为不能拉好小提琴而烦恼吧，或者可能是把琴搞坏了？好像很忧郁啊，至于后面的结果就不知道了……有一种非常忧郁的感觉。(嗯,是的。)……图版 2 是一幅出现了三个人物,正中间有一匹马的图版。(嗯。)对这幅画好像有些怎么也组织不起故事来的感觉。(嗯。)沉默了 80 秒钟左右。(是的。)结果感到在那里的那个年轻女子显得非常的不和谐。(嗯。)有些不对劲。(啊。)只有这个人感觉像是从城市里出来的,完全组织不出故事来,就这样结束了。(嗯。)……图版 3GF 里的女的就这样站着(做着手势)。(嗯。)虽然在故事中说她哭了,可是为什么哭具体原因却不知道。几乎说不出什么情节来……

■ 解说 ■　咨询师和来访者,两个人一边看图版,一边一起回想 TAT 测试时的情形,一起复述故事的特征和叙述的方式,并体会故事的意象和氛围。无论对咨询师来说还是对来访者来说,这都是一个暖身准备的阶段。

从图版 4 开始虽然开始渐渐地能叙述出故事来了,(嗯。)这里也出现了男的和女的人物。(嗯。)说两个人是恋人,虽然女的还喜欢男的,可是男的已经变心了。(嗯。)说明男的性格不稳定,好像已经腻烦了吧。(嗯。)对女的已经烦了。男的离开了,因为这是女的的房间,女的追了出去。这里表达的是这个男的变心了。(是的。)这样的故事,在别的图版中也出现了,也都是男的离开了女的故事。

C1:是,我好像说了两个这样的故事吧。

T2:嗯。其他的。(嗯。)还有图版 10。重逢的恋人,有两个大脸的图版,(嗯。)拥抱在一起的感觉。(嗯。)重逢的恋人,说女的还不知道。(是的。)这是你喜欢的图版。(对。)因为这个女的对爱情非常专一。(嗯。)(笑)可是这个男的早已经变心了,在城市工作了多年,在这期间变化了。(是的。)好像是又有了别的女人。(是的。)这个女的一直等着他,连自己婚期也错过了……在这里也是男的变了心。但是在故事中,女的还完全没发现男的变了心呢。(嗯。)一直在等着。(是的。)而且你对这个男的的描叙是,他原本是个很诚实的人,两个人也很相爱,但是在男的在城市打拼期间经受各种挫折,而变得放荡不羁。(嗯。)并以自我为中心。(是。)让我们来整理一下,你的看法是相对于本人的品质,好像周围环境的好坏更加重要。(啊,对的。)嗯,对方提出了分手,这面还是拼命地爱着,虽然是对方变了心。这种感觉的故事出现了好几个,我想还有其他的细小情节。(嗯。)

图版 5,这里有一个人,女的把门打开探出了头,注意到黑夜中好像有什么声音,

过来看一下吧。（嗯。）感觉有什么声音，还感觉有灯光。想着不会有小偷吧。（嗯。）她心里有点介意，于是过来看看。这可能没有什么太大的意思……

图版6GF，这是一个叼着烟斗的男的，女的向后回头。男的在向她打招呼，女的对这个男的没有什么好感。（嗯。）女的还抓着男的什么弱点，是威胁呢？还是抓着这个男的弱点呢？（是这样的。）好像在威胁这个男的？（嗯。）那个男的感觉十分憎恨，于是回去了。（嗯。）这个女的还是教养非常好的人家的女儿。于是这个男的觉得自己不该来，是吗？这种男女关系……

C2：啊，能稍微等一下吗？……我怎么感觉自己的手有点发抖。

T3：手在发抖？（嗯。）

■ 解说 ■ 咨询师一边在叙说图版6GF的故事，一边通过这个故事去感受看上去那个满面笑容，声音甜美，可爱的小梅的内心深处，那里有抓住弱点不怀好意的小恶魔正在攻击小梅的心。小梅的手之所以会在这个时候发抖，难道不是因为多少感觉到了自己无意识的攻击心吗？但是她在这里并没有说任何语言，只是单纯地说自己的手发抖了。这个小恶魔，进入了更加体现出她内心的图版8GF的故事里。

有意思的是图版8GF，在这幅图版里，女的就一个人这样，（盘着腿。）盘着腿吧。（嗯。）看上去还比较漂亮的一个女孩。（嗯。）这个女的很有意思。好像边在想着什么边在笑。（嗯。）可能是什么坏事，或者是欺骗男的，感觉在嘲笑。（嗯。）是诱惑懦弱的男的，约了他以后，结果戏弄了他。（嗯。）看到那个男的受到打击，泄了气，看着他的沮丧背影，在嗤笑着他。（嗯。）这种感觉，是吧？（嗯。）这个女的……（嗯。）这个女的是做小姐的。（嗯。）看起来像个应召女郎，用甜言蜜语引诱男的，对男的提出了一个很高的价钱。（嗯。）还说反正他也不是什么有钱人。（嗯。）结果当男的说没有钱时，就笑话他不合时宜，于是把他赶了出去，并这样在后面嘲笑他。（嗯。）有这种感觉。这个女的完全在愚弄男的。（嗯。）这种故事虽然很有意思，可是从你给别人的感觉来看，觉得完全不能想象这是你叙述的故事。你自己是怎么想的呢？这种女性意象……一会儿说被男的欺骗了，一会儿说男的逃脱了，一会儿女的欺骗男的，这样的男女关系……（嗯。）嗯，虽然也出现了像图版10那样坚贞不渝的，充满爱情浪漫的女性，可最后还是被欺骗了吧。虽然你也坚持坚贞不渝的爱情,可另一方面实际上已经不相信男的了吧。要不怎么说呢? 男的反正是要消失的,于是有时候站在上面愚弄和攻击男性,而且表现的不是正面地直接地攻击他,而是嗤笑或是呆在暗处嘲讽。这也许就是你的特色。

■ 解说 ■　如果这样解读下去的话,这些非常严肃的内容就一下子摆在了小梅的面前。虽说在测试的指导语中提到故事本身和叙述故事的人并不直接联系在一起,可是咨询师的解说方法是把两者联系在一起。小梅在这期间一个积极的回应"是的"也没有,她有点紧张地在听着。作为咨询师即使不能马上理解她也可以,只用指出故事里人物形象的特征就足够了。

在后面出现了男女关系的是图版13MF,他们是婚外恋关系,依然是女的邋遢脏兮兮地睡着了。(嗯。)男的看到这些,决定要结束他们的关系,这是男的要说的,对吗? (嗯。)这个女的已经渐渐习惯了交往,原来要伪装自己,用理性压制自己的部分,现在慢慢地也就不再装饰自己了,对男的完全不戒备了。(嗯,是的。)如果失去了任何戒备,自己就变得太邋遢太放任,结果男的看到女的这个样子就感觉讨厌了。好像只要女的对男的失去戒备,疏忽大意的话,就会变得肮脏凌乱,是吗? 在这种男女关系中,你是不是表现得比较紧张和在意? 尽量让自己的弱点和内心世界不让别人去触碰,是这种类型吧? (嗯。)知道得太多了的话,会因为这个,男女关系变得不怎么快乐(苦笑)。(嗯。)图版10中表达的是忠贞不渝的爱,这一点比较好⋯⋯可是然后,从另一个角度来看⋯⋯(嗯。)你和母亲的关系,如果把这些和有母亲的形象出现的几个故事重叠在一起分析的话,将更加清晰。

图版7GF中,这个孩子抱着个玩具还是婴儿,旁边看起来像是她的母亲。(嗯。)好像是在给她念书吧。这是个后妈,对吗? (嗯。)是再婚的对象。这是爸爸的孩子。(嗯。)好像亲生母亲不在了,这个新来的妈妈,虽然很温柔可是却遭到了孩子的叛逆。(是的。)对这个孩子来说,其实对生母已经没有什么印象了。(是。)她一直被父亲抚养着。因为感觉现在突然在父亲身边,也就是说两个人的世界里插进一个人来,所以不太高兴吧。(嗯。)但实际上这个孩子非常寂寞,她是个被宠坏的孩子,但不是很率真。觉得这个后妈就好像是一个竞争对手,虽然她对自己很好,可就是没有母亲的感觉。你的母亲意象就这样通过故事浮现了出来。

然后还在哪些别的图版中出现了母亲意象呢？那就是图版19，那是幅抽象画，对吧？（嗯。是的。）看起来感觉有点像船吧。（嗯。）实际上这是一幅能很好地表达和母亲关系的图版。你开始时说这艘船是个潜水艇，但实际上这艘船差点要被大浪打翻了。（嗯。）许多人悠闲地愉快地坐在观光船上。（嗯。）结果船摇晃了起来，但是人们没有注意到，结果人们在并不十分害怕和完全不知情的情况下遇难了。（嗯。）船，应该是大海上安全的交通工具。（嗯。）可是安全的船最后沉了。也就是说应该给予支持的却没有能够提供必要的支持，这是一个非常重要的大事。

对了，还有另一张投射男女关系的图版，图版17GF。本来应该回来的男的并没有坐上船回来。（是的。）女的一直在等着他回来。（嗯。）非常有意思的是周围的感觉，虽然天气很好，可是和心情不相符。太阳金灿灿的，这更加深了悲伤的气氛吧。（是的。）我明白正因为这个，你才说讨厌等待的。（笑）是这样吧。

下面还有另外一些主人公独自一人的故事，让我们一起来看看那张图版，也许和刚才那个没有母亲支持的世界相关。

图版14，这是在夜里，主人公好像有什么非常烦恼的事，睡不着觉。（是的。）这个男性看看夜空里的星星，感觉心情平静了。（是的。）虽然这个男的想从窗子里跳下去，可是夜空太美丽了，看了还想再看，看得入迷了。（嗯。）这个男的可能是工作上犯了什么大错，或者是被开除了吧，反正好像是失去了什么的感觉。

另一个是墓地的故事，图版15。（嗯。）在墓地当中，建筑物的墓地中，孤苦伶仃的老人，没有生活的目标，想要死在妻子的坟前，身体已经不能动弹，生活不能自理了，濒临死亡。像是一个人最后的世界吧。

接着出现的是最后的图版20。实际上，在图版20中经常出现自己的现实形象，就像电影的最后一个镜头。（是的。）旁边是杂树林，路灯下男的在走着，路显得非常的黑暗。有许多树，一个人那么晚了在慢慢地走着。他一个人住，没有太多的朋友，是个孤独的人。在这里你描述得非常详细。（笑）便宜的住房，（笑）一个人住，房间里只有一个人，也没有吃的，什么也没有。（笑）口袋里只有一个硬币。（笑）什么也不能买，也没有吃的。虽然在找工作，非常努力地在找工作，可是没有被雇佣，干什么都不行。今天钱也没有了，灰心丧气地回到了家。最后一个场景是非常可怜的孤苦伶仃一个人的世界。

虽然在图版 16 中也是一个人,可是氛围很和谐。在这里也是什么都没有的一片空白,但是个完全没有令人讨厌的事物的世界。这个世界并不是大城市的街道,而是两边被低矮的墙包围着,春天温暖的阳光照射着,道路一直延伸下去的乡间小路的安静景象。

C3:在高中时曾经去旅行,去的是东北地方,(嗯。)虽然没有什么印象,(嗯。)但是记得道路非常宽广,觉得心情非常平静。

T4:嗯,想起了这个记忆,是吗?(嗯。)……然后,出现了母亲形象的故事还有另外一个。

图版 12F,稍微有点男孩子气的这个男性,后面是应该怎么说呢,看起来像母夜叉的表情的女性,这个男性和女性的关系是母子。这个人很聪明,人品也很好,很受人们的喜欢,可是他因为奶奶还是母亲,只要和女的交往就会受到打扰,于是有些惧怕。在这里故事中原本说的是"妈妈",后来换成了"奶奶",这正是有意思的地方。母亲和奶奶的意象表现得有些混乱。(嗯。)嗯。因为这个奶奶很可怕,于是他不能和人交往。欺负人是这个奶奶的乐趣,而这个男的好像很悲伤地用眼睛追随着她,可妈妈却在偷偷地笑。(笑)即使这个男的特别地想交女朋友,却感觉这个母亲在背地里不怀好意。

所以说,在你的 TAT 故事中始终没有出现可以依赖撒娇的母亲,或者是可以得到安全感的母亲形象。要不就是消失了,要不就是在男女关系中,男的离去了。所以在有的场景里,比如像图版 8GF 中的女性,有嗤笑男性的情景。(嗯。)将男的玩弄于股掌之中的女性形象。从这些事情来看,自己讨厌的事情,很愤怒的事情都不表现在故事的表面,或者就是根本不表现出来。不把它表现在表面,好像被温和包围着。但比如说被男性抛弃了的时候,本来就应该表现出愤怒的。但是更过分的是,即使是对抛弃自己的男性,也表现出不知情的样子。图版 10 的故事,即使可能知道也装作不知道,就那么接受了。男的暂时住在乡下女的家里,过一阵以后就离去了。

■ 解说 ■ 从这些故事里可以多多少少地总结出小梅的人物形象的特征。与此同时,小梅也被这些故事和被诱发出来的情绪所刺激,说出了自己的真实情况。

C4:这是我最喜欢的一张图版。

T5:嗯,确实这种关系挺有意思的。事实上是男的在欺骗人呢。男的欺骗了女的,他其实已经有了别的女人了,但是回到女的地方,他们暂时在一起了一段时间,然后再回去。这个女性完全是被欺骗了。你喜欢的是什么呢? 你喜欢的是即使对这样的男的,也要把爱进行到底吗?（笑）。

C5:虽然看起来有点傻,在别人看来确实很傻。（嗯。）就这样一直只想着那个人,生活下去。（嗯。）这是很需要勇气的事情。

T6:啊,你认为这是一种勇气。

C6:说这是勇气虽然有点可笑。我换个话题,可以吗? 我很喜欢歌星王菲。（哦。）她很坚强,无论外界怎么评论她,她都不会动摇。因为是演艺界的人,可能还有许多别的事情,可是我真的很想象她那样坚强地生活。（嗯。）所以是真的很喜欢。

T7:……嗯,如果是这种纯洁的爱情故事,感觉就像电影里的女人。与此相比,另一个图版8GF里的女性形象,你是怎么看的呢?

C7:啊,请问是哪一页?

T8:对对,将男的玩弄于股掌之中,像是应召女郎或是小姐的人。这可是你讲的故事啊。（一起笑）你是怎么认为这个女性形象的呢? 是不是与自己有相似之处啊?

C8:可能是我自己想试试吧。

T9:啊,想要自己试试? ……自己想试试什么?

C9:嗯,当然不是试着做小姐。（嗯。）实际上能不能将男的玩弄于股掌之中我并不知道。（嗯,你不知道能不能。）嗯……可是……那会是怎么样呢?（嗯。）即使有很多的人际交往,怎么说呢? 可能我太任性了吧。

T10:所谓的任性……关于图版9GF,虽然我们到现在还没有讨论,故事里面有女佣和小姐。（嗯。）那个小姐太任性了。（嗯。）只要想到的事情就要马上做。（嗯。）那个女佣内心深处非常羡慕这一点。（嗯。）噢,通过这两个人的关系结果投射出了自己的两面性,任性的自己和压制这种任性的自己。很坚定地等待的男性女性形象,还有图版17GF中的金色太阳。（嗯。）一直在等待不知道去了哪里,还回不回来的人。（嗯。）然后图版10中,出现了甚至错过了婚期的描述。（嗯。）也是一直在等待不回来的男的感觉吧。然后女性形象突然发生了变化,出现了两种极端。这边是诱惑男的,诱惑他,玩弄他,而且怀有嗤笑和嘲笑的敌意,把他们当做傻瓜……嗯,所以女性形象非常地分裂。如果全都是纯洁的爱的话,那还可以。(笑)我觉得图版 8GF 中的女性,可以再稍微表现出直接的攻击性。这种嗤笑和嘲弄男性的攻击,看上去感觉有点扭曲似的。

然后男性形象也比较有意思。图版 18GF 中描述的在楼梯那里跌跌撞撞,喝醉了酒回来的男人,故事中说那个男的也是没办法吧。(嗯。)因为喝醉了,不省人事,但作为妻子却愤怒地想卡住他的脖子。

C10:这让我想起了自己的父亲。

T11:想起了你的父亲吗? 父亲喝酒吗?

C11:喝酒喝得很凶。(啊。)平时不怎么喝,可是一旦喝就会喝得很多。(嗯。)有时也会喝得很醉。(嗯。)虽然做了胃部手术,可还是不注意身体,喝得很多。真的喝得太多了。

T12:喝的时候是一种什么状态呢? 烂醉如泥吗?

C12:父亲醉酒的样子有些奇怪。(嗯。)有心情非常好的时候。(嗯。)也有很烦人的时候,也有烂醉如泥睡过去的时候。虽然那种心情好的时候,只要顺着他就可以,可是我很讨厌那种烦人的时候。可能是因为母亲被父亲叱责的场景至今都还留有记忆。父亲年轻的时候喝醉回来,那是在生我之前,所以那个时候爷爷奶奶都在,奶奶自然觉得自己的孩子很可爱。父亲喝醉回来很吵闹,虽然母亲让他安静点,可父亲还是故意弄出很大的声响。(嗯。)一发生这样的情况,爷爷奶奶就对母亲发火。我真的觉得我奶奶心肠很坏。母亲去洗澡的时候,通常她都是家里最后一个洗澡的,可那个时候奶奶就故意关了煤气,觉得她心地太坏了。虽然父亲平时很老实,可是一喝了酒就乱七八糟了,故意弄出很大的声响。(嗯。)父亲系着蝴蝶领结。(哦。)很奇怪。虽然并不是系得很好,可是每次都很认真地系。(嗯。)母亲曾经说过想用那个蝴蝶结的领带把父亲的脖子勒紧。我怎么突然现在想起了这个。

T13:啊,这个和图版 18GF 中的故事很相似,还有心肠坏的奶奶出现在图版 12F 的故事中。(嗯。)

在以后的治疗中,小梅想起了很多关于奶奶的各种记忆。特别是爷爷卧床不起之后,奶奶搬出家去自己一个人住,内心坚强的母亲 10 年如一日地悉心照顾卧床不起的爷爷。还有哥哥的妻子生了孩子以后他们就离了婚,嫂子将孩子放在家里就离开了,照顾培育孩子的任务就全部落在了母亲一个人身上。

可是母亲去年的 8 月住院了，紧接着父亲 11 月也住了院。虽然他们两人在今年的 1 月初都出了院回到家，可是在他们住院期间，所有的家务事都是小梅一个人的事情，包括照顾哥哥的孩子等等。实在太辛苦了。在母亲健康的时候，母亲承担了所有的家事，小梅什么事情都可以不管不操心，可是在母亲住院期间她必须承担起照顾家里一切的责任。

5 最后的过程

通过 TAT 图版解释的反馈，咨询师心里对小梅的印象逐渐变得鲜明起来。也就是说，在母亲和奶奶矛盾重重的家里，由于父亲直到成人仍然还是被奶奶管束着，太没有男子气，所以小梅一直都不能信任任何男性，一直蜷缩在母亲的世界里。因为母亲生病了，一直表现得十分坚强的母亲突然变得弱小了，因此小梅不得不代替母亲照顾家里。在竞争激烈的公司里，她要掩饰自己理性地工作，另一边虽然家是受宠爱可以松口气的地方，可是小梅即使在家里也必须像以前的母亲一样努力。对小梅来说，实际上是没有可以给予柔弱的自己坚强支持的人，她是没有依靠孤独的。她这种不成熟的地方，正是她常常发烧的原因。甚至与其说她是无缘无故的发烧，倒不如说她是突然发烧。

在那之后通过心理咨询，小梅意识到了自己不成熟的幼稚的一面，并接受了这样的自己，与此同时烧也退了。由于母亲变得体弱经常生病，于是小梅一回到家就感觉紧张，甚至睡不着觉，有时还会半夜做恶梦惊醒。于是通过附近诊所的内科医生的介绍住进了内科医院，因而得以从工作和家庭里解放出来。这些环境的调节使得小梅逐渐变得能够自由表达自己内心不成熟的地方，并且能够真正面对自己，这些都起了促进心理治疗进展的作用。

虽然事后才发觉，促使她成为公司优秀职员的原因是她对上司抱有淡淡的好感，所以努力使自己的形象和上司所期待的优秀女员工相吻合。随着心理治疗的进行，她慢慢觉得自己没有必要投其所好，也承认自己拥有的不成熟的一面，于是感到了彻底的轻松。与此同时，原来那个十八九岁的可爱女孩形象消失了，成长为和年龄相符的，24 岁左右的成熟女性。成长虽然是好事，可是让小梅失去了可爱的少女的一面，咨询师在自己内心多少感觉到了一些遗憾。

参考文献

鍬本實敏　《警視庁刑事——私の仕事と人生》　講談社. 1996.

安香宏、坪内順子：(1968)"TATの分析法と解釈基準の検討"《臨床心理学研究》第7巻1号、1 - 14ページ.

安香宏、坪内順子：(1969)"精神分裂病のTAT反応にみられる記述反応の特徴"《臨床心理学の進歩》誠信書房、113 - 122ページ.

安香宏：(1976)"空想の分析——TATの解釈プロセスをめぐって"《現代のエスプリ》至文堂、66 - 90ページ.

安香宏"TAT"岡堂哲雄編《心理検査学》垣内出版、1976.

安香宏　1990 TAT 異常心理学講座8　みすず書房　119 - 169.

安香宏，1993"TAT"岡堂哲雄編《心理検査学》増補新版，垣内出版.

Arnold, M. B. "Story sequence analysts" Columbia University Press. 1962.

Bandura, A. *Principles of Behavior Modification*. New York: Holt, Rinehart and Winston, Inc, 1969.

Bellak, L. *The Thematic Apperception Test and the Children's Apperception Test in clinical use*. New York: Grune & Stratton, 1954.

Bellak, L. *The T. A. T. , C. A. T. , and S. A. T. in clinical use. (fifth Ed.)*, Allyn and Bacon, 1993.

Cramer, P. *Storytelling, Narrative, and the Thematic Apperception Test*. Guilford Press, 1996.

Davids, A. & DeVault, S. *Use of the TAT and human figure drawings in research on personality, pregnancy, and perception*. Journal of Projective Techniques and Personality Assessment, 1960,24,362 - 365.

Davids, R. et al. *"Rorschach an TAT indices of homosexuality in overt homosexuals, neurotics, and normal males."* J. abnorm. soc Psychol, 1956,53.

土門拳(1984)：深く知ること. 土門拳全集8　日本の風景. 小学館,163.

エランベルジェ・H・F"ヘルマン・ロールシャッハの生涯と仕事"《エランベルジェ著作集1　無意識のパイオニアと患者たち》　中井久夫編訳、みすず書房、1999.

Eron，L. D. *Frequencies of themes and identifications in the stories of schizophrenic patients and non-hospitalized college students*. Journal of Consulting Psychology，1948，12，387‐395.

Eron，L. D. *A normative study of the Thematic Apperception Test*. Psychological Monographs，1950，64，No. 9（whole No. 315）.

Eron，L. D. *Responses of women to the Thematic Apperception Test*. Journal of Consulting Psycholog，1953，17，269‐282.

Frank，L. K. *Projective methods for the study of personalit*. Journal of Psychology，1939，8，389‐413.

藤岡喜愛(1974)：イメージと人間──精神人間学の視野. 日本放送出版協会，62‐94.

藤田幸子：(1961)"TATに現れた女子非行少年の態度"《調研紀要》創刊号、135‐145ページ.

深津千賀子，1990"TATによる家族力動の理解"性格心理学，新講座4《性格の理解》金子書房.

福島章：(1972)"自我同一性と犯罪"《犯罪学雑誌》第38券、5‐6号、14‐22ページ.

福島章：(1974)"女性らしさの変容──女性犯罪のnatureとnurture──"《現代人の攻撃性》ロゴス選書、58‐75ページ.

福島章：(1976)"思春期非行の意味"《臨床精神医学》第5券10号　109‐116ページ.

ハフナー・S 《ヒトラーとは何か》　赤羽龍夫訳、草思社、1979.

《犯罪白書》、(1976)特に第3節"女性犯罪"法務総合研究所編、25‐33ページ.

Hartman，A. A. *A basic TAT set*. Journal of Projective Techniques and Personality Assessment，1870，34，391‐396.

長谷川永：(1973)"女子矯正処遇における諸問題"《法律のひろば》、第26券6号、27‐33ページ.

長谷川町子 《サザエさん5》 長谷川町子全集五、朝日新聞社、1977.

林峻一郎"巨大集団としての社会の攻撃性"原俊夫ほか編《攻撃性──精神科医の立

場から》岩崎学術出版、1979、231 - 271ページ.

Henry，W. E. "*The analysis of fantasy. The thematic apperception technique in the study of personality*". John Willy & Sons. 1956.

東山魁夷（1967）：風景との会話. 新潮社，12 - 13.

広瀬勝也：（1958）"女子殺人者の精神医学的研究"《精神神経誌》第 60 券 12 号、64 - 76ページ.

広瀬（旧姓近喰）勝也：（1952）"女子受刑者の精神医学的研究"《精神神経誌》第 54 券 5 号、47 - 70ページ.

Holt，R. H. "*The Thematic Apperception Test*" Anderson，H. et at，An introduc tion to projective techniques，New York：Prentice-Hall，1951.

Holt，R. R. *Formal aspects of the TAT*：*a neglected resource*. Journal of Projective Techniques，1958，22，163 - 172.

Holt，R. R. *The TAT*. In R. R. Holt，methods in clinical psychology，Vol. 1. Projective assessment. New York：Plenum Press，1978，1 - 208.

堀見太郎ほか "TAT"《異常心理学講座》 みすず書房，1954.

池田豊應"ロールシャッハテストの解釈 ケースの提示 事例：しずか"（心理検査 Vol. I - 2）《臨床心理学》一券三号、2001、金剛出版、348 - 352.

稲村博：（1975）"子殺しの研究"《犯罪学雑誌》第 41 券 1 号、40 - 55ページ.

井上和子"児童のロールシャッハ反応――反応単位のあいまいについて――"《ロー ルシャッハ研究》IV号、10 - 27ページ.

磯貝嘉代子：（1961）"非行少年のTAT反応の量的考察"《調研紀要》創刊号、59 - 82ペ ージ.

岩田慶治（2000）：道元との対話――山河大地の言葉. 講談社，56 - 59（初出は、岩田慶 治ほか（1986）：道元と出会う. 旺文社.）

Jensen，J. R，*Aggression in fantasy and overt behavior*. Psychol. Monogr，1957，71.

Jung，C. G. *Psychoanalyse und Associationexperiment*. Journal fur Psychologie und Neurologie，VII，1906，25 - 60.

高尾浩幸訳（1993）：診断学的連想研究. 人文書院.

開高健 《完本　私の釣魚大全》 文藝春秋，1976.

皆藤章（1998）：生きる心理療法と教育——臨床教育学の視座から. 誠信書房，38.

皆藤章（2003）：臨床教育学の構想——体験をとおしてもたらされた覚書. 皇紀夫編
　　著，臨床教育学の生成. 玉川大学出版部，53.

笠原嘉・藤縄昭ほか《正視恐怖・体臭恐怖——主として精神分裂症との境界につい
　　て》特に自我漏洩症候についての藤縄の理論、医学書院、1970、95 – 100ページ.

笠原嘉：（1976）"精神医学的女性論"《精神科医のノート》みすず書房、156 – 173ペ
　　ージ.

片口安史（1974）：新・心理診断法——ロールシャッハ・テストの解説と研究. 金子
　　書房，12.

片口安史 《改訂　新・心理診断学》 金子書房、1987.

河合隼雄：（1976）《中年の危機と再生、母性社会日本の病理》中公義書.

河合隼雄（1991）：イメージの心理学. 青土社. 小学館.

河合隼雄監修，三好暁光・氏原寛編（1991）：臨床心理学2 アセスメント. 創元社，3
　　– 4.

河合隼雄 《物語と人間の科学》 岩波書店、1993.

河合隼雄（1999）：心理検査と心理療法. 精神療法，25(1)，3 – 7.

河合隼雄（2000）：心理臨床の理論. 岩波書店，69 – 83.

河合隼雄 "〈物語る〉ことの意義" 河合隼雄総編集　講座心理療法　第2券
　　《心理療法と物語》 岩波書店、2001.

河合隼雄（2002）：物語を生きる——今は昔，昔は今. 小学館.

カザーニン他、前田利夫訳《言語の構造と病理》誠信書房、1971.

Kenny，D. T. *Ambiguity of pictures and extent of personality factors in fantasy
　　response*. J. consult Psychol. ，1953，Vol. 17，No. 4.

Kenny，D. T. *Transcendence indices，extent of personality factors responses，and the
　　ambiguity* of TAT cards. J. consult. Psychol，1954，Vol. 18，No. 5.

Kenny，D. T. *Theoretical and research reapraisal of stimulus factors in the TAT.* Contemporary issues in TAT Charles，C. Thomas，1961.

Kenny，D. T. *Anxiety effect in thematic apperception induced by homogeneou visual stimulation.* J. proj. tech. pers. assess，1963，Vol. 27.

吉川真理・山上栄子・佐々木裕子（2002）：臨床ハンドテストの実際. 誠信書房.

木村駿（1953）《TATの実験的研究》戸川行男（編）《TAT》　中山書店.

木村駿　《TAT 診断法入門》　誠信書房、1964.

木村駿：（1977）"'いえ'における親子関係の崩壊、ある子殺しの鑑定例から"《日本人の深層心理》創元社.

木村駿　《日本人の対人恐怖》　勁草書房、1982.

小林秀雄　《"美の行脚"旧友交歓》　小林秀雄対談集、求龍堂、1980.

Koch，C. The Tree Test：The Tree-Drawing Test as an Aid in. 1952.

小泉英明編著　《育つ・学ぶ・癒す》　脳図鑑二一、工作社、2001.

Koret，S. et al. *Utilization of projective test as a Prediction of casework movement.* Amer. J. Orthopsychiat，1957，27.

小嶋謙四郎，1968"TAT"臨床心理学講座 2《人格診断法》誠信書房.

小嶋謙四郎"TAT"臨床心理学講座、2《人格診断法》、誠信書房、1969.

小嶋謙四郎（1969）"TAT"、片口安史他（編）《臨床心理学講座第 2 券》、誠信書房.

小嶋謙四郎ほか　《絵画空想法——PRT 試案》　金子書房、1978.

久我澪子：（1977）"受刑者の生活歴からみた女性犯罪"《犯罪社会学研究》2 号、107 - 118ページ.

Lindsey，G. et al. *Thematic Apperception Test：an interpretive lexicon for clinical and investigater* J. of clin. Psycho. Monograph supplement. No. 12，April 1959.

Lindzey，G. ，Tejessy，C. ，Zamansky，H. *TAT：An empirical examination of of some indicase of homosexuality.* J. abnorm. soc. Psychol. ，1958，57.

マーレイ、外林大作（訳編）（1961）《パーソナリティ》誠信書房.

松井孝典（1999）：地球の"いのち". 梅原猛・河合隼雄・松井孝典，いま，"いのち"を考える．岩波書店，88，142‐143．

松井孝典（2003）：宇宙人としての生き方――アストロバイオロジーへの招待．岩波
書店，27．

三上直子（1995）：S―HTP法――統合型 HTP 法による臨床的・発達的アプローチ．
誠信書房．

水島恵一ほか：（1967）"非行少年と自己同一性――TAT によるアプローチ――"《臨
床心理学の進歩》誠信書房、325‐334ページ．

茂木健一郎 《心を生み出す脳のシステム――"私"というミステリー》 日本放送
出版協会、2001．

村瀬興雄 《アドルフ・ヒトラ―――"独裁者"出現の歴史的背景》 中央公論
社、2000．

Murry，H. A. *Explorations in Personality*．Oxford University Press，1938．（外林大
作（訳編）1961，1962《パーソナリティⅠⅡ》誠信書房．）

Murry，H. A．*Thematic Apperception Test*：*manual*．Harvard University
Press，1943．

Rapaport，D．，Gill，M. M．& Shafer，R．*Diagnostic Psychological Testing*，1968．
（Revised and edited by R. R. Holt）．New York：International Universities Press．

Murray，H. A．*Thematic Apperception Test manual*．Cambridge：Harvard University
Press，1943．

Murray，H. A．，Henry，W. E．，Rapaport，D．，Eron，L. D．，Bellak，L．，Lindzey，
G．，et. al，Spiegelman，M．

Murstein，B. I．"*Theory and research in projective technique*"，John Wiley & Sons．
1963，23‐44．

Murstein，B. I．*Normative written TAT responses for a college sample*．Journal of
Personality Assessment，1972，36，109‐147．

中井久夫 《精神科治療の覚書》 日本評論社、1982．

中村好子：（1965）"いわゆる'性格不一致'夫婦への取り組み方――TATのかかわり

分析を手掛かりとして"《調研紀要》第 8 号、35‐47ページ.

梨木香歩 《りかさん》 偕成社、1999.

西澤哲 《子どもの虐待——子どもと家族への治療的アプローチ》 誠信書房、1994.

岡堂哲雄(1998)：心理査定プラクティス.現代のエスプリ,別冊(臨床心理学 2).

小長谷正明 《ヒトラーの震え 毛澤東の摺り足——神経内科から見た二十世紀》中央公論社、1999.

大塚義孝(1992)：臨床心理学の歴史と展望.氏原寛・小川捷之・東山宏久・村瀬孝雄・山中康裕編,心理臨床大事典.培風館,7‐8.

大野晋 《源氏物語のもののあれは》 角川書店、2001.

オールマン・J・M《進化する脳》別冊日経サイエンス、養老孟司訳、日経サイエンス社、2001.

Piotrowski, Z. A. *The Thematic Apperception Test of a schizophrenic interpreted according to new rules*. Psychonalytic Review，1952，39，230‐240.

Psychodiagnosis. Hans Huber. 林勝造・国吉政一・一谷彊訳(1970)：バウム・テスト——樹木画による人格診断法.日本文化科学者.

Rapaport，D. 1946 *The Thematic Apperception Test*. In D. Rapaport，Diagnostic.

Rapaport， D. ， *Diagnostic psychological testing*. International University Press，1968.

psychological testing. Vol. 2. Chicago：Year Book Medical Publishers. pp. 395‐459.

R. D. レイン、笠原嘉訳《ひき裂かれた自己》特に第 2 部の身体化された自己とされない自己の理論、みすず書房、1971、81‐101ページ.

Rorschach，H. *Psychodiagnostik：Methodik und Ergebnisse eines wahrnehmungs-diagnostischen Experiments（Deutenlassen von Zufallsformen）*. 1921. Bern：Ernst Biccher. 片口安史訳(1976)：精神診断学——知覚診断的実験の方法と結果（偶然図形の判断）改訳版. 金子書房.

Rosenzweig，S. *Apperceptive normals for the TAT：Ⅱ An empirical investigation.*

J. Pers．，1949，17.

Rotter，J. B. *Thematic Apperception Test*：*Suggestions for administration and interpretation*．I Pers．，1946，15.

斉藤文夫、"ある殺人犯のTAT 事例"《ケース研究Ⅱ》 誠信書房、1979.

佐治守夫，1963"TAT"井村恒郎編《臨床心理検査法》医学書院.

逆瀬川幸雄：(1973)"非行少年に対するTATの適用"《調研紀要》第 23 号、119－124ページ.

佐野勝男、槇田仁 《主題統覚検査の評価方法》 精神医学研究所、1958.

Sarason，S. ＆ Rosenzweig，S. *An experimental study of the triadic hypothesis*. *Reaction to frustration. ego-defence，and hypnotizability. TAT approach*. Charact．＆ Pers，1942，11.

佐藤カツ子：(1977)"母親における子殺しとその背景"《犯罪社会学研究》2 号、93－105ページ.

佐藤典子：(1974)"わが国における女性犯罪の現況と特色"《犯罪と非行》143－161ページ.

Schneck，J. M.，*Hypnoanalysjs，hypnotherapy，and 12M of TAT* J. gen. Psychol．，1951，44.

Shneidman，E. S. *Thematic test analysis*. New York：Grune ＆ Stratton，1951.

Shneidman，E. S. ＆ Fraberow，N. L. *TAT heroes of suicidal and non-suicidal subjects*. Journal of Projective Techniques，1958，22，211－228.

Smith，P. S. *Motivation and Personality*：*handbook of thematic content analysis*. Cambridge University Press，1992.

外林大作訳、編 《パーソナリティ》Ⅰ、Ⅱ（Murray "Personality"）誠信書房、1961.

Stein，M. I. *Thematic Apperception Test*：*an introductory manual for its clinical use with adult males*. Cambridge，mass：Addison-Wesley，1948.

Stein，M. I. *The Thematic Apperception Test*：*An introductory manual for its clinical use with adult males*. Addison Wesley，1954.

Stone，H. *The TAT aggressive content scale*．J．of．proj．tech，1956，20．

鈴木睦夫　1990 性格診断法　小川捷之他編　臨床心理学大系臨床心理学を学ぶ　金子書房　110－119．

鈴木睦夫　1992 TAT 解釈技法に関する基礎的研究——図版ごとの反応分類を中心とする接近法　学位取得論文（大阪市立大学）．

鈴木睦夫，1993"TAT 反応の形式面について"中京大学文学部紀要，28 券 3，4 号．

鈴木睦夫，1994"TAT 論考"中京大学文学部紀要，29 券 1 号．

鈴木睦夫　1994a TAT 反応の形式面について　中京大学文学部紀要　28（3・4），107－130．

鈴木睦夫　1994b TAT 論考　中京大学文学部紀要　29（1），44－72．

ロールシャッハ・H《新・完訳　精神診断学》　鈴木睦夫訳、金子書房、1998．

鈴木睦夫　《TATパーソナリティ——二十六事例の分析と解釈の例示》　誠信書房　2000．

武村信義：（1959）"女子累犯者に犯罪生物学的研究、犯罪生活曲線からみた女性犯罪"《精神神経誌》第 61 券、50－70ページ．

田中富士夫（1992）：投影法．氏原寛・小川捷之・東山宏久・村瀬孝雄・山中康裕編，心理臨床大事典．培風館，515．

寺澤芳夫編集主幹　《英語語源辞典》　研究社、1997．

戸田正直《心をもった機械——ソフトウェアとしての"感情"システム》　ダイヤモンド社、1987．

戸川行男　《絵画統覚検査解説》　金子書房、1953．

戸川行男編　《TAT》　中山書店、1955．

Tomkins，S S．"The Thematic Apperception Test"．Grune & Stratton，1947，21－108．

坪内順子：（1971）"TAT 解釈基準の検討——因子分析による構成的妥当性の検討"《第 35 回日本心理学会発表論文集》．

坪内順子：（1972）"TAT 解釈基準の検討— Detail notationの継起分析"《第 36 回日本

心理学会発表論文集》.

坪内順子：(1973)"TAT解釈基準の検討— Dd認知とそれに伴う論理構造についての吟味"《第37回日本心理学会発表論文集》.

坪内順子：(1974)"投影法における刺激の役割——TATを中心として"一谷彊編《実験人格心理学》日本文化科学社．196‐226ページ.

坪内順子・斉藤文夫：(1975)"TATによる特殊犯罪者(病的な人格反応である犯罪)の研究"Ⅰ，Ⅱ，《犯罪心理学研究》12券，特別号，40‐41ページ.

坪内順子，1984《TATアナリシス—生きた人格診断》垣内出版.

辻悟・河合隼雄・藤岡喜愛・氏原寛編著　《これからのロールシャッハ——臨床実践の歴史と展望》　創元社，1987.

土居健郎　《新訂　方法としての面接—臨床家のやめに》　医学書院、1992.

土屋真一：(1973)"最近の女性犯罪の動向"《法律のひろば》、第26券6号、4‐13ページ.

上芝功博，1977《臨床ロールシャッハ解釈の実際—ある研究会の記録》垣内出版.

氏原寛・小川捷之・東山宏久・村瀬孝雄・山中康裕編(1992)：心理臨床大事典．培風館，415‐605.

氏原寛・小川捷之・近藤邦夫・楢幹八郎・東山宏久・村山正治・山中康裕編(1992)：カウンセリング辞典．ミネルヴァ書房，11.

氏原寛 1992 心理アセスメント（総論）　氏原寛他編　心理臨床大事典　培風館 416‐420.

氏原寛"ロールシャッハ・テストの基本"(心理検査　Vol.Ⅰ‐2)《臨床心理学》　一券三号、金剛出版、2001、255‐262.

ヴィゴッキー、柴田義松訳《思考と言語》上、下券、明治図書、1973.

Watkins，C. E.，Campbell，V. L.，Nieberding，R. & Hallmark，R. *Contemporary practice of psychological assessment by clinical psychologists*．Professional Psychology：Research and Practive，1995，26(1)，54‐60.

Wedster's Thied New International Dictionary Merriam-Webster Inc. 1986.

Weisskopf，E. A. *A transcendence index as a proposed measure in the TAT*. Jaurnal of psychology，1950，29，379–390.

Weiss，W. et al，*The effect of induced aggressiveness and opinion change*. J. abnorm. soc. Psychol.，1956.

Wetbster，H. *Rao's multiple discriminant，technique applied to three TAT variables*. J. abnorm. soc. Psychol.，1952，47.

White，R. W. *Prediction of hypnotic susceptibility from a knowledge of subjects attitudes*. J. Psychol.，1937，3.

Wyatt，F. *The scoring and analysis of the Thematic Apperception Test*. Journal of Psychology，1947，24，319–330.

山本和郎"TAT——かかわり分析——"異常心理学講座第 11 券《心理テスト》みすず書房、1966.

山本和郎"TAT——かかわり分析——"異常心理学講座第 11 券《心理テスト》 みすず書房、1967.

山本和郎　1992　TAT かかわり分析—ゆたかな人間理解の方法　東京大学出版会.

ユング・C・G 《ユング自伝 1》ヤッフェ編、河合隼雄・藤縄昭・出井淑子訳、みすず書房、1972.

后记

　　这是我于 2007 年 4 月在重庆出版社出版了《树木-人格投射测试》，和 2008 年 11 月出版了《实用罗夏墨迹测验》（和西南大学心理学院杨东老师合作编著）之后写的第三本关于投射测试的专业书籍，这本 30 多万字的书籍从 2008 年元旦开始着手，历经了一年半的写作时光。

　　我在硕士课程的时候，接受了筑波大学的临床心理士的全部培养课程。教授们在各种各样的场合，比如在课堂、在个案研讨会上反反复复地跟我们强调："心理测试是我们临床心理士的重要工具，是只有我们才能做的专业工作。"很幸运我们在硕士课程中就有很多机会学习和临床实践投射测试，当然开始的时候只是给教授和前辈们当下手，慢慢地就会获得很多自己单枪匹马地做测试的机会了。

　　在投射测试中，毫无疑问地说："罗夏墨迹测试是骨骼，主题统觉测试是肌肉和鲜血。"罗夏墨迹测试能够给我们展示一个十分清晰的来访者的人格结构，可主题统觉测试可以给我们提供非常丰富的人格结构的细节，比如说对自己、对他人、对家人、对异性等等。这些信息正是我们在进行心理咨询时必不可缺的，可以让我们的咨询和治疗在更加有方向的同时，也会大大提高效率和效果，这些都是我们的许多先辈们用临床实践验证了的真理。

　　"一个成功的投射测试一定是一个有效的治疗"，这句话是非常正确的。TAT 是利用了图版这个媒介让来访者积极地叙述出自己的心理纠葛，在心理投射测试中是最接近治疗的一种技法。来访者通过测试表达出了自己的内心烦恼和纠葛，体会到一种感情净化。常常会有这样的情况发生，当 TAT 测试结束时，来访者会告诉咨询师："就像接受了咨询治疗一样，觉得心情变得轻松多了。"我深信这就是 TAT 最大的魅力。

　　本书参考和引用了日本临床心理学专家铃木睦夫教授、坪内顺子女士、安香宏先生的一些对图版的解释和分析。由于日本和中国虽然是一衣带水的邻邦，但是中日之间仍然存在着许多文化差异，主题统觉测试在中国需要一个本土化过程。笔者坚信，在不久的将来，这个主题统觉测试一定会在中国得到越来越多的心理临床家的认识、接受和使用。

希望这本书给从事心理临床的专业人士带来一些帮助,同时也给心理学爱好者带来一些启示。

最后,衷心感谢在本书的写作过程中,给予了极大帮助的广岛市立大学研究生院的学生金开宇。是为后记。

吉沅洪

2010 年 3 月 11 日于日本广岛